高 等 学 校 教 材

大学物理实验

主　编　潘　渊　朱　婧
副主编　郭大鹏　丁　健

西北工业大学出版社
西　安

【内容简介】 本书主要介绍误差及不确定度的相关概念，给出不确定度的评定方法和测量结果表达形式，并介绍有效数字的一般规定及常用的数据处理方法，包括作图法、逐差法和最小二乘法等。全书共收入31个典型的实验项目，通过这些实验内容的学习，读者可以掌握基本的物理实验知识、基本实验仪器的使用方法和基本的实验思想方法，并在综合实验技能方面得到一定的训练。

全书共分5章。第1章为测量不确定度与数据处理方法，第2章为基础实验，第3章为综合实验，第4章为演示实验，第5章为计算机仿真实验。此外，本书还包含3个附录，分别为常用物理量的测量及仪器、物理实验的基本测量方法和物理实验常用数据。

本书适合作为非物理类专业的大学物理实验教材，也可供从事物理实验教学的人员参考。

图书在版编目（CIP）数据

大学物理实验/潘渊，朱婧主编. —西安 ：西北工业大学出版社，2019.8

ISBN 978-7-5612-6545-1

Ⅰ. ①大… Ⅱ. ①潘… ②朱… Ⅲ. ①物理学-实验-高等学校-教材 Ⅳ. ①O4-33

中国版本图书馆CIP数据核字(2019)第174361号

DAXUE WULI SHIYAN

大 学 物 理 实 验

责任编辑：孙 倩　　**策划编辑**：华一瑾
责任校对：王 尧　　**装帧设计**：李 飞
出版发行：西北工业大学出版社
通信地址：西安市友谊西路127号　　邮编：710072
电　　话：(029)88491757，88493844
网　　址：www.nwpup.com
印 刷 者：陕西奇彩印务有限责任公司
开　　本：787 mm×1 092 mm　　1/16
印　　张：16.75
字　　数：440千字
版　　次：2019年8月第1版　　2019年8月第1次印刷
定　　价：42.00元

前　　言

随着物理实验教学改革的不断深化，实验教学内容也在不断发生变化，本次推出新版教材就是要反映这些变化。在教材的整体结构上仍然采用以往教材的模式。也就是将实验项目分为基础实验和综合实验。本书分为 5 章，第 1 章为测量不确定度与数据处理方法，第 2 章为基础实验，共包含 18 个实验项目，对这些项目不再按“力、热、光、电及近代”的方式分类，在选择实验项目时，主要考虑基本仪器的使用、基本实验思想方法学习和基本技能训练等，这些实验内容可放在物理实验课的第一阶段进行，为后续做综合性与设计性实验项目以及其他专业实验打下基础。第 3 章为综合实验，共包含 13 个实验项目，综合实验项目在难度上有所增加，通常放在物理实验课的第二阶段进行。第 4 章为演示实验，共包含 29 个实验项目。第 5 章为计算机仿真实验。此外，本书将基本量测量和基本实验方法以附录的形式放在后面以供读者参考。

参加本书编写的有潘渊（绪论，第 1 章，基础实验 2.4，2.16，综合实验 3.3，3.5，3.9，3.11，3.12，演示实验 4.22～4.24，4.26，4.27）、朱婧（基础实验 2.2，2.5，2.11，2.17，综合实验 3.1，3.10，演示实验 4.10～4.12，4.17，4.18）、郭大鹏（基础实验 2.9，2.10，2.13，2.15，综合实验 3.6）、丁健（基础实验 2.3，2.6，综合实验 3.4，3.13，第 5 章）、张翔宇（基础实验 2.1，综合实验 3.7，3.8，演示实验 4.2，4.7～4.9，4.14，4.15）、戈西平（基础实验 2.12，2.14，演示实验 4.1，4.6，4.16，4.19～4.21，4.28，4.29，附录 C）、全红娟（基础实验 2.8，2.18，综合实验 3.2，演示实验 4.3～4.5，4.13，4.25）、张会云（附录 A、附录 B）、吴凯（基础实验 2.7）。书中插图由朱婧绘制。全红娟负责文字录入工作。全书最后由潘渊修改定稿。

在本书编写过程中，长安大学徐春龙、石焕文、王晋国教授及柯三民、段丞博老师提出了许多宝贵的意见。石焕文、戈西平参与了第 3 章部分内容的审稿工作，在此表示感谢。

此外，本书既吸收了长安大学以往物理实验教材的精华，也参考了兄弟院校的实验教材，在此对有关作者表示衷心感谢。

由于水平有限，书中不足之处在所难免，恳请读者批评指正。

编　者

2019 年 5 月

目　　录

绪　论

一、物理实验课的地位和任务

物理学是一门实验科学。在长期的发展过程中，物理实验已形成了自己的一整套理论和方法体系。对工科院校的学生来说，物理实验是学生进行科学实验基本训练的一门必修课，也是学生进入大学后系统学习基本实验知识、实验方法和实验技能的开端。本课程通过对基本物理现象的观察分析，让学生能够掌握基本物理量的测量方法、常用实验仪器的结构原理和使用方法以及典型的实验思想等。通过本课程的学习，可以培养学生实验设计与实验操作的基本能力，对实验数据进行分析，给出实验结果及相应不确定度的能力。

物理实验课的具体任务包括以下几个方面。

(1)加深对物理理论的理解。物理实验课中所开设的绝大多数实验都是以基本物理现象为研究对象，如力学、热学、光学、电磁学以及近代物理中的有关现象，这便是物理理论与物理实验之间的联系。

(2)培养和提高学生的综合实验能力。物理实验课与理论课有着密切的联系，但在教学任务方面却有着很大的区别。物理实验课对学生实验能力的培养包括以下几个方面：

1)通过阅读实验教材、仪器说明书等资料，学习正确使用仪器设备的能力；

2)通过对实验现象的观察，学会运用理论分析问题和解决问题的能力；

3)学会正确记录和处理数据、说明实验结果、撰写实验报告的能力；

4)学会完成简单设计性实验的能力。

(3)培养和提高学生的科学实验素质，即理论联系实际和实事求是的作风，严肃认真的工作态度，不怕困难、勇于探索的精神，爱护公物、遵守纪律的优良品德。

二、教学基本要求

物理实验是一门对动手能力要求很高的课程，只有勤于动手，善于动脑，将理论知识与实验操作相结合，通过一个个的实验操作，才能完成基本的实验教学任务。在教学中对以下基本要求应予以特别重视。

(1)掌握误差理论的基本知识。如误差及不确定度的基本概念，误差的分类和误差来源，系统误差的分析和基本消除方法。对实验所用的仪器和方法做出正确选择，在实验中有意识地对误差进行控制，并选择合适的方法对实验数据进行处理。

(2)掌握基本的实验思想和测量方法，如比较法、转换法、放大法和补偿法等。

(3)掌握基本物理量的测量方法，常用实验仪器的使用方法、调试及操作技能。

(4)能够撰写完整的实验报告。

三、物理实验教学的三个环节

物理实验课教学通常包括以下三个环节。

1. 预习

课前应仔细阅读实验教材，明确实验任务，了解实验原理、实验方法、实验条件和实验仪器的使用，弄清实验的主要步骤，合理设计数据记录表格。

2. 实验

进入实验室后，必须遵守实验室规则，认真听取教师的有关介绍，记录实验所用仪器的名称、量程、级别和分度值等有关内容。实验时要正确安装仪器，经认真检查或采取一定措施检验后，若无异常现象，方可开始实验。对于实验中出现的异常现象要及时发现，认真思考分析，必要时也可与教师共同讨论，待故障排除后再进行实验。实验原始数据的记录必须严肃认真，不可随意涂改，更不许伪造数据。若原始数据确有错误，可用笔划掉并注明原因，再将正确的数据写在旁边。实验数据经教师检查认可后，方可关闭电源，整理好仪器，打扫室内卫生。

3. 撰写实验报告

实验报告是对自己所取得的实验结果的书面总结，要求内容精练、文字简洁、计算准确、观点明确。实验报告通常包括下列内容：

(1)姓名、班组、学号、实验日期、实验地点、环境条件(天气、室温、气压等)。

(2)实验名称及实验任务。

(3)实验原理。应简要地说明实验所依据的原理、公式及其适用条件，并画出原理示意图。

(4)实验仪器。记录仪器名称、型号、分度值、准确度等级、额定参数及量程等。

(5)原始数据记录及数据处理。数据记录应准确无误，数值计算和不确定度评定应注意有效数字的位数，绘图必须规范，实验结果表达应完整。

(6)分析结果。对实验现象做必要的分析与解释，阐述实验体会及改进建议，并回答指定的问题。

第 1 章　测量不确定度及数据处理方法

测量是科学实验、工农业生产、贸易以及日常生活中不可缺少的一项工作。当完成测量时，应当给出测量结果。一个完整的测量结果不仅要给出待测量的最佳估计值，而且还要给出测量结果的不确定度。这是目前国际上约定的做法，也是我国计量技术规范所要求的。本章在介绍测量与不确定度的相关概念及不确定度评定方法时，依据的参考文献为《测量不确定度表示导则》(简称 GUM)1995 版。

1.1　测量、误差及不确定度的基本概念

1. 量与量值

(1)被测量：作为测量对象的特定量。

测量前首先要对被测的特定量做明确说明，也就是对被测量进行定义。实际上，被测量定义的详细程度是依据所要求的测量准确度而定的。

(2)量的真值：与给定的特定量定义一致的量值。其中"量值"是指一个数乘以计量单位。

1)尽管真值的定义总是不完善的，因而真值不是唯一的，只存在与定义一致的一组真值。但是，当被测量的定义引入的不确定性可以忽略时，可认为真值是"实际唯一"的。在物理实验中，通常认为真值是唯一的。

2)真值是一个理想的概念，尽管它是客观的实际存在的，但通常是不可知的，只有在少数特殊情况下，我们能知道被测量的真值，例如三角形的内角之和的理论真值是180°。

3)真值具有近似可知性，也正因为如此，才使测量有意义。

(3)量的约定真值：对于给定目的、具有适当不确定度的、赋予特定量的值。约定真值仅是真值的估计值，有时是约定采用的，有时是由测量标准确定而赋予被测量的值，因此也称为指定值、标准值和参考值等。

2. 测量与测量结果

(1)测量：以确定量值为目的的一组操作。

1)测量的目的就是要确定被测量的值，也就是要确定被测量的"真值"。由于实际的测量都不可能是非常完善的，因而通过测量赋予被测量的值只能是真值的一个估计值，即测量结果。

2)测量是一个过程，任何测量过程都包含五个要素：被测对象、测量方法、测量设备、测量环境和测量人员。

3)测量方法按不同分类方式有多种类型，这里只介绍两种常用的分类方式。

按测量值获得的方法不同，测量可分为直接测量和间接测量。

直接测量的数学模型为 $Y=X$。直接测量可以是单次测量，也可以是多次测量。

间接测量的数学模型为

$$Q = f(X, Y, \cdots, Z)$$

式中，Q 为间接测量量，也称为输出量；$X, Y, \cdots, Z$ 是各直接测量量，也称为输入量。

按测量条件的不同，测量分为等精度测量和不等精度测量。

等精度测量指测量的五个要素即测量对象、测量方法、测量设备、测量环境和测量人员均不发生改变的条件下多次重复测量。等精度测量又称为重复性测量。它是一个理想的概念，实际上的等精度测量是指各要素在测量过程中不发生显著变化，也正是由于这种不显著的微小变化导致各次测量值不尽相同。不等精度测量是指五个测量要素中除被测对象不能改变外，其他四个因素的任何一个发生改变所进行的测量。不等精度测量又称为复现性测量。

(2) 测量结果：由测量所得到的赋予被测量的值。

1) 测量结果仅是被测量的估计值。

2) 对于直接多次测量，测量结果就是所测得的多个测量值的平均值。数学上可以证明，算术平均值是真值的最佳估计值；对于单次直接测量，其测量结果也只能是仅有的这个测量值；对于间接测量，测量结果是由各直接测量结果根据函数关系计算而得到的值。

3) 由于测量结果仅仅是被测量真值的一个估计值，在表达测量结果时，必须给出它的不确定度(不确定度概念将在下面进行讨论)。

4) 有些时候还应说明，所给测量结果是未修正的测量结果还是已修正的测量结果。

3. 误差与修正值

(1) 误差。测量结果与被测量的真值之差称为测量误差，简称为误差。用公式表示为

$$\text{误差} = \text{测量结果} - \text{真值}$$

误差有两种表示形式，即

$$\text{绝对误差} = \text{测量结果} - \text{真值}$$

$$\text{相对误差} = \text{绝对误差} / \text{真值}$$

1) 由于真值未知，所以也无法获得误差。因此，误差只是一个理想的概念，一般不用测量误差描述测量结果。

2) 当用约定真值代替真值时，可得到误差的估计值而不是准确的误差。用公式表示为

$$\text{误差估计值} = \text{测量结果} - \text{约定真值}$$

它反映了测量结果偏离参考值的程度，误差估计值存在正、负之分。获得测量误差估计值的目的是为了对测量结果进行修正。

(2) 系统误差。系统误差是在重复测量中保持不变或按可预见的方式变化的测量误差分量。它是在重复性条件下，对同一被测量进行无穷多次测量所得测量值的平均值(期望值)与被测量的真值之差。用公式表示为

$$\text{系统误差}\ \varepsilon = \text{期望值}\ \mu - \text{真值}\ x_0$$

系统误差也是一个理想化的术语。只有当用约定真值代替真值，用期望值的估计值代替期望值时，可得到系统误差的估计值。获得了系统误差的估计值，就可以对测量结果进行修正。

此外，分析系统误差产生的原因并采取适当的措施可以减小或消除系统误差。

(3) 随机误差。随机误差是在重复性测量中按不可预见的方式变化的测量误差的分量。它是测量结果与在重复性条件下对同一被测量进行无穷多次测量所得结果的平均值(即期望

值）之差。用公式表示为

$$随机误差\ \delta = 测量结果\ \bar{x} - 期望值\ \mu$$

由于期望值 μ 是一个理想的概念，所以每一个测量结果的随机误差就无法确定。通常随机误差 δ 服从一种概率分布，并且期望值为零，因此可以通过增加观测次数来减小随机误差。

随机误差具有以下几个性质。

1）抵偿性：设多次测量出现的随机误差为 $\delta_1, \delta_2, \cdots, \delta_n$，且

$$\lim_{n\to\infty}\sum_{i=1}^{n}\delta_i = 0$$

2）单峰性：绝对值小的误差比绝对值大的误差出现的次数多。

3）有界性：误差的绝对值不会超过某一范围，即

$$|\delta_i| \leqslant |\delta_{\max}|$$

4）对称性：绝对值相等而符号相反的误差出现的概率相同。

由此得出结论：随机误差服从截尾正态分布，如图 1.1.1 所示。

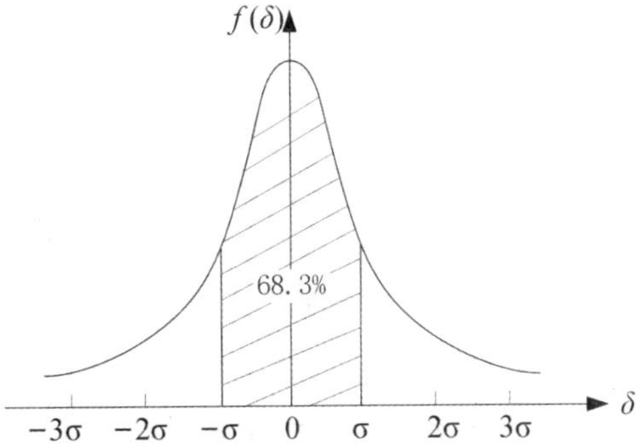

图 1.1.1　截尾正态分布图

随机误差产生的原因为多种因素的共同作用，这些因素包括前面提到的方法、人员、环境、仪器以及被测对象等，其中每一因素对测量结果的影响可能并不大，但众多因素的总和则将产生明显的影响，随机误差除服从统计规律外，无其他确定的规律。因此，随机误差不能修正。

值得指出的是，对于超出规定条件下预期的误差，通常称作粗大误差，它是由于实验者粗心大意或操作不当造成的一种人为误差。含有粗大误差的测量值称为坏值或异常值。粗大误差实质上是一种差错，它不属于测量误差，应在数据处理时予以剔除。

测量误差 Δ、系统误差 ε、随机误差 δ 三者之间都是理想的概念，不可能通过测量得到它们的准确值。三者之间的关系可以表示为

$$\Delta = \varepsilon + \delta$$

如图 1.1.2 所示。

（4）修正值。修正值等于负的系统误差的估计值。

将修正值与测量结果相加，是为了在很大程度上减小系统误差。由于修正值只是负的系统误差的估计值，而不完全等于负的系统误差，因而经过修正后的测量结果仍含有一个比较小的未知的系统误差。

（5）对测量结果质量的定性描述包括准确度与精密度。

测量准确度的定义：测量结果与被测量的真值之间的一致程度，有时也称为精确度。测量准确度只是对测量误差(包括系统误差与随机误差)的一个定性描述。准确度只有高低之分，没有具体的数值大小之分。

测量精密度的定义：在规定条件下，对同一个被测对象重复测量所得的测量结果间的一致程度。测量精密度也只是一个定性的概念。

这里要说明的是，人们在习惯中经常使用的“测量精度”一词有时指精确度(即准确度)，有时指精密度，比较含混，因此建议不再使用。

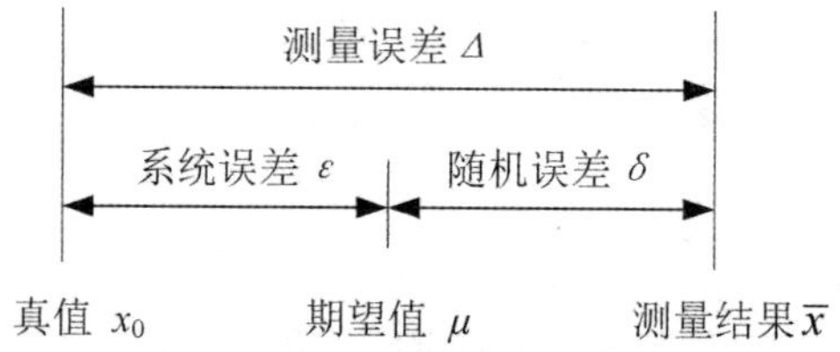

图 1.1.2　系统误差与随机误差的关系图

4. 测量不确定度的概念

(1) 测量不确定度：表征测量结果的分散性，与测量结果相联系的参数。

下面利用实验结果的一种表达形式来说明不确定度的含义。设物理量 Y 的测量结果表达为

$$Y=(y\pm U)\ \text{单位}$$

式中，y 为测量结果；U 为不确定度，$U=ku_{(y)}$，是一个恒正的值。

上式给出的是一个区间$[y-U, y+U]$，这个结果表达的含义是，被测量Y的真值以某一概率落入上述区间。因此，不确定度 U 可以理解为“表征被测量的真值所处的量值范围的估计”，这正是国际通用计量学基本术语 1984 版本中对不确定度的定义。由于这个定义着眼于不可知的量——真值，所以现在不用了，但用于理解不确定度含义却相对容易些。而GUM对不确定度的新定义着眼于被测量 Y 的测量值。由于各种因素的影响，Y 的测量值呈现一种概率分布，而测量值的分散性是用随机变量 Y 的概率分布的标准偏差 $u_{(y)}$ 来表征的。$u_{(y)}=U/k$，其中 k 通常取 2～3 的一个数。后面会说明 U 和 $u_{(y)}$ 是两种不同形式的不确定度。

(2) 标准不确定度：以标准偏差表示的测量不确定度，其符号用 u 表示。

对每个不确定度来源评定的标准偏差，称为标准不确定度分量，用 u_i 表示。

标准不确定度的分量有两类评定方法：A 类评定和 B 类评定。

A 类标准不确定度：对于一系列测量值，用统计分析的方法进行不确定度评定得到的标准不确定度，用符号 u_A 表示。A 类标准不确定度用实验标准偏差来定量表征。

B 类标准不确定度：用非统计方法进行不确定度评定，得到的标准不确定度，用符号 u_B 表示。B 类标准不确定度用估计的标准偏差定量表征。

(3) 合成标准不确定度：由各标准不确定度分量合成得到的标准不确定度，用符号 u_c 表示。合成的方法称为测量不确定度传播律(传递律)，由国际文件统一规定。

合成标准不确定度也可以用相对形式 $u_c(q)/|q|$ 来表示，称为相对不确定度，有时也用符号 u_{rel} 或 u_r 表示。

(4) 扩展不确定度：扩展不确定度由合成标准不确定度的倍数得到，用符号U表示，即$U=ku_c$。其中，k称为包含因子(在数理统计中k称为置信因子)，通常k的取值在$2\sim3$。

扩展不确定度在使用时分为两种情况，即U与U_p。这里$U=ku_c$，$U_p=k_pu_c$。$Y=y\pm U$说明Y的真值以较高的概率落入区间$[y-U,y+U]$，具体的概率值并未说明；$Y=y\pm U_p$说明Y的真值以概率p落入区间$[y-U_p,y+U_p]$，此时p称为包含概率(在数理统计中称为置信概率)。当$p=95\%$时，U_p可写作U_{95}；同样，当$p=99\%$时，U_p可写作U_{99}。这都是规定的表示形式。区间$[y-U_p,y+U_p]$称为统计包含区间，U_p就是该区间的半宽度。

[阅读材料]对不确定度概念的几点说明

测量不确定度是测量结果表达时必不可少的一个参数，由于以前长期将“确定的误差”与“可能的误差”相混淆来描述测量结果，加之对不确定度概念的正确理解和使用还处于推行阶段，这里有必要对测量不确定度概念再做几点必要的说明。

(1) 在统计学中，标准偏差作为随机变量的一个数字特征，用来描述随机变量取值的分散性。当测量结果为单次测量值时，随机变量就是直接测量的待测量X；当测量结果以多次测量的平均值表示时，随机变量就是$\overline{X}=\frac{1}{n}\sum_{i=1}^{n}X_i$；当待测量为间接测量量时，随机变量就是$Q=f(X,Y,\cdots,Z)$。在这三种情况下，分别用标准偏差的估计值$u_{(x)}$，$u_{(\bar{x})}$，$u_{(q)}$来描述$X$，$\overline{X}$，$Q$的取值的分散性。由此就可以理解，单次测量值也是有分散性的。也就是说，以单次测量值作为测量结果时也是有不确定度的。

(2) 测量不确定度的来源主要与测量的五个要素有关，每个测量要素或其不同的组合都会影响测量不确定度，因而不确定度通常可能有多个分量。在评定这些分量时不区分其性质，只关心评定的方法，因而也就不存在“随机不确定度”和“系统不确定度”这样的说法。

(3) 在使用不确定度时分为两种情形：第一种情形是不带形容词的测量不确定度用于一般概念和定性描述；第二种情形是带形容词的测量不确定度，包括标准不确定度、合成不确定度和扩展不确定度，用于对测量结果的不确定度进行定量的描述。

(4) 测量误差与测量不确定度的主要区别。测量不确定度是经典的误差理论的产物，使用测量不确定度的目的是为了澄清一些模糊的概念以及便于实际使用，使用不确定度来描述测量结果并不是停止使用误差的概念。测量误差与测量不确定度由于其概念不同，各有各的用处，不能相互代替。误差与不确定度的主要区别有两点：第一，误差表示测量结果偏离真值的程度，而不确定度表明了测量结果的分散性，测量结果不同，其误差一定不同，但对于不确定度而言，不同的测量结果(例如测量列中的任何一个值)可以有相同的不确定度；第二，误差是一个客观存在的值(尽管通常不知道它的大小)，它不以人的认识程度而改变，测量不确定度与人们对被测量的影响量及测量过程的认识有关。测量不确定度很小，并不代表误差很小，有的时候实际误差可能很大，但由于人们的认识不足，掌握的相关信息不够，造成了给出的不确定度可能很小，例如当存在还未发现的较大系统误差时。

有的资料中将不确定度称为不确定性误差的变化程度，也有称作可能误差的量度，而误差一般只用于表示确定性的误差，这种提法有助于理解误差与不确定度之间的区别。

1.2 测量不确定度的评定与测量结果的报告

评定测量不确定度的一般步骤是在明确测量的五个要素(即被测量的定义、测量方法、测量仪器、测量条件及测量人员)的基础上建立数学模型,也就是给出被测量与各直接测量量以及影响量之间的函数关系,分析不确定度来源,评定标准不确定度分量,计算合成标准不确定度,确定扩展不确定度。在评定不确定度时,不仅需要有一定的数理统计知识,还需要对不确定度的来源有一定的分析能力,而且还需要掌握充分可靠的相关信息。这对于初学者来说具有一定的困难,因而本书采用简单化处理的方法来评定测量不确定度,也就是认为各不确定度分量独立。在B类评定中,仅限于考虑由仪器产生的不确定度分量。

1. 标准不确定度的A类评定

用统计的方法对标准不确定度进行评定,称为A类评定。

设 X 为待测量,在重复性条件下,进行 n 次独立观测得到的测量列为 $x_1, x_2, \cdots, x_n$。

(1) 测量列的算术平均值为

$$\bar{x} = \frac{1}{n}\sum_{i=1}^{n} x_i$$

$\bar{x}$ 又称为样本平均值,它就是 X 在无穷多次测量时所得平均值(即期望值)μ 的最佳估计值。因此,X 的测量结果就是 $\bar{x}$。

(2) 实验标准偏差 $s(x)$。实验标准偏差也就是测量列的标准偏差(标准偏差也称为标准差),它是 X 所服从的统计分布的标准差 σ 的估计值。$s(x)$ 通常用贝塞尔公式计算(在测量次数很少时可用其他方法计算):

$$s(x) = \sqrt{\frac{\sum_{i=1}^{n}(x_i - \bar{x})^2}{n-1}} \tag{1.2.1}$$

如果用测量列中的任意一个值作为测量结果,其A类标准不确定度分量就是 $s(x)$。

(3) 平均值的实验标准偏差。由于测量结果是用测量列的平均值 $\bar{x}$ 表示的,而 $\bar{X}$ 作为一个随机变量,它的标准差 $\sigma/\sqrt{n}$ 的估计值为 $s(x)/\sqrt{n}$,以 $\bar{x}$ 作为实验结果时,按A类方法评定得到的标准不确定度分量为

$$u_A(x) = s(\bar{x}) = s(x)/\sqrt{n}$$

即

$$u_A(x) = \sqrt{\frac{1}{n(n-1)}\sum_{i=1}^{n}(x_i - \bar{x})^2} \tag{1.2.2}$$

从式(1.2.2)可以看出,$u_A(x)$ 与 $1/\sqrt{n}$ 成正比,增加测量次数 n 可以减小不确定度 $u_A(x)$;但当 $n > 20$ 时,$1/\sqrt{n}$ 的减小变得很缓慢,通常取 n 为 $6 \sim 20$。

2. 标准不确定度的B类评定

用非统计的方法对标准不确定度进行评定,称为B类评定。B类标准不确定度评定的一般做法是,先利用一切可以利用的信息和经验判断被测量 X 的值落入区间 $(x-a, x+a)$ 的概率 p,再假设被测量的概率分布,进而获得对应于置信水平 p 的置信因子 k,则B类标准不确

定度 u_B 可由下式计算：

$$u_B = \frac{a}{k} \tag{1.2.3}$$

式中，a 为置信区间的半宽度；k 为置信因子。

可以看出，评定B类标准不确定度的关键是要获得置信区间的半宽度 a 和置信因子 k。

现在就几种常见的情况说明 a 和 k 的确定方法。

(1) 在获得仪器的“最大允许误差”的情况下。最大允许误差是指对于给定的测量仪器，规程、规范等所允许的误差极限值，有时也称为允许误差限。经检验合格的仪器设备在使用时，示值的误差不超过这一“误差限”。设仪器的允许误差限为 $\pm\Delta_{仪}$，并认为误差的分布为均匀分布，此时 $a=\Delta_{仪}$，$k=\sqrt{3}$，则

$$u_B(x) = \Delta_{仪} / \sqrt{3} \tag{1.2.4}$$

利用电表的准确度等级信息来评定B类不确定度分量也属于这一类型。例如，某电表为2级，其测量上限为 x_m，则最大引用误差(示值的最大相对误差)为 $\pm 2\%$，$\Delta_{仪}=x_m\times 2\%$，则有

$$u_B = x_m \times 2\% / \sqrt{3}$$

(2) 在获知仪器分辨力为 δ_x 的情况下。分辨力是指仪器能有效辨别的最小示值差。对于数字式仪器，其分辨力就是最末一位读数改变“1”时的读数差。此时，取 $a=\delta_x/2$，并认为误差分布为均匀分布，则

$$u_B(x) = \frac{a}{\sqrt{3}} = \frac{\delta_x}{2\sqrt{3}} = 0.29\delta_x \tag{1.2.5}$$

(3) 在获得扩展不确定度及包含因子 k 的情况下。这是一个由扩展不确定度求标准不确定度的情况。由于这个扩展不确定度是引用的，因而对引用者而言就是B类分量。此时

$$u_B(x) = \frac{U(x)}{k} \quad 或 \quad u_B(x) = \frac{U_p}{k_p} \tag{1.2.6}$$

扩展不确定度及其包含因子可由仪器的检定证书或校准证书等信息来源得到。

3. 计算合成标准不确定度

合成标准不确定度 u_c 是由各标准不确定度分量合成得到的，不必区分是由A类还是B类方法评定得到的，因而待测量 X 的测量结果的各标准不确定度可以统一用 $u_i(x)$ 表示，而不一定非要明确表示成 u_A 或 u_B。

这里分两种情况说明合成标准不确定度的计算。

(1) 直接测量结果的合成标准不确定度的计算。假设各不确定度分量互不相关，x 有 m 个标准不确定度 $u_i(x)$，$i=1,2,\cdots,m$，则

$$u_c(x) = \sqrt{\sum_{i=1}^{m} u_i^2} \tag{1.2.7}$$

(2) 间接测量结果的合成标准不确定度的计算。设 $Q=f(X,Y,\cdots,Z)$，其中 Q 是间接测量量，$X,Y,\cdots,Z$ 均为直接测量量，并设各直接测量量互不相关，被测量的测量结果为 $q=f(x,y,\cdots,z)$。q 的合成标准不确定度 $u_c(q)$ 由下式计算：

$$u_c(q) = \sqrt{\left[\frac{\partial f}{\partial x}u_c(x)\right]^2 + \left[\frac{\partial f}{\partial y}u_c(y)\right]^2 + \cdots + \left[\frac{\partial f}{\partial z}u_c(z)\right]^2} \tag{1.2.8}$$

其中，$\dfrac{\partial f}{\partial x},\dfrac{\partial f}{\partial y},\cdots,\dfrac{\partial f}{\partial z}$ 称为灵敏系数。式(1.2.8)称为不确定度传播律或不确定度传递律。

相对合成不确定度 u_{rel} 由下式计算：

$$u_{\text{rel}}=\frac{u_{\text{c}}(q)}{|q|}=\sqrt{\left[\frac{\partial \ln f}{\partial x}u_{\text{c}}(x)\right]^2+\left[\frac{\partial \ln f}{\partial y}u_{\text{c}}(y)\right]^2+\cdots+\left[\frac{\partial \ln f}{\partial z}u_{\text{c}}(z)\right]^2} \tag{1.2.9}$$

式(1.2.8)和式(1.2.9)是实验中经常要用到的两个公式。通常为便于计算，对于函数表达式 $Q=f(X,Y,\cdots,Z)$ 为和、差关系时，按式(1.2.8)计算合成标准不确定度；而对于函数表达式为积、商、幂的形式时，可先按式(1.2.9)求出相对合成不确定度 u_{rel}，再乘以 $|q|$ 求出合成标准不确定度。

表 1.2.1 给出了常用函数的合成标准不确定度传递公式。

表 1.2.1　常用函数的合成标准不确定度传递公式

函数关系式	合成标准不确定度传递公式
$q=x\pm y$	$u_{\text{c}}(q)=\sqrt{u_{\text{c}}^2(x)+u_{\text{c}}^2(y)}$
$q=xy,\quad q=\dfrac{x}{y}$	$\dfrac{u_{\text{c}}(q)}{\lvert q\rvert}=\sqrt{\left(\dfrac{u_{\text{c}}(x)}{x}\right)^2+\left(\dfrac{u_{\text{c}}(y)}{y}\right)^2}$
$q=kx$	$u_{\text{c}}(q)=\lvert k\rvert u_{\text{c}}(x)$
$q=x^k$	$u_{\text{rel}}(q)=\lvert k\rvert\dfrac{u_{\text{c}}(x)}{\lvert x\rvert}$
$q=\dfrac{x^k y^m}{z^n}$	$u_{\text{rel}}(q)=\sqrt{k^2\left(\dfrac{u_{\text{c}}(x)}{x}\right)^2+m^2\left(\dfrac{u_{\text{c}}(y)}{y}\right)^2+n^2\left(\dfrac{u_{\text{c}}(z)}{z}\right)^2}$
$q=\sin x$	$u_{\text{c}}(q)=\lvert\cos x\rvert u_{\text{c}}(x)$
$q=\ln x$	$u_{\text{c}}(q)=\dfrac{u_{\text{c}}(x)}{x}$

4. 确定扩展不确定度

确定扩展不确定度就是确定公式 $U=ku_{\text{c}}$ 中的包含因子 k 或 $U_p=k_p u_{\text{c}}$ 中的 k_p。对于 $U=ku_{\text{c}}$，国际上约定采用 $k=2$；美国及西欧一些国家规定未注明 k 值时是指 $k=2$；我国规定采用扩展不确定度时，必须注明 k 值。

取 $k=2$ 的理由：当待测量 Q 的分布接近正态分布时，包含区间 $[q-2u_{\text{c}},q+2u_{\text{c}}]$ 具有的置信水平约为 95%，包含区间 $[q-3u_{\text{c}},q+3u_{\text{c}}]$ 具有的置信水平约为 99%。在工程应用中，人们不需要将 k 值计算得十分准确，而且一般取 95% 左右的置信水平也就足够了，因此在 Q 的分布不清楚时，取 $k=2$ 意味着区间 $[q-2u_{\text{c}},q+2u_{\text{c}}]$ 具有比较高的置信水平。

如果对置信水平提出明确要求时，则采用 $U_p=k_p u_{\text{c}}$，此时需要了解待测量的分布情况，还要计算合成标准不确定度的有效自由度。

5. 测量结果及其不确定度的报告

完整的测量结果报告应包括两项内容：测量结果及其不确定度。其中，测量结果就是待测量的最佳估计值，包括数值和单位。这里要说明的是，日常生活中由于对测量的要求不是很严格，通常只给出了测量结果，虽然没有给出测量结果的不确定度，但其不确定度也是可以评定的。

测量结果的不确定度可以使用合成标准不确定度，也可以使用扩展不确定度或者是它们的相对形式，但在使用场合上是有区别的。合成标准不确定度一般用于基本物理常量测定和基础计量学研究，而一般的测量及应用性测量都是以扩展不确定度的形式报告的。

(1) 合成标准不确定度的三种报告形式。设某物的质量 m_s 的测量结果为 100.028 76 g，其合成标准不确定度 $u_c(m_s)$ 为 0.32 mg，则报告形式有以下三种：

1) $m_s = 100.028\ 76$ g；$u_c = 0.32$ mg。

2) $m_s = 100.028\ 76(32)$g；括号中的数是合成标准不确定度 u_c 的数值，u_c 与测量结果的最后位对齐。

3) $m_s = 100.028\ 76(0.000\ 32)$g；括号中的数是 u_c 的值，以所说明的测量结果的单位表示。

这里要特别说明的是，一般不提倡采用“$m_s = (100.028\ 76 \pm 0.000\ 32)$g”形式，因为这种形式已被传统地用于表示高置信水平的区间。

(2) 扩展不确定度的两种报告形式。扩展不确定度分 U 和 U_p 两种形式。这里只说明当 $U = ku_c$ 情况下的两种报告形式，仍以前述测量为例。

1) $m_s = 100.028\ 76$ g；　$U = 0.64$ mg，$k = 2$。

2) $m_s = (100.028\ 76 \pm 0.000\ 64)$g；　$k = 2$。

6. 测量不确定度评定举例

(1) 测量目的：测量圆柱体的体积 V。

(2) 测量方法：用千分尺测量圆柱体的直径 D，用分度值为 0.02 mm 的游标卡尺测量圆柱体的长度 L，则

$$V = \frac{\pi}{4} D^2 L$$

(3) 测量数据及测量结果见表 1.2.2。

表 1.2.2　圆柱体直径与长度测量数据

次　数	1	2	3	4	5	6	平均值
D/mm	18.008	18.012	18.018	18.020	18.006	18.022	18.014 33
L/mm	50.02	50.04	50.12	50.00	50.08	50.18	50.073 3

测量结果 $\bar{V} = \frac{\pi}{4}(\bar{D})^2 \bar{L} = 12\ 762.404\ \mathrm{mm}^3$。

(4) 测量不确定度主要来源分析。

1) 圆柱体直径测量的重复性；

2) 圆柱体长度测量的重复性；

3) 千分尺不准；

4) 游标卡尺不准。

(5) 标准不确定度分量的评定。

1）用 A 类方法评定由圆柱体直径测量重复性引入的标准不确定度。

测量圆柱体直径所得测量列的实验标准偏差 $s(D)$ 为

$$s(D)=\sqrt{\frac{1}{(6-1)}\sum_{i=1}^{6}(D_i-\overline{D})^2}=0.006\ 623\ \mathrm{mm}$$

圆柱体直径平均值的实验标准偏差 $s(\overline{D})$ 为

$$s(\overline{D})=\frac{s(D)}{\sqrt{6}}=0.002\ 7\ \mathrm{mm}$$

由圆柱体直径测量重复性引入的标准不确定度 $u_1(D)$ 为

$$u_1(D)=s(\overline{D})=0.002\ 7\ \mathrm{mm}$$

2）用 A 类方法评定由圆柱体长度测量重复性引入的标准不确定度 $u_1(L)$。

$$u_1(L)=s(\overline{L})=\frac{s(L)}{\sqrt{6}}=\frac{0.067\ 7}{\sqrt{6}}=0.027\ 6\ \mathrm{mm}$$

3）用 B 类方法评定由千分尺的不准引入的标准不确定度。由千分尺的说明书可知，其最大允许误差为 ±0.004 mm。设误差服从均匀分布，则圆柱体直径的置信区间半宽度 $a_1=0.004$ mm，置信因子 $k=\sqrt{3}$，得

$$u_2(D)=\frac{a_1}{\sqrt{3}}=0.002\ 31\ \mathrm{mm}$$

4）用 B 类方法评定由游标卡尺的不准引入的标准不确定度。由游标卡尺的说明书可知，其最大允许误差为 ±0.02 mm。设误差服从均匀分布，则圆柱体长度的置信区间半宽度 $a_2=0.02$ mm，置信因子 $k=\sqrt{3}$，得

$$u_2(L)=\frac{a_2}{\sqrt{3}}=0.011\ 5\ \mathrm{mm}$$

（6）计算灵敏系数。

$$c(D)=\frac{\partial V}{\partial D}=\frac{2\pi DL}{4}=1\ 416.92\ \mathrm{mm}^2$$

$$c(L)=\frac{\partial V}{\partial L}=\frac{\pi}{4}D^2=254.88\ \mathrm{mm}^2$$

（7）计算合成标准不确定度。

$$u_c(V)=\sqrt{c^2(D)(u_1^2(D)+u_2^2(D))+c^2(L)(u_1^2(L)+u_2^2(L))}=9.133\ \mathrm{mm}^3$$

（8）确定扩展不确定度。

$$U=2u_c(V)=18.27\ \mathrm{mm}^3$$

包含因子 $k=2$。

（9）最终测量结果表达。

$$V=(12\ 762\pm 19)\ \mathrm{mm}^3$$

包含因子 $k=2$。

1.3　有效数字

1. 有效数字的概念

任何测量结果都只能是真值的一个近似值，都具有不确定度。如果测量结果的某一位具有了不确定性(通常称此位为存疑位)，那么，此位以后的数字便失去意义。因此，测量结果一般只写到存疑位。我们把测量结果中可靠的几位数字加上存疑的一位数字统称为测量结果的有效数字，有效数字的位数用示意图表示如下：

$$\overbrace{A\quad B\quad C\quad \cdots\quad Z}^{n\text{位}}$$

↑ 第一位非零数字　　↑ 存疑位

由此可以看出，有效数字粗略地反映了测量不确定度，而不确定度则是对有效数字中最后一位数字不确定程度的定量描述。

2. 直接测量读数的有效数字

用两种分度值不同的测量长度的工具对同一对象进行长度测量，如图 1.3.1 所示。

(1) 用分度值为 1 cm 的尺子测，得到的长度为 2.$\underset{\sim}{4}$ cm；

(2) 用分度值为 1 mm 的尺子测，得到的长度为 2.3$\underset{\sim}{6}$ cm。

(a)　　　　　　(b)

图 1.3.1　仪器精度与有效数字的关系

由此可以看出，用具有不同分辨力的测量仪器对同一待测量进行测量，所得到的有效数字的位数是不同的，但这些数字的最后一位(数字下带有“ $\sim$ ”标记) 都是通过估读产生的，因而是存疑位。这说明直接测量读数的有效数字与测量仪器的分辨力有关。

对于数字显示式仪表来说，其示值的最后一位为存疑位。

3. 测量不确定度的有效数字

GUM 规定，无论是标准不确定度还是扩展不确定度，不应给出过多位数的有效数字，并提出最多为两位有效数字，这是一个总的提法。通常可供参考的做法是，不确定度的第一位有效数字是 1 或 2 时，给出两位有效数字，而 3 以上时给出一位有效数字。

把数据中多余的数字去除，称为修约。通常的修约规则为“四舍六入五凑偶”，意思是对于应保留数字的最后一位，若它后面的数小于等于 4，则舍去；大于等于 6，则向末位进 1；等于 5，应使末位变成偶数。也就是说，当末位原来为偶数时，将其后的 5 舍去；末位原来为奇数时，将后面的 5 进上来。值得注意的是，这种修约是一次性的而不能逐次进行。例如将6.234 7 修约到小数点后第二位，应为 6.23(错误的做法是 6.234 7 $\xrightarrow{\text{第一次修改}}$ 6.235 $\xrightarrow{\text{第二次修改}}$ 6.24)。

对测量不确定度的修约，一般按通用规则“四舍六入五凑偶” 进行。但有时为了保险起见,也可将不确定度的末位后的数字全部进位而不舍去。例如,标准不确定度 $u_c = 10.27$ mm 取两位有效数字,可取 $u_c = 11$ mm。

4. 测量结果的有效数字

测量结果的末位应与其测量不确定度的末位对齐,可简称为“末位对齐”。这里要说明的是,当不确定度保留两位有效数字时,测量结果的最后两位均为存疑位,这种情况无碍于测量结果的使用[5]。

5. 计算过程的数字位数

在计算过程中,为了避免因过多舍入而影响最终计算结果的准确性,作为中间结果的有效数字应参照测量结果有效数字的要求,一般多保留 1 ~ 2 位。

6. 应注意的几个问题

(1) 当直接读数的末位估读数为“0”时,不应漏掉。例如,用毫米尺读出的长度值为 2.40 cm 时,不应写成 2.4 cm,前者的估读数字为“0”,后者的估读数字为“4”,二者是完全不同的。

(2) 对有效数字的单位进行换算时不应改变有效数字的位数。例如,0.83 m 可写成 83 cm,但不能写成 830 mm,因为 0.83 和 83 均有两位有效数字,而 830 有三位有效数字。有效数字的位数不同,测量结果的准确度不同,因而不能随意增减有效数字的位数。为了避免因单位换算而产生有效数字位数的改变,常采用科学计数法来表示。例如

$$0.83\ \text{m} = 8.3 \times 10^{-1}\ \text{m} = 8.3 \times 10^{2}\ \text{mm}$$

(3) 对于 π,e,$\sqrt{2}$ 等,其有效数字可以认为是无限的,使用时可根据需要进行修约。

1.4 实验数据处理的常用方法

数据处理是物理实验的重要组成部分,数据处理贯穿于物理实验的全部过程之中,如实验前根据对实验结果准确度要求选择实验方案,在实验进行时要考虑实验条件的满足情况,实验结束后要得出实验结果。这里说的数据处理主要指根据所测得的实验数据进行分析、研究得到实验结论。在物理实验中,常用的数据处理方法有列表法、作图法、逐差法和最小二乘法等。

1. 列表法

在数据处理时采用列表法,可以对数据进行比较,有助于发现自变量和因变量之间的关系,同时也便于检查和发现实验中存在的问题。列表法用于处理数据,还可将一些中间过程的计算值和实验结果及其不确定度一起列入表中。在物理实验中,要求学生熟练掌握列表的一般要求,能在实验数据记录和处理时,设计出比较合理的表格,表格设计的基本要求如下:

(1) 表格设计的目的、内容与形式应当统一起来。仅用于实验过程中记录数据的表格和数据处理用的表格在内容上是有差异的,即使同为数据处理用的表格,其内容和形式也会有所不同,有时还可以用几个表一起来反映数据处理过程和处理结果。

(2) 表中的所有栏目必须注明名称和相应的单位。

(3) 表格的结构应简单明了,有关项目应合理排列,并注意各内容之间的相互联系。

举例:用伏安法测电阻时,电压、电流的关系见表 1.4.1。

表 1.4.1　电阻的伏安关系

U/V	0.00	1.00	2.00	3.00	4.00	5.00	6.00	7.00	8.00	$\bar{R}=3\ 965\ \Omega$
I/mA	0.00	0.25	0.51	0.76	1.02	1.26	1.49	1.77	2.01	$s_{\bar{R}}=13\ \Omega$

2. 作图法

作图法适用于没有完全掌握物理量之间的关系，通过作图可以大致发现自变量和因变量之间的变化规律或函数关系，有时也可以通过作图粗略求出函数关系中的一些参数，也就是通常所说的图示法和图解法。

(1) 作图的基本要求。

1) 作图必须标示图名和图注，必要时应将实验的有关条件、重要参数等附于图的上部或下部。

2) 根据作图需要选择坐标纸，通常可供选择的有直角坐标纸、单对数坐标纸、双对数坐标纸等。

3) 合理选择坐标起点和比例。坐标起点可以不从零开始，这主要是为了控制所作图的位置应大致处于图纸的中间而不至偏向一边或一角；坐标轴的标值一般情况下应和测量值的有效数字一致，而且可根据实际问题选择相同或不同的纵、横坐标值比例。

4) 图中的标点和连线应规范，即标点的大小要一致，可以采用"."“+”“×” “△” 等符号。在连成线时，如果连成的是曲线，则应光滑平顺；如果连成的是直线，则应在所测实验点的平均位置画出直线。

(2) 作图法的优缺点。作图法的最大优点是形象直观，最大缺点是准确度差。作图不仅可以清楚地反映出物理量之间的关系和量值的分布情况，而且还可以通过作图消除部分随机误差，获得平均效果。在有些情况下可以通过合理的内插或外推得到实际中无法获得的测量数据。至于作图法准确性差的缺点可以根据问题的不同采用其他方法得到解决，如对线性函数求斜率和截距时可采用最小二乘法解决。

(3) 作图法应用举例。

1) 用作图法求直线的斜率、截距和经验公式。图 1.4.1 是用伏安法测电阻时的电压、电流关系图，从图中可以看出各点的电压 U 和电流 I 成线性关系。在实验点的平均位置作出直线，直线上的 A 点和 B 点的坐标是从图中取得的，而不是直接测量值。

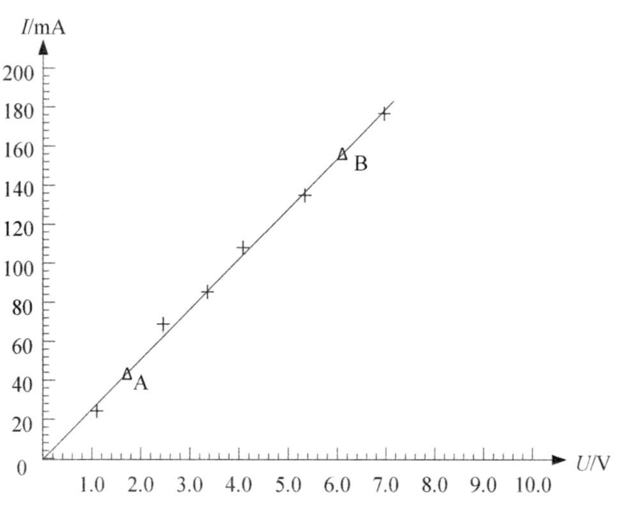

图 1.4.1　用作图法求电压、电流的关系

设这一直线的方程为

$$I = kU + b$$

则

$$k = \frac{I_A - I_B}{U_A - U_B}$$

电阻

$$R = 1/k$$

截距 b 可从图中直接读出，也可以根据直线的点斜式求出截距，即

$$b = I_A - kU_A = I_A - \frac{I_A - I_B}{U_A - U_B}U_A$$

2) 曲线的线性化。在实际中，经常会遇到一些函数不是线性关系，在下列情况下，可以对原函数关系进行变量代换，适当选取横轴和纵轴，就可将它们转化为线性关系进行研究，见表1.4.2。

表 1.4.2

原函数关系	线性化形式	横轴	纵轴	斜率	截距
$y = ax^b$	$\ln y = b\ln x + \ln a$	$\ln x$	$\ln y$	b	$\ln a$
$y = ae^{bx}$	$\ln y = bx + \ln a$	x	$\ln y$	b	$\ln a$
$y = ab^x$	$\ln y = (\ln b)x + \ln a$	x	$\ln y$	$\ln b$	$\ln a$
$xy = c$ （c 为常量）	$y = c\dfrac{1}{x}$	$\dfrac{1}{x}$	y	c	0
$y^2 = ax$	—	x	y^2	a	0
$y = \dfrac{x}{a + bx}$	$\dfrac{1}{y} = a\dfrac{1}{x} + b$	$\dfrac{1}{x}$	$\dfrac{1}{y}$	a	b

从上面可以看出，横轴与纵轴的选取须根据具体问题而定，进而选择相应的坐标纸。

3. *逐差法*

逐差法在物理实验中常用来求线性函数的参数，如

$$y = ax + b \tag{1.4.1}$$

式中，a，b 为参数。由数学知识可知，只要有两个方程，即有两对(x,y)值就可以求解 a 和 b，这与用作图法的情况是完全相同的。作图法是在坐标纸上描两个点就可以作出一条直线，然后求斜率和截距，问题就得到解决了。但从实验测量的角度出发，每次测量都是有误差的（即误差公理），实验中可以通过多次测量来减小随机误差的影响，因而通常测得的(x,y)值要多于两组。而且在实验中，常可以控制自变量 x 的值，使它的取值成等差数列，即

$$x_{i+1} - x_i = \Delta x, \quad i = 1,2,\cdots,(2n-1) \tag{1.4.2}$$

Δx 与测量的次序无关，为常量。式(1.4.2)又可表达为

$$x_{i+k} - x_i = k\Delta x, \quad i = 1,2,\cdots,(2n-k) \tag{1.4.3}$$

取测量列中的两点(x_i, y_i)和(x_{i+k}, y_{i+k})，并设此两点确定的直线的斜率为 a_i，则

$$y_{i+k} - y_i = a_i(x_{i+k} - x_i) = a_i k\Delta x \tag{1.4.4}$$

$$a_i = \frac{y_{i+k} - y_i}{k\Delta x}, \quad i = 1,2\cdots,(2n-k) \tag{1.4.5}$$

对斜率取平均值，则有

$$\bar{a}=\overline{\frac{y_{i+k}-y_i}{k\Delta x}},\quad i=1,2\cdots,(2n-k) \tag{1.4.6}$$

实验中一般测量 $2n$ 组(x_i,y_i)。在式(1.4.6)中，取 $k=1$ 时，有

$$\overline{y_{i+1}-y_i}=\frac{1}{2n-1}\sum_{i=1}^{2n-1}(y_{i+1}-y_i)=\frac{1}{2n-1}(y_{2n}-y_1)$$

这称为逐项逐差，它仅用了测量列的首尾两项 y_{2n} 和 y_1。取 $k=2$ 时，有

$$\overline{y_{i+2}-y_i}=\frac{1}{2n-2}\sum_{i=1}^{2n-2}(y_{i+2}-y_i)=\frac{1}{2n-2}[(y_{2n}-y_2)+(y_{2n-1}-y_1)]$$

这称为隔项逐差，它只用了首尾四项。取 $k=n$ 时，有

$$\overline{y_{i+n}-y_i}=\frac{1}{n}\sum_{i=1}^{n}(y_{i+n}-y_i),\quad i=1,2,\cdots,n$$

这称为隔 n 项逐差，它将 $2n$ 组数据全部都用上了。此时

$$\bar{a}=\frac{\overline{y_{i+n}-y_i}}{n\Delta x},\quad i=1,2,\cdots,n \tag{1.4.7}$$

通过以上分析可以得出如下结论：对于 $y=ax+b$ 的线性函数，如果自变量等间距变化，可以将 $2n$ 个数据分成两组，对因变量隔 n 项逐差，求得平均值，进而可求得斜率。

截距可由式

$$b=\bar{b}=\bar{y}-\bar{a}\,\bar{x} \tag{1.4.8}$$

求出。

此外，逐差法也可以用来验证函数关系是否满足线性。其思想为在 $\Delta x=x_{i+1}-x_i$ 与 i 无关的情况下，观察 $y_{i+1}-y_i$ 是否与 i 有关，若与 i 无关，则证明函数关系符合线性。这时应注意的问题是尽可能逐项逐差，当然也可采用作图法来观察。

举例：用逐差法求弹簧的劲度系数，如表 1.4.3 所示。

表 1.4.3 用逐差法求弹簧劲度系数

<table>
<tr><td rowspan="3">数据记录</td><td>次 数</td><td>1</td><td>2</td><td>3</td><td>4</td><td>5</td><td>6</td><td>7</td><td>8</td><td>9</td><td>10</td></tr>
<tr><td>砝码质量 m/g</td><td>0</td><td>0.5</td><td>1</td><td>1.5</td><td>2</td><td>2.5</td><td>3</td><td>3.5</td><td>4</td><td>4.5</td></tr>
<tr><td>弹簧上端位置 l/cm</td><td>1.54</td><td>2.02</td><td>2.50</td><td>2.94</td><td>3.44</td><td>3.94</td><td>4.40</td><td>4.90</td><td>5.37</td><td>5.85</td></tr>
<tr><td rowspan="2">数据处理</td><td>每增 2.5 g 时弹簧的伸长量 $\Delta l_i=l_{i+5}-l_i$/cm</td><td>$l_6-l_1=2.40$</td><td>$l_7-l_2=2.38$</td><td>$l_8-l_3=2.40$</td><td>$l_9-l_4=2.43$</td><td>$l_{10}-l_5=2.41$</td><td colspan="5" rowspan="2">劲度系数的平均值
$\bar{K}=\frac{1}{5}\sum_{i=1}^{5}K_i=1.019$ N/m
$\bar{K}$ 的实验标准差
$s_{\bar{K}}=\sqrt{\frac{1}{5\times4}\sum_{i=1}^{5}(\bar{K}-K_i)^2}=0.005$ N/m</td></tr>
<tr><td>劲度系数 $K_i=5\Delta mg/\Delta l$ /(N·m^{-1})</td><td>1.020 8</td><td>1.039 4</td><td>1.020 8</td><td>1.008 2</td><td>1.016 6</td></tr>
</table>

4. 最小二乘法

(1) 问题的提出。设自变量为 x，因变量为 y，现测得如下数据

$$(x_1,y_1)\ (x_2,y_2)\ \cdots\ (x_n,y_n)$$

我们的目的是根据这一组数据分析变量 x 与 y 之间是否存在线性关系，若存在，则求出斜率和截距的估计值，进而确定 x 与 y 的关系。这种用测量数据分析并找出变量间关系的方法称为回归分析。这与作图法求解直线的斜率和截距是相似的，但不同的是，用作图法确定的直线不是唯一的，用回归分析法可求得一条最佳的直线。也就是说，当线性关系存在时，从上述实验数据求出的斜率和截距应是唯一的。

下面先假设线性关系存在，即 $y=ax+b$，并认为 x_i 的测量没有误差，y_i 仅存在随机误差，利用测量数据并根据最小二乘原理计算 a 与 b 的最佳估计值。

(2) 用最小二乘法确定直线的斜率和截距。根据最小二乘原理，有

$$\sum_{i=1}^{n}\varepsilon_i^2=\sum_{i=1}^{n}(y_i-\hat{y}_i)^2=\sum_{i=1}^{n}(y_i-\hat{a}x_i-\hat{b})^2 \tag{1.4.9}$$

式中，$\hat{y}_i$ 为对应于 x_i 的最佳估计值，它也是所找到的最佳直线上对应于 x_i 的纵坐标(见图 1.4.2)；$\hat{a}$ 和 $\hat{b}$ 分别为函数关系式中 a 和 b 的最佳估计值。

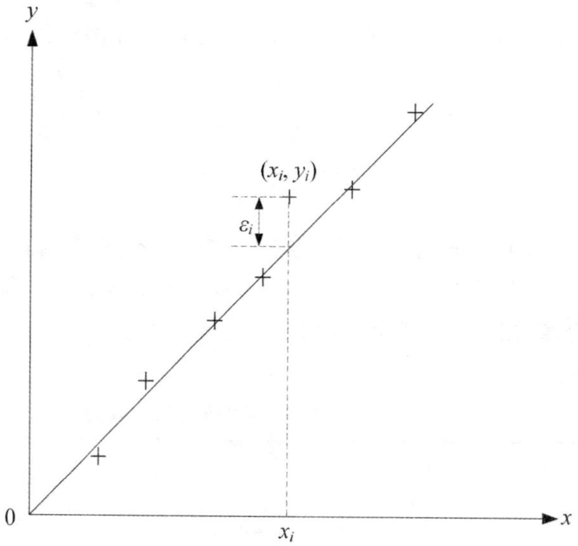

图 1.4.2　最小二乘法原理图

令

$$\begin{cases}\dfrac{\partial}{\partial\hat{a}}\left(\sum\limits_{i=1}^{n}\varepsilon_i\right)=0\\[2ex]\dfrac{\partial}{\partial\hat{b}}\left(\sum\limits_{i=1}^{n}\varepsilon_i\right)=0\end{cases}$$

解得

$$\left.\begin{aligned}\hat{a}&=\frac{\bar{x}\,\bar{y}-\overline{xy}}{\bar{x}^2-\overline{x^2}}\\ \hat{b}&=\bar{y}-\hat{a}\bar{x}\\ \hat{y}&=\hat{a}x+\hat{b}\end{aligned}\right\} \tag{1.4.10}$$

式中

$$\bar{x}=\frac{1}{n}\sum_{i=1}^{n}x_i$$

$$\bar{y}=\frac{1}{n}\sum_{i=1}^{n}y_i$$

$$\overline{xy}=\frac{1}{n}\sum_{i=1}^{n}x_iy_i$$

$$\overline{x^2}=\frac{1}{n}\sum_{i=1}^{n}x_i^2$$

由式(1.4.10)可得

$$\hat{y}=\bar{y}+\hat{a}(x-\bar{x}) \tag{1.4.11}$$

式(1.4.11)说明，由所有实验数据求得的最佳直线通过点$(\bar{x},\bar{y})$。

(3) $\hat{a}$ 和 $\hat{b}$ 的不确定度。从数理统计知识可得 y_i 的实验标准偏差为

$$s=\sqrt{\frac{\sum_{i=1}^{n}(y_i-\hat{y}_i)^2}{n-2}}=\sqrt{\frac{\sum_{i=1}^{n}(y_i-\hat{a}x_i-\hat{b})^2}{n-2}} \tag{1.4.12}$$

$\hat{a}$ 的实验标准偏差为

$$s_{\hat{a}}=\frac{s}{\sqrt{n(\overline{x^2}-\bar{x}^2)}} \tag{1.4.13}$$

$\hat{b}$ 的实验标准偏差为

$$s_{\hat{b}}=\sqrt{\overline{x^2}}\,s_{\hat{a}} \tag{1.4.14}$$

作为实验标准差的 $s_{\hat{a}}$ 与 $s_{\hat{b}}$，其数值分别就是 $\hat{a}$ 与 $\hat{b}$ 的标准不确定度的数值。

(4) 相关系数。上面是首先假设 x 与 y 存在线性关系，然后根据实验数据求得斜率和截距，但 x 与 y 是否真的存在线性关系，还需要检验；如果不存在，那么算出的 $\hat{a}$ 和 $\hat{b}$ 则是无意义的。这里给出相关系数(r)的表达式并予以定性说明。

定义相关系数

$$r=\frac{\overline{xy}-\bar{x}\,\bar{y}}{\sqrt{(\overline{x^2}-\bar{x}^2)(\overline{y^2}-\bar{y}^2)}} \tag{1.4.15}$$

下面对 r 做几点说明：

1) r 取值的大小反映了 x 与 y 线性关系的程度 。

2) 可以证明 $0\leqslant|r|\leqslant 1$。

3) 当 $r>0$ 时，称为正相关；当 $r<0$ 时，称为负相关；当 $r=0$ 时，说明 x 与 y 不相关。

4) $r=1$ 称为完全相关，说明 x 与 y 成确定的线性关系。

5) $|r|$ 值越接近 1，说明 x 与 y 线性关系的程度越大。

举例：用最小二乘法对表 1.4.1 数据进行处理。

设 $x=U$，$y=I$，利用计算器(机)处理可得

$$\hat{a}=0.251\times10^{-3}$$

$$\hat{b}=3.78\times10^{-6}\,\text{A}$$

$$r=0.999\,9$$

则$\frac{1}{\hat{a}}=3.98\times10^3$。由于$b\approx0$,所以$I=\frac{U}{3\ 980}$,即电阻$R=3\ 980\ \Omega$。

由于相关系数$r\approx1$,说明用线性函数拟合实验数据是合理的。

参考文献

[1] 叶德培.测量不确定度理解评定与应用[M].北京:中国计量出版社,2007.
[2] 李金海.误差理论与测量不确定度评定[M].北京:中国计量出版社,2003.
[3] 沙定国.误差分析与测量不确定度评定[M].北京:中国计量出版社,2003.
[4] 王中宇,等.测量误差与不确定度评定[M].北京:科学出版社,2008.
[5] 李慎安.测量不确定度表达百问[M].北京:中国计量出版社,2000.
[6] 倪育才.实用测量不确定度评定[M].北京:中国计量出版社,2009.
[7] 林景星,等.计量基础知识[M].北京:中国计量出版社,2008.
[8] 吕斯骅.全国中学生物理竞赛实验指导书[M].北京:北京大学出版社,2006.

第2章 基础实验

2.1 刚体转动惯量的测定

刚体的转动惯量是刚体转动惯性的量度，它与刚体的形状、质量分布及转轴位置有关。对几何形状简单、规则，且质量均匀分布的刚体，可通过数学方法计算其绕定轴转动的转动惯量；但对于形状较为复杂的刚体，常常需要通过实验的方法来测定其转动惯量。本实验介绍三种方法测定刚体的转动惯量。

内容一 用三线摆测刚体的转动惯量

［实验目的］

(1)学习长度、时间和质量的测量方法。

(2)掌握用三线摆法测定刚体转动惯量的原理和方法。

［实验原理］

三线摆实验装置如图 2.1.1 所示，它由半径不同的两个均质圆盘用三条同样长的细线(不能拉伸)连接而成，两盘上的三个系点均构成等边三角形。下盘处于悬挂状态，可绕两盘中心连线 OO' 轴扭转摆动，称为悬盘；上盘是启动盘，将它转过一定角度再转回，悬盘就开始绕 OO' 轴来回摆动。在忽略摩擦的情况下，这种摆动为周期性的，其周期与转动惯量有关，因此测定悬盘的摆动周期就可测得悬盘的转动惯量。

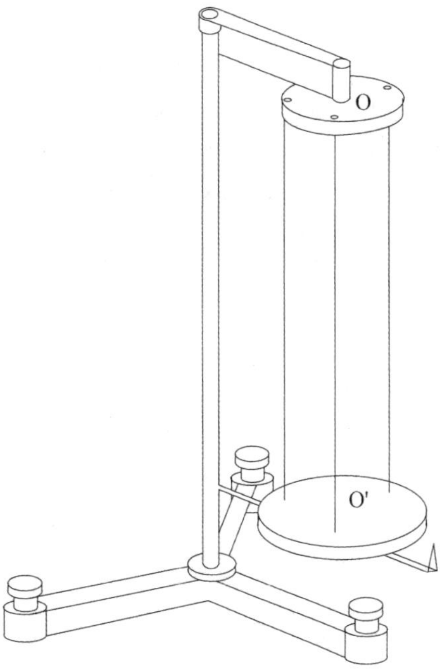

图 2.1.1 三线摆装置图

从能量角度来看，悬盘在来回摆动过程中，角速度是变化的，则动能在变化。同时，悬盘质心位置沿 OO' 轴上下变化，则势能在变化。悬盘正是依靠这种动能和势能的交替转换，作周期性振动。

设悬盘通过平衡位置时的角速度为 ω_0，悬盘在最大位移处相对于平衡位置处的高度为 h，根据机械能守恒定律有

$$m_0gh=\frac{1}{2}J_0\omega_0^2 \tag{2.1.1}$$

式中，m_0 为悬盘质量；g 为重力加速度常数；J_0 为悬盘的转动惯量。如果摆动的幅度足够小，就可以把圆盘的运动看作简谐振动，那么角位移与时间的关系应为正弦（或余弦）关系，即

$$\theta=\theta_0\sin\left(\frac{2\pi}{T_0}t+\varphi\right)$$

式中，θ_0 为最大角位移；T_0 为悬盘的扭动周期。角速度与时间的关系为

$$\omega=\frac{\mathrm{d}\theta}{\mathrm{d}t}=\frac{2\pi}{T}\theta_0\cos\left(\frac{2\pi}{T_0}t+\varphi\right)$$

显然，通过平衡位置时的角速度（最大角速度）为

$$\omega_0=\frac{2\pi}{T_0}\theta_0 \tag{2.1.2}$$

将式(2.1.2)代入式(2.1.1)得

$$m_0gh=\frac{1}{2}J_0\left(\frac{2\pi\theta_0}{T_0}\right)^2$$

即

$$J_0=\frac{m_0gT_0^2}{2\pi^2\theta_0^2}h \tag{2.1.3}$$

在摆幅较小的情况下，根据几何关系①可知

$$h=\frac{Rr\theta_0^2}{2H}$$

式中，R，r 分别为上、下两盘的有效半径（悬点到盘心距离）；H 为两盘距离。将此式代入式(2.1.3)，可得悬盘转动惯量的测量公式为

$$J_0=\frac{m_0gRr}{4\pi^2H}T_0^2 \tag{2.1.4}$$

若在圆盘上放一个质量为 m 的样品（待测刚体），并使它的质心位于中心轴 OO' 上，则圆盘与待测物组成的系统的总转动惯量

$$J=\frac{(m_0+m)gRr}{4\pi^2H}T^2 \tag{2.1.5}$$

---

① 由图 2.1.2 可得

$h=\mathrm{BC}-\mathrm{BD}$

在 △ABC 中，有

$(\mathrm{BC})^2=(\mathrm{AB})^2-(\mathrm{AC})^2=L^2-(R-r)^2$

在 △A′BD 中，有

$(\mathrm{BD})^2=(\mathrm{A'B})^2-(\mathrm{A'D})=L^2-(R^2+r^2-2Rr\cos\theta_0)$

那么

$$h=\mathrm{BC}-\mathrm{BD}=\frac{(\mathrm{BC})^2-(\mathrm{BD})^2}{\mathrm{BC}+\mathrm{BD}}=\frac{2Rr(1-\cos\theta_0)}{\mathrm{BC}+\mathrm{BD}}=\frac{4Rr\sin^2\dfrac{\theta_0}{2}}{\mathrm{BC}+\mathrm{BD}}$$

当 θ_0 很小时，有

$$\sin\frac{\theta_0}{2}\approx\frac{\theta_0}{2},\ \mathrm{BC}+\mathrm{BD}\approx2\mathrm{H}$$

于是有 $h=\dfrac{Rr\theta_0^2}{2H}$

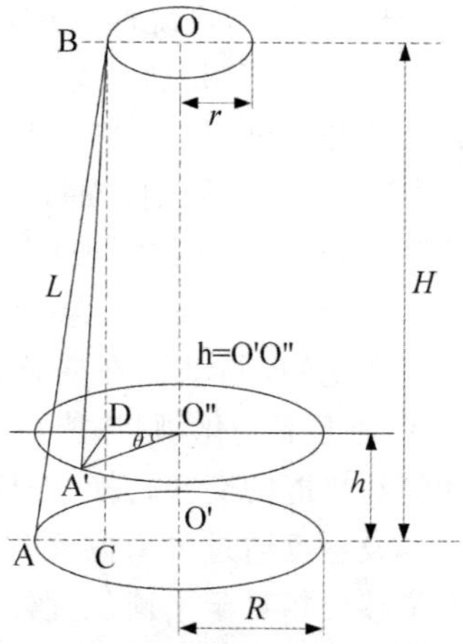

图 2.1.2　三线摆参数标注

式中，T 为悬盘与样品所组成的系统的摆动周期。那么，待测物体绕 OO' 轴的转动惯量

$$J_{待} = J - J_0 = \frac{gRr}{4\pi^2 H}[(m_0 + m)T^2 - m_0 T_0^2] \tag{2.1.6}$$

［实验仪器］

三线摆装置，待测圆环，水准器，秒表，钢卷尺。

［实验操作］

(1) 调节仪器。用气泡水准器先检查上盘是否水平，如果不水平，可调节支架下的 2 个脚螺钉使上盘水平。然后再检查下盘是否水平，调节悬线的长度使下盘处于水平状态。

(2) 对上盘半径 r，下盘半径 R，两盘垂直距离 H，圆环内半径 R_1，圆环外半径 R_2 进行单次测量，并记录圆盘和圆环的质量。

(3) 测量空盘时的摆动周期 T_0。轻轻转动上盘，使之产生一小角位移($5°$左右)，然后再转回原处，三线摆即被启动。待摆动平稳后，采用周期放大法，测出它摆动 50 周所需时间即可得出周期 T_0。重复 6 次测量。

(4) 测量圆盘与圆环所成系统的周期 T。将待测圆环同心地放在悬盘上，启动三线摆，仍用周期放大法测量它摆动 50 周所需时间，即得周期 T。同样重复 6 次测量。

(5) 数据处理。自拟表格记录数据，计算 $\overline{T_0}$ 和 $\overline{T}$，再分别根据式(2.1.4)和式(2.1.6)计算圆盘转动惯量的测量值 J_0 和圆环转动惯量的测量值 $J_{环}$。然后分别和理论计算结果进行比较，得出相对误差

$$E = \frac{|\overline{J} - J_{理}|}{J_{理}}$$

(6) 值得注意的是，为使摆盘平稳摆动，必须使摆盘系统静止不动后再轻轻转动上盘，随即又退回原处。用秒表测量周期时，应在悬盘通过平衡位置时开始计数。由于一次要测量 50 个振动周期的总时间，因此不能将周期数数错。

［思考题］

(1) 三线摆的扭动幅度为什么要小？

(2) 如何测量任意形状的物体绕特定轴转动的转动惯量？

内容二　用扭摆法测定物体的转动惯量

本实验采用 TH—2 型转动惯量测试仪，用扭摆法测定刚体的转动惯量。采用单板机作为控制系统，具有精度高、功能强和操作简便等优点，能自动记录、存储和处理多组实验数据，精确地计算出多组实验数据的平均值，使实验过程实现智能化。

［实验目的］

(1) 掌握测定弹簧扭转常数的方法。

(2) 熟悉扭摆的结构及其使用，并用扭摆法测定几种不同形状物体的转动惯量。

(3) 验证转动惯量平行轴定理。

[实验原理]

扭摆的结构如图 2.1.3 所示。在垂直轴 1 装有一根薄片状的螺旋弹簧 2，用以产生恢复力矩，轴的上方可以装上各种待测物体。垂直轴与支架间装有轴承，以降低摩擦力矩。水平仪 3 用以调整水平。

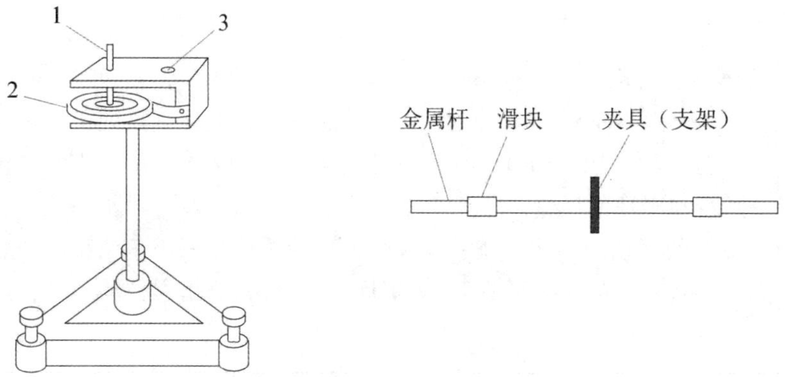

图 2.1.3　扭摆结构图

将固定在轴上的物体在水平面内转过角度 θ，在弹簧的恢复力矩作用下，物体就开始绕垂直轴作往返扭转运动。根据胡克定律，弹簧受扭转而产生的恢复力矩 M 与所转过的角度 θ 成正比，即

$$M = -K\theta \tag{2.1.7}$$

式中，K 为弹簧的扭转常数。根据转动定律，有

$$M = J\beta \tag{2.1.8}$$

式中，J 为物体绕转轴的转动惯量；β 为角加速度。由式(2.1.7) 和式(2.1.8)，得

$$\beta + \frac{K}{J}\theta = 0$$

即

$$\frac{d^2\theta}{dt^2} + \frac{K}{J}\theta = 0$$

令 $\omega^2 = \frac{K}{J}$，再忽略轴承的摩擦阻力矩，则

$$\frac{d^2\theta}{dt^2} + \omega^2\theta = 0$$

上述方程表示扭摆运动具有简谐振动的特征，其解为

$$\theta = A\cos(\omega t + \varphi)$$

式中，A 为简谐振动的角振幅；φ 为初相位角；ω 为角速度。此谐振的周期为

$$T = \frac{2\pi}{\omega} = 2\pi\sqrt{\frac{J}{K}} \tag{2.1.9}$$

由式(2.1.9) 可知，只要实验测得物体扭摆的摆动周期，并在 J 和 K 中任何一个量已知时，即可计算出另一个量。

本实验是用一个几何形状规则的物体，它的转动惯量可以根据它的质量和几何尺寸，用理论公式直接计算得到，即可测出仪器弹簧的扭转常数 K 的值。若要测定其他形状物体的转动惯量，则只需将待测物体安放在仪器顶部的各种夹具上，测定其摆动周期，由式(2.1.9) 即可算出该物体绕转动轴的转动惯量。

理论分析证明，若质量为 m 的物体绕通过质心轴的转动惯量为 J_0，当转轴平行移动距离 x 时，则此物体对新轴线的转动惯量为 J_0+mx^2，这称为转动惯量的平行轴定理。本实验将对此定理加以验证。

［**实验仪器**］

扭摆、待测物体、转动惯量测试仪等。下面主要介绍转动惯量测试仪。

转动惯量测试仪由主机和光电传感器两部分组成。光电传感器如图 2.1.4 左侧所示，它主要由红外发射管和红外接收管组成。它可将光信号转换为脉冲电信号，送入主机工作。虽然人眼无法直接观察仪器工作是否正常，但可用遮光物体往返遮挡光电探头对发射光束通路进行检查。为防止过强光线对光电探头的影响，实验时实验室应采用窗帘遮光，以确保计时准确。

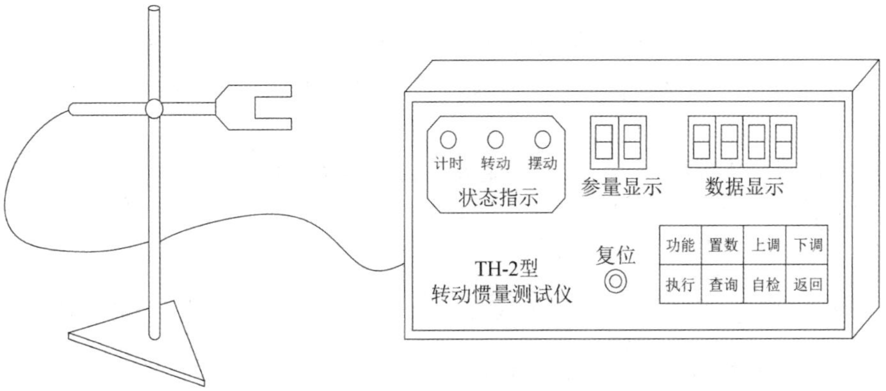

图 2.1.4　转动惯量测试仪

主机采用单板机作为控制系统，结构如图 2.1.4 右侧所示。它用于测量物体的转动和摆动周期，以及旋转体的转速，并能自动记录、存储多组实验数据，而且能精确计算各组实验数据的平均值。转动惯量测试仪主机的按键功能如下：

(1) 开机后扭摆指示灯亮，显示“P1——”。若情况异常(死机)，则按“复位”键，即可恢复正常。按键“功能”“置数”“执行”“查询”“自检”“返回”有效。开机默认状态为“摆动”，默认周期数为 10，执行数据皆空。

(2) 功能选择。按“功能”键，可以选择摆动、转动两种功能(开机及复位默认值为摆动)。

(3) 置数。按“置数”键，显示“$n=10$”，按“上调”键，周期数依次加 1，按“下调”键，周期数依次减 1，周期数只能在 1 ～ 20 范围内任意设定。再按“置数”键确认，显示“F1 End”(扭摆周期预置确定) 或“F2 End”(转动周期预置确定)。周期数一旦预置完毕，除复位和再次置数外，其他操作均不改变预置的周期数。

(4) 执行。这里以摆动为例：将刚体水平旋转约 90°后让其自由摆动，按“执行”键，计时仪器显示“P1 0.000”。当被测物体上的挡光杆第一次通过光电探头开始计时时，状态指示的计时灯点亮。随着刚体的摆动，仪器连续计时，直到周期数等于设定值时才停止计时，计时指示灯熄灭，此时仪器显示第一次测量 n 个周期的总时间。重复上述步骤，可进行多次测量。本机设定重复测量的最多次数为5次。“执行”键还具有修改功能，例如要修改第三组数据，多次按“执行”键，直到出现“P3 0.000”后，重新测量，即可获得新的第三组数据。

(5) 查询。按“查询”键，可知每次测量的周期 $C_1 \sim C_5(C_i = P_i/n)$，多次测量的平均值 C_A，以及当前的周期数 n。若显示“NO”，表示没有数据。

(6) 自检。按“自检”键，仪器应依次显示“$n = N - 1$”(转动计时的脉冲次数 N 与周期数 n 的关系)“$2N - 1$”(摆动计时的脉冲次数 N 与周期数 n 的关系)，“SC GOOD”(自检正常)，并自动复位到“P1——”，表示单片机工作正常。

(7) 返回。按“返回”键，系统将无条件地回到最初状态，清除当前状态的所有执行数据，但预置周期数不改变。

(8) 复位。按“复位”键，实验所得数据全部清除，所有参量恢复初始时的默认值。

[实验操作]

1. 调整仪器

调整扭摆基座底脚螺钉，使水准泡居中；调节光电传感器在固定支架上的高度，使被测物体上的挡光杆能自由地往返通过光电门，再将光电传感器的信号传输线插入主机输入端。

2. 测定各元件的转动惯量

(1) 测定弹簧的扭转常数。首先测定金属载物盘的摆动周期 T_0，再测定塑料圆柱体加载物盘对应的摆动周期 T_1，并用下式计算扭转常数：

$$K = 4\pi^2 \frac{\frac{1}{8}MD^2}{T_1^2 - T_0^2}$$

式中，M，D 分别为塑料圆柱体的质量和直径，它们的值由实验室提供。

(2) 测定金属圆筒及木球的转动惯量。先测量金属圆筒加托盘对应的摆动周期，再测量木球的摆动周期，利用前面测得的 K 值计算 $J_{筒}$ 及 $J_{球}$。

将实验数据计入表2.1.1中。

表2.1.1 实验数据

物体名称	周期 T/s			转动惯量值
	文中采用符号	仪器显示符号	数值	
金属载物盘	T_0	C_1		$J_{盘} = \frac{K\overline{T}^2}{4\pi^2}$
		C_2		
		C_3		
		C_4		
		C_5		
	$\overline{T}_0$	C_A		

续 表

物体名称	周期 T/s			转动惯量值
	文中采用符号	仪器显示符号	数值	
塑料圆柱	T_1	C_1		$J_{柱}=\frac{K\bar{T}_1^2}{4\pi^2}-J_{盘}$
		C_2		
		C_3		
		C_4		
		C_5		
	$\bar{T}_1$	C_A		
金属圆桶	T_2	C_1		$J_{筒}=\frac{K\bar{T}_2^2}{4\pi^2}-J_{盘}$
		C_2		
		C_3		
		C_4		
		C_5		
	$\bar{T}_2$	C_A		
木　球	T_3	C_1		$J_{球}=\frac{K\bar{T}_3^2}{4\pi^2}$
		C_2		
		C_3		
		C_4		
		C_5		
	$\bar{T}_3$	C_A		

(3) 验证平行轴定理。首先测定金属细杆的转动惯量，将数据计入表 2.1.4 中；再将滑块对称放置在细杆两边的凹槽内，此时滑块质心离转轴分别为 5.00 cm，10.00 cm，15.00 cm，20.00 cm 及25.00 cm，分别测定摆动周期 T，并将测量数据填入表 2.1.2 中。

$J_{块}$ 为两滑块通过其质心转轴的转动惯量，其值为 0.820×10^{-4} kg·m²，单滑块质量 m 为 240×10^{-3} kg。

表 2.1.2　测量数据

x/cm		细杆(无滑块)	5.00	10.00	15.00	20.00	25.00
摆动周期 T/s	C_1						
	C_2						
	C_3						
	C_4						
	C_5						
$\bar{T}$/s	C_A						
实验值 /(10^{-2} kg·m²) $J=\frac{K}{4\pi^2}\bar{T}^2$							
计算值 /(10^{-2} kg·m²) $J'=J_{杆}+2mx^2+J_{块}$							
百分差							

实验操作中需要注意的几个问题：

(1) 弹簧扭转常数 K 不是固定常数，它与摆动角有关系(摆动角在 90° 左右基本相同，在小角度时变小)。为了降低实验时由于摆动角度变化过大带来的系统误差，在测定各种物体的摆动周期时，摆角不宜过小，摆幅不宜变化过大。

(2) 光电探头宜放在挡光杆的平衡位置处，挡光杆不能和它接触，以免增大摩擦力矩，同时机座应保持水平。

(3) 为了提高测量精度，应先让扭摆自由摆动，然后按“执行”键进行计时。

内容三　用恒力矩转动法测刚体的转动惯量

[实验目的]

(1) 学习用恒力矩转动法测定刚体转动惯量的原理和方法。

(2) 观测刚体转动惯量随其质量、质量分布和转轴不同而改变的情况，验证平行轴定理。

(3) 学习转动惯量实验仪和智能计数计时器的使用。

[实验原理]

1. 用恒力矩转动法测定刚体转动惯量的原理

由刚体定轴转动定理，有

$$\sum M = J\beta \tag{2.1.10}$$

式中，$\sum M$ 为刚体转动时所受合外力矩；β 为刚体转动时的角加速度；J 为刚体绕定轴转动时的转动惯量。实验中只要测得 $\sum M$ 和 β，就可以求得 J。

本实验中，将待测刚体置于装置的载物盘上，从而构成一个系统。设载物盘的转动惯量为 J_1，系统的转动惯量为 J_2，根据转动惯量的叠加原理可得待测刚体的转动惯量 J_3 为

$$J_3 = J_2 - J_1 \tag{2.1.11}$$

下面首先说明载物盘转动惯量 J_1 的测量方法。实验中让载物盘分别做匀加速及匀减速转动。在匀加速转动过程中，刚体受到两个力矩的作用。分别是绳的拉力 T 产生的动力矩 M_T 及阻力矩 M_μ。设绕在塔轮上的细绳的另一端悬挂的砝码质量为 m，绕绳塔轮的半径为 R，砝码下落的加速度为 a，则细绳上产生的拉力为 $T = m(g - a)$。实验时通常 $a \ll g$，此时近似有 $T = mg$，则动力矩 $M_T = TR = mgR$。此外，阻力矩 M_μ 也可近似认为不变，则 $M_T - M_\mu$ 为恒力矩。在其作用下刚体将作匀加速转动。对匀加速过程运用转动定理有

$$mgR - M_\mu = J_1\beta_1 \tag{2.1.12}$$

式中，β_1 为匀加速过程中的角加速度。

针对仅在 $-M_\mu$ 作用下的匀减速转动，再次应用转动定理，有

$$-M_\mu = J_1\beta_2 \tag{2.1.13}$$

式中，β_2 为匀减速过程中的角加速度。由式(2.1.12)和(2.1.13)可得

$$J_1 = \frac{mgR}{\beta_1 - \beta_2} \tag{2.1.14}$$

用实验的方法分别测得匀加速过程的角加速度 β_1，以及匀减速过程的角加速度 β_2，即可间接测得载物盘的转动惯量 J_1。

这里要说明的是，J_1 是包括载物盘、塔轮及转轴构成的整体的转动惯量，为了方便叙述，统一称为载物盘的转动惯量。

运用同样的方法可以测得刚体加载物盘构成的系统的转动惯量。设系统作匀加速转动时的角加速度为 β_3，作匀减速转动时的角加速度为 β_4，则系统的转动惯量 J_2 为

$$J_2 = \frac{mgR}{\beta_3 - \beta_4} \tag{2.1.15}$$

从式(2.1.14) 和式(2.1.15) 可知，要测量转动惯量，必须首先测出匀加速及匀减速转动时的角加速度。

2. 角加速度 β 的测量

本实验中，由于刚体受恒力矩作用，所以其角加速度是恒定的。匀变速转动的角位移 θ 与相应时间 t 满足如下关系：

$$\theta = \omega_0 t + \frac{1}{2}\beta t^2$$

为了避开对 ω_0 的直接测量，可在同一个初角速度 ω_0 的转动过程中取两组"位移-时间"值，则有

$$\theta_1 = \omega_0 t_1 + \frac{1}{2}\beta t_1^2 \tag{2.1.16}$$

$$\theta_2 = \omega_0 t_2 + \frac{1}{2}\beta t_2^2 \tag{2.1.17}$$

由式(2.1.16) 和式(2.1.17) 可得

$$\beta = \frac{2\left(\dfrac{\theta_2}{t_2} - \dfrac{\theta_1}{t_1}\right)}{t_2 - t_1} \tag{2.1.18}$$

实验中对 θ 的测量方法为，在计时起点 $t=0$ 时，令 $\theta=0$，此后 θ 以 π 的整数倍变化。即在 $\theta = k_m\pi$ 时，$t=t_m$；在 $\theta = k_n\pi$ 时，$t=t_n$。此时式(2.1.18) 变为

$$\beta = \frac{2\pi(k_n t_m - k_m t_n)}{t_n^2 t_m - t_m^2 t_n} \tag{2.1.19}$$

3.平行轴定理

理论分析可得，质量为 m 的物体绕通过质心的转轴转动时转动惯量 J_c 最小。转轴平行移动距离 d 后，刚体绕新转轴转动的转动惯量为

$$J_d = J_c + md^2 \tag{2.1.20}$$

[实验仪器]

ZKY－ZS 转动惯量实验仪，智能计时计数器。

1. ZKY－ZS 转动惯量实验仪

如图 2.1.5 所示，在底座上装有转动系统，包括载物盘、塔轮及轴承、光电门和滑轮支架(图中未画出)。实验时将细绳的一端固定在塔轮上，将绳密绕在塔轮的某一挡上，绳的另一端系一砝码，并跨过导向滑轮，在砝码下落时带动转动系统旋转。底座上装有 3 颗调平螺钉，用

于对实验仪进行调平。

图 2.1.5　ZKY－ZS 转动惯量实验仪

塔轮半径共设有 5 个挡:15 mm,20 mm,25 mm,30 mm 和 35 mm。

载物盘用于放置待测刚体,为了将圆柱体这样的刚体固定在盘上的合适位置,载物盘上设置了定位孔,它们距中心轴线的距离分别为 45 mm,60 mm,75 mm,90 mm 和 105 mm。

滑轮支架的高度和方向可调,以满足实验中选择不同塔轮挡位的需要。

光电门支架固定在底座上,对称地设有两个光电门,本实验中可选择其中一个使用。

2. 智能计时计数器

智能计时计数器的最上部是一块 122×32 的点阵 LCD 显示屏,中间为计时器的各种功能图标,各行代表不同模式,各模式下又分有多项功能。下部为三个操作按钮,底部有电源线插孔和 A、B 通道信号源输入插孔。

下面以“多脉冲”计时功能为例来说明计时器的使用方法。

当载物盘下部的挡光杆通过光电门一次,将产生一个电脉冲,当载物盘连续转动时,会产生一系列角位移间隔为 π 角度的电脉冲。将第一个电脉冲作为计时计数起点,此时 $t=0,k=0$。后续电脉冲对应于$(t_1,k_1=1)$,$(t_2,k_2=2)$,…,所有时间 t 均指相应电脉冲距计时起点的时间间隔。

按“模式选择”按钮,选择“计时”功能(开机后此功能为默认选项)。按“项目选择”进入“多脉冲”功能。按“确定”键,LCD 屏上显示“选 A 通道测量”。此时按“上翻”或“下翻”按钮可改变通道。实验时将信号线直接接在 A 通道插孔,直接用默认的 A 通道即可。此时再次按下“确定”键即开始测量,同时屏幕显示“测量中”,测量足够数据后,按下“确定”按钮,则停止测量,此时屏幕自动显示时间测量值。仪器最多可测量并记录 99 组脉冲对应的时间值。按下“查询上翻”按钮,依次记录 $t_1,t_2,t_3,\cdots$。记录完毕后,如果按下“确定”按钮,则又一次返回“多脉冲”功能下,可开始另一组测量。

［实验操作］

放置好转动惯量实验仪,使滑轮突出桌面,调节滑轮高度及角度,使滑轮与选取的塔轮轮槽等高且互相垂直。利用水准仪和底座下部的 3 颗调平螺钉，调平载物盘。

1. 测量并计算实验仪载物盘的转动惯量 J_1

(1) 测量载物盘匀加速过程中的角加速度 β_1。

选择绕线塔轮挡位(挡光不少于 9 次)，记录塔轮半径 R，用天平称取砝码质量。

将导向滑轮升降到与所选塔轮槽等高，将细线一端卡在塔轮上的细缝处，不重叠地绕在塔轮上，另一端跨过滑轮连接砝码托。

释放载物台，并在计时器准备就绪的情况下快速按下“确定”按钮，开始计时。

测量至少 8 组数据后停止测量，记录数据到表 2.1.3。

(2) 测量载物盘匀减速过程中的角加速度 β_2。

轻拨载物盘，使载物盘作匀减速转动。计时器准备就绪时，按“确定”键开始测量。测量开始后载物盘转动至少 5 圈，按“暂停”键停止计数。查阅记录数据，记录到表 2.1.3。

数据用逐差法分为四组处理(5—1，6—2，7—3，8—4)，用式(2.1.19)计算 β_1 和 β_2 值。

表 2.1.3　测量载物盘的角加速度

匀加速						匀减速　$R_{塔轮}$ = ____ mm，$m_{砝码}$ = ____ g					
k	1	2	3	4	平均	k	1	2	3	4	平均
t/s						t/s					
k	5	6	7	8		k	5	6	7	8	
t/s						t/s					
β_1/s^{-2}						β_2/s^{-2}					

2. 测量待测样品(圆环)的转动惯量 J_3

将圆环放在载物台上，调整两者的中心轴重合。按测量 J_1 的方法分别测定合力矩作用时的角加速度 β_3，记录到表 2.1.4 中，阻力矩 M_μ 作用下的角加速度 β_4。由式(2.1.15)计算 J_2 值。由 J_1，J_2 计算 J_3。

比较圆环转动惯量的理论值和实验测量值，圆环转动惯量的理论公式为

$$J=\frac{1}{2}m_{圆环}(R_{外}^2+R_{内}^2)$$

表 2.1.4　测量载物盘加圆环样品后的角加速度

$R_{外}$ = 120 mm，$R_{内}$ = 105 mm，$m_{圆环}$ = ____ g

匀加速						匀减速　$R_{塔轮}$ = ____ mm，$m_{砝码}$ = ____ g					
k	1	2	3	4	平均	k	1	2	3	4	平均
t/s						t/s					
k	5	6	7	8		k	5	6	7	8	
t/s						t/s					
β_3/s^{-2}						β_4/s^{-2}					

3. 验证平行轴定理

将两圆柱体对称插入载物盘上与中心距离为 d 的圆孔内，测量并计算两圆柱体在该位置时系统的转动惯量 J_4，由 J_1，J_4 计算两圆柱体轴线平移 d 后的转动惯量 J_5，记录到表 2.1.5 中。根据式(2.1.20) 验证平行轴定理。单个圆柱体对过质心轴的转动惯量 J_c 使用理论值。

表 2.1.5　测量载物盘加圆柱样品后的角加速度

$d=$ ______ mm，$m_{圆柱}=$ ____ g

<table>
<tr><td colspan="6">匀加速</td><td colspan="6">匀减速　$R_{塔轮}=$ ____ mm，　$m_{砝码}=$ ____ g</td></tr>
<tr><td>k</td><td>1</td><td>2</td><td>3</td><td>4</td><td rowspan="4">平均</td><td>k</td><td>1</td><td>2</td><td>3</td><td>4</td><td rowspan="4">平均</td></tr>
<tr><td>t/s</td><td></td><td></td><td></td><td></td><td>t/s</td><td></td><td></td><td></td><td></td></tr>
<tr><td>k</td><td>5</td><td>6</td><td>7</td><td>8</td><td>k</td><td>5</td><td>6</td><td>7</td><td>8</td></tr>
<tr><td>t/s</td><td></td><td></td><td></td><td></td><td>t/s</td><td></td><td></td><td></td><td></td></tr>
<tr><td>β_5/s^{-2}</td><td></td><td></td><td></td><td></td><td></td><td>β_6/s^{-2}</td><td></td><td></td><td></td><td></td><td></td></tr>
</table>

［思考题］

1. 验证平行轴定理时，为什么不用一个圆柱体而采用两个圆柱体对称放置?
2. 分析导致转动惯量的“实验值”与“理论值”不一致的因素。

2.2　光电效应

金属在光的照射下释放电子的现象称为光电效应，被释放的电子称为光电子。实验证明，光电子的动能与光的强度无关，而与光的频率成正比。这种实验现象无法用光的波动理论解释。1905 年，爱因斯坦在普朗克量子假说的基础上提出了光量子理论，该理论对光电效应做出了合理的解释。普朗克提出的量子理论对物理学的发展做出了重大贡献，因此获得 1918 年诺贝尔物理学奖；爱因斯坦也凭借其在光电效应方面的卓越贡献获得了 1921 年诺贝尔物理学奖。

［实验目的］

(1) 了解光的量子性。

(2) 利用爱因斯坦方程，测出普朗克常量。

图 2.2.1 是研究光电效应的实验电路图。其中 K 是光电管的阴极，A 是阳极，均被封在真空玻璃管内(称为光电二极管)。当紫外光或短波长的可见光照射金属板阴极 K 时，将有光电子逸出金属表面，光电子在加速电场的作用下，向阳极运动，在回路中形成光电流。光电管所加电压可由伏特表读出，光电流的大小可由电流表读出。

光电效应的基本规律：

1) 对任一金属(物质)都有一相应的截止频率 ν_0(称为红限)。当入射光的频率小于 ν_0 时，无论光的强度如何强，光照时间如何长，也不能产生光电子。

2) 当入射光的频率不变时，光电子的多少与入射光的强度成正比。

3) 光电子的最大动能随着入射光频率的升高而线性地增大与入射光的强度无关。

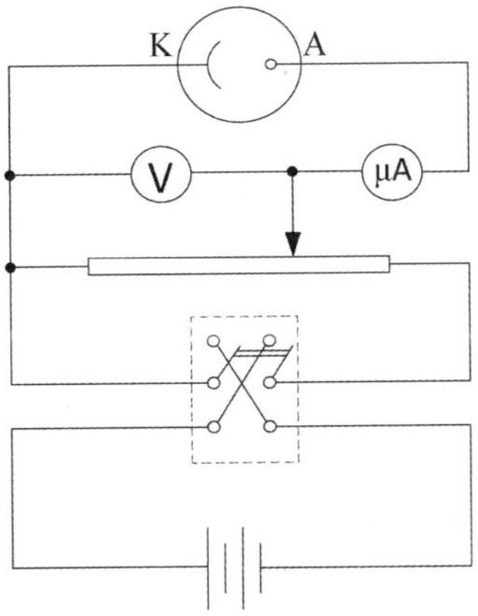

图 2.2.1　光电效应电路图

为了解释上述现象,爱因斯坦提出:光是由一些能量为 $E=h\nu$ 的粒子组成的粒子流,这些粒子称为光子;光的强度取决于光子的多少,光电流的强弱与入射光的强度成正比;每个电子只能吸收一个光子的能量($h\nu$),所以电子获得的能量与光强无关,而只与频率 ν 成正比;当光照射在金属上时,金属中的一个自由电子便从入射光中吸收一个光子的能量($h\nu$),能量的一部分消耗于电子逸出金属表面,电子消耗这一部分能量而做的功称为逸出功(W),另一部分转化为光电子的初动能$\frac{1}{2}mv^2$。由能量守恒定律得

$$h\nu=\frac{1}{2}mv^2+W \tag{2.2.1}$$

这就是爱因斯坦方程。h 称为普朗克常量,ν 为入射光的频率。由于 W 决定于金属材料的固有属性,因而光电子的初动能只取决于入射光的频率。

当光照射到阴极 K 上而产生光电子时,若阳极 A 加正电位,阴极 K 加负电位,光电子就被加速;而当 K 加正电位,A 加负电位时,光电子就被减速,电子的动能向电势能转化,因而可通过对电势能的测量实现对电子初动能的测量。若所加的负电位 $U=U_s$,U_s 满足方程

$$\frac{1}{2}mv^2=eU_s \tag{2.2.2}$$

则光电流将为零,U_s 称为截止电压。电压 U 与光电流之间的关系称为光电管的伏安特性,如图 2.2.2 所示。

这里要说明的是,实际测出的光电流和电压曲线与图 2.2.2 稍有不同,这是因为存在以下电流的影响:

1) 暗电流和本底电流。光电管没有受到光照射时也会产生电流,即暗电流。它是由于热电子发射、光电管壳漏电等原因造成的。本底电流是因为室内各种漫反射光射入光电管所致,它们随电压的变化而变化。

2) 阳极反向光电流。由于制作光电管时阳极 A 上也往往溅有阴极材料,所以当光射到阳极 A 上或由阴极 K 漫反射到 A 上时,A 也有光电子发射,从而形成阳极反向光电流。

以上 3 种电流对光电管的伏安曲线都有影响,只不过这些电流一般都比较小。

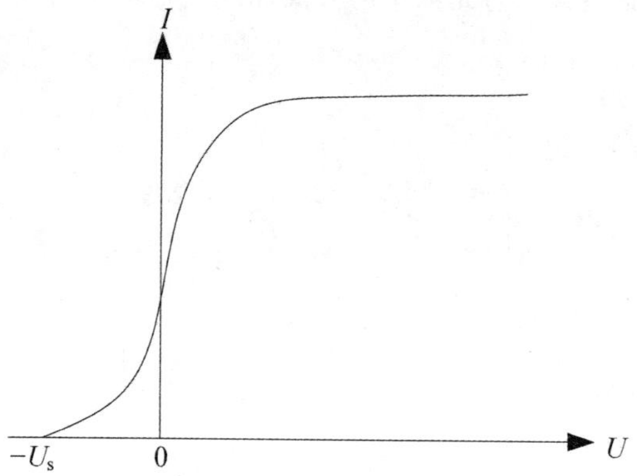

图 2.2.2　光电管伏安曲线

对比式(2.2.1) 和式(2.2.2) 可得

$$eU_s = h\nu - W$$

即

$$U_s = \frac{h}{e}\nu - \frac{W}{e} \qquad (2.2.3)$$

改变入射光的频率 ν,可测得不同的截止电区 U_s。作 U_s - ν 图可得一直线,如图 2.2.3 所示。此直线的斜率为$\frac{h}{e}$,式中 e 为元电荷(1.6×10^{-19} C),由此即可算出 h。

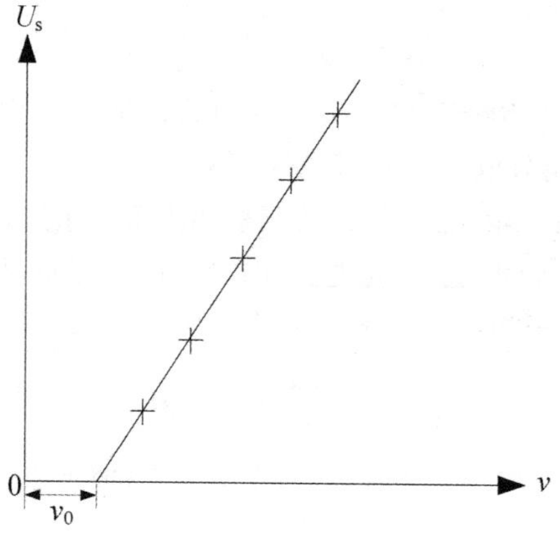

图 2.2.3　U_s - ν 关系图

[实验仪器]

图 2.2.4 所示是 GP—1 型普朗克常量测定仪结构原理图。

(1) 光源。采用 GGQ—50WHg 高压汞灯,谱线范围是 302.3 ～ 872.0 nm。

(2) 滤色片。它是一组外径为 ϕ36 mm 的宽带通型有色玻璃组合滤色片,它具有滤选 365.0 nm, 404.7 nm, 435.8 nm, 546.1 nm, 577.0 nm 等谱线的能力。

(3)GDH—1 型光电管。阳极为镍圈,阴极为银-氧-钾(Ag-O -K),谱线范围为 340.0 ～

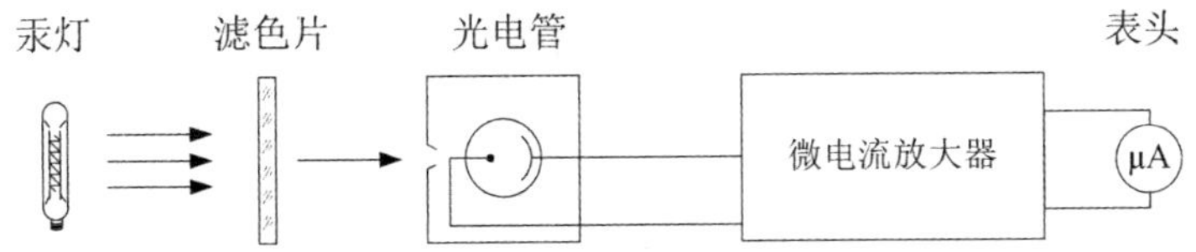

图 2.2.4　普朗克常量测定仪原理图

700.0 nm，光窗为无铅多硼硅玻璃，最高灵敏波长是(410.0 ± 10.0)nm，阴极光灵敏度约为 1 μA/lm，暗电流约为 10^{-12} A。

为了避免杂散光和外界电磁场对微弱光电流的干扰，光电管安装在铅质暗盒中，暗盒窗口有 ϕ5 mm 的入光孔并可以安放各种滤色片。

(4)GP—1 型微电流测量放大器。它的面板如图 2.2.5 所示，电流测量范围为 10^{-6} ～ 10^{-13} A；电压测量范围为 −3 ～ +3 V；电压量程分 −3 ～ −2 V，−2 ～ −1 V，−1 ～ 0 V，0 ～ 1 V，1 ～ 2 V，2 ～ 3 V 六段读数，即各量程的下限并非都为零，而常见的很多电压量程的下限为零，之所以这样设置电压量程是为了保证各量程的读数精度均为 0.02 V。

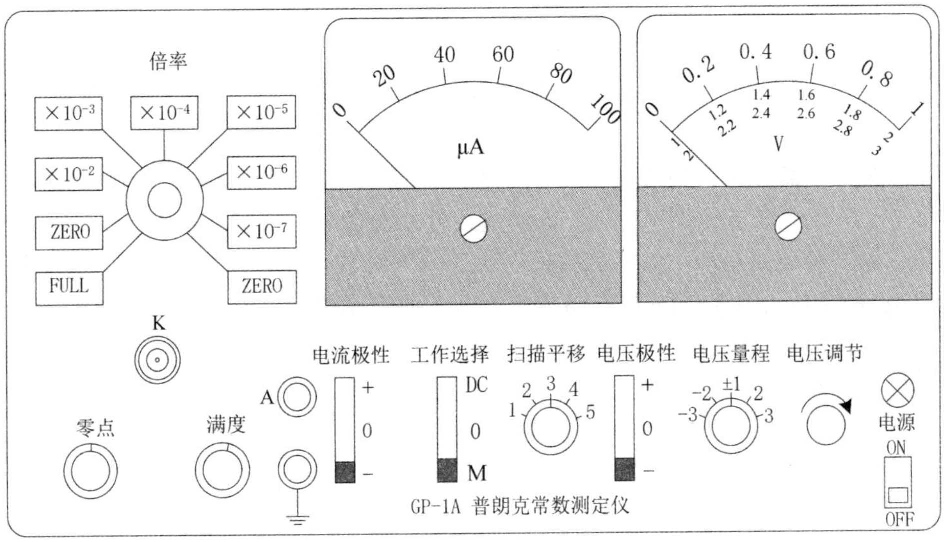

图 2.2.5　普朗克常量测定仪面板图

[实验操作]

(1) 测试前的准备。将仪器放置好，使光源与暗盒相距约 30 ～ 50 cm，将电流和电压极性都旋至“—”，电压量程为“— 3”，工作选择旋至“DC”，倍率开关旋至短路。然后将“电压调节”逆时针旋至最小，预热 20 min 后分别调仪表的“零点”和“满度”。

(2) 测量光电管在某一入射光频率和光强均不变情况下的伏安特性曲线，将测量数据填入自己设计的表格内，并在坐标纸上作出 $U-I$ 曲线。受仪器的限制，所测伏安曲线的范围只能在 −3 ～ +3 V 之间；此外，自变量电压间隔的选取应根据因变量电流值的变化大小决定，当电流变化急剧时就需要加密测点。

(3) 对不同频率的入射光，测定它们的截止电压，可从 −3 V 开始使电压向电压为零的方向逐渐变化，从而寻找电流为零所对应的电压值。需要注意的是，在确定电流为零时，电流表应具有比较高的灵敏度，即电流表的倍率量程应置于 $\times 10^{-7}$ 挡位。将测量数据填入表 2.2.1。

表 2.2.1　测量数据

次数	1	2	3	4	5
$\lambda/0.1$ nm	365.0	404.7	435.8	546.1	577.0
$\nu/10^{14}$ Hz	8.22	7.41	6.88	5.49	5.20
U_s/V					

(4) 作 $U_s-\nu$ 曲线，求出 h 值并将测得值与理论值($h=6.626\times 10^{-34}$ J·s) 比较。

[思考题]

试定性解释 $U-I$ 曲线的饱和部分、光电流逐渐减小部分及截止电压形成的原因。

2.3　密立根油滴实验

密立根油滴实验是近代物理发展史上的重要实验，由美国著名物理学家密立根(Robert A. Millikan) 历经十多年设计并完成。该实验设计思想简单而巧妙，用研究宏观物质状态的方法来研究微观物质的运动。实验的结果证明了电荷的不连续性即量子性，并准确测得了元电荷的量值，密立根也因此获得了 1923 年的诺贝尔物理学奖。

[实验目的]

(1) 通过测量元电荷电量 e 的值，验证电荷的量子性。

(2) 学习用统计直方图计算元电荷量值的方法。

[实验原理]

物质结构理论指出电荷的量值是量子化的，即不是连续的，大到宏观的物体，小到原子、原子核，它们所带的电量 Q 都只能是元电荷 e 的整数倍，即

$$Q=ke,\quad k=\pm 1,\pm 2,\cdots \tag{2.3.1}$$

为了测出 e 的值，美国物理学家密立根设计了一种巧妙的方法，通过测量小油滴所带的电量来获得元电荷的量值。油滴所带电量 Q 的测定：质量为 m、电量为 Q 的油滴，处在如图2.3.1 所示的位置，其中水平平行板之间的电压为 U，两极板之间的距离为 d，则油滴受重力和电场力的作用，可以通过改变电压 U 的大小使油滴处于平衡状态。这时有

$$mg=QU/d \tag{2.3.2}$$

那么只要设法测出 m 和 U，d 为已知量，即可计算出 Q。其中 U 可由电压表读出。

1.油滴质量 m 的测定

当平行板间电压为零时，油滴受重力作用而加速下降，此时，油滴还受空气黏滞阻力 f 的

作用。黏滞阻力随下降速度的增大而增大，下降一段距离后，重力与黏滞阻力达到平衡，油滴将以速度 v_c 作匀速运动。由斯托克斯定律可知，在静止的连续黏滞流体中运动的刚性小球所受的阻力为

$$f = 6\pi r\eta v_c \tag{2.3.3}$$

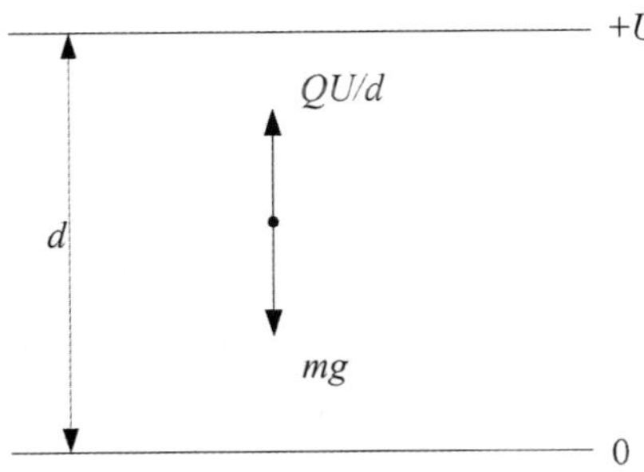

图 2.3.1　油滴受力分析

式中，r 为油滴半径(数量级约为 1×10^{-8} m)；η 为空气的黏度。若忽略空气的浮力，则

$$mg = 6\pi r\eta v_c \tag{2.3.4}$$

设油滴密度为 ρ，则

$$m = \frac{4}{3}\pi r^3\rho \tag{2.3.5}$$

将式(2.3.4) 代入式(2.3.5)，可以得到

$$r = \sqrt{\frac{9\eta v_c}{2\rho g}} \tag{2.3.6}$$

但是，由于油滴并非刚体，并且其体积很小，以至于它们的线度可以与室温下空气分子的平均自由程相比较，所以，在此情况下，斯托克斯定律不严格成立，故对 η 作如下修正：

$$\eta' = \frac{\eta}{1+\frac{b}{rp}} \tag{2.3.7}$$

式中，b 为修正常数，$b=8.23\times10^{-3}$ m·Pa；p 为实验时的大气压强。将式(2.3.6) 和式(2.3.7) 代入式(2.3.5) 中，可以得到

$$m = \frac{4}{3}\pi\left[\frac{9\eta v_c}{2\rho g}\,\frac{1}{1+\frac{b}{rp}}\right]^{\frac{3}{2}}\rho \tag{2.3.8}$$

式中，r 处在修正项中，无须十分准确，可以将式(2.3.6) 直接代入；而 η，ρ，g，p，b 由实验室给出。这样便把测量油滴质量的问题转化为油滴匀速运动时速度 v_c 的测量问题。

2.匀速下降时速度 v_c 的测定

在平衡力作用下，设油滴在平行板之间匀速下降距离 l 所需时间为 t，则

$$v_c = \frac{l}{t} \tag{2.3.9}$$

将式(2.3.8)和式(2.3.9)代入式(2.3.2)得

$$Q=\frac{18\pi}{\sqrt{2\rho g}}\left[\frac{\eta l}{t\left(1+\frac{b}{rp}\right)}\right]^{\frac{3}{2}}\frac{d}{U} \tag{2.3.10}$$

从式(2.3.10)可以看出，只要测出平衡电压U及匀速下降的距离l和所用的时间t，即可计算出油滴所带的电量Q。

［实验仪器］

OM99S型密立根油滴仪，油喷雾器等。

OM99S型密立根油滴仪外形如图2.3.2所示。主要部分(油滴盒)的结构如图2.3.3所示。

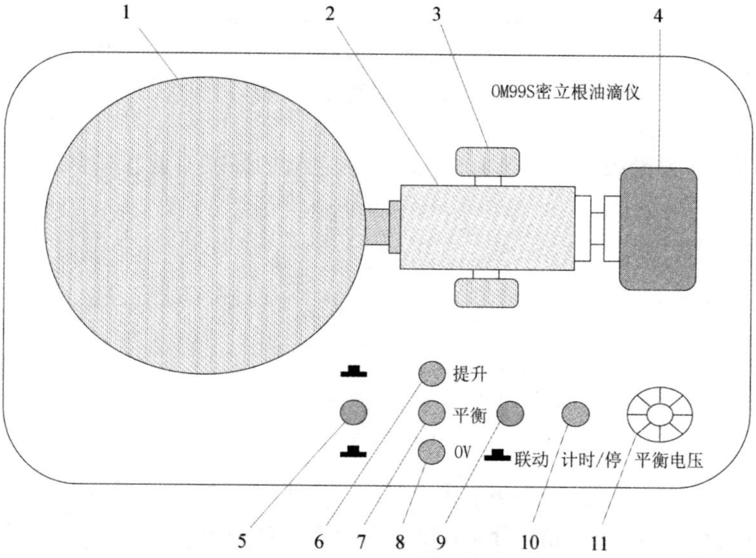

图 2.3.2　OM99S型油滴仪

1—油滴盒；2—测量显微镜；3—调焦手轮；4—CCD装置；5—电压极性切换开关；6—提升按键；7—"平衡"按键；8—"0 V"按键；9—"联动"按键；10—秒表"计时/停"按键；11—平衡电压调节旋钮

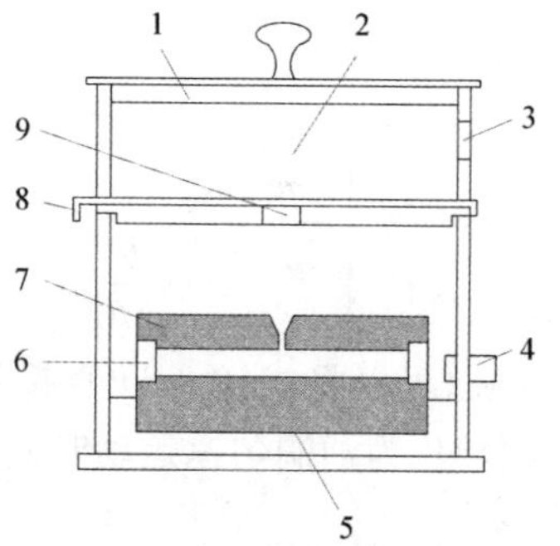

图 2.3.3　油滴盒结构图

1—上盖板；2—油雾室；3—喷雾口；4—上电极电源插孔；

5—下电极板；6—胶木圆；7—上电极板；8—油雾孔开关；9—油雾孔

电压极性切换开关 5 可改变电场的方向：弹起状态时，上电极板带“＋”电；压下状态时，上电极板带“－”电。当“0 V”按键 8 压下时，指示灯亮起，两电极板被短接，外加电压同时断开，此时平板间电场为零。“平衡”按键 7 压下时，两电极板之间存在电压，其值可由平衡电压调节旋钮 11 控制（调节范围 0～400 V），电压值显示在监视器右上角。“提升”按键 6 可以在平衡电压之外再给电极板附加一定电压，使油滴所受电场力增大，从而使其做上升运动。

操作中必须注意：使用电压极性切换开关 5 改变电场的方向前，一定要先使用“0 V”按键 8 将两电极板电压置于 0 V，再做切换，以免损伤仪器。

当“联动”按键 9 处于弹起状态时，秒表“计时/停”按键 10 为手动秒表功能——需要按下开始计时，再按下停止计时；若“联动”按键 9 处于压下状态时，则秒表计时功能已转移至“0 V”按键 8 与“平衡”按键 7 的切换中了，此时无须再使用秒表“计时/停”按键 10 计时。秒表的计时结果显示在监视器的右上角。

［实验操作］

1.调整仪器

(1)将仪器放平稳，调节底脚螺丝，使水准泡指示水平，这时，平行极板处于水平位置。

(2)检查油雾器是否正常。对着灯或亮处，快速而有力地挤压气囊，看是否能够喷射出油雾。油滴仪主机开机，几秒钟后监视器显示的视场如图 2.3.4 所示。

(3)用喷雾器将油滴从喷雾口喷入油雾室（喷一次即可），并微微调节显微镜的调焦手轮 3，当视场中（见图 2.3.4）出现像夜空繁星一样的大量清晰的油滴像时，说明显微镜已调好了。

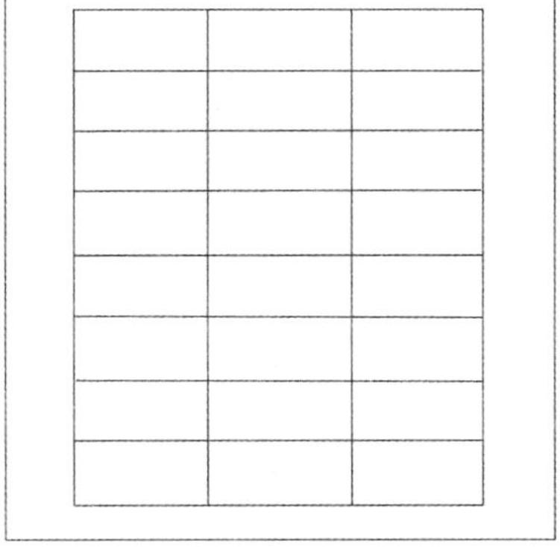

图 2.3.4　监视器视场

2.练习选择油滴和控制油滴在电场中运动

(1)按下“平衡”按键，在平行极板上加 200 V 左右的电压（实验中“电压极性切换”开关弹起或者压下均可），跟踪其中的某一颗油滴，仔细调节“平衡电压调节”旋钮去控制油滴，到这一油滴静止不动为止。再按下“0 V”按键，让油滴下降一段距离，重新加上“平衡电压”，使油滴静止。再按下“提升”按键使油滴上升。如此反复做多次练习，掌握控制油滴运动的方法。

(2)为了测定油滴所带的电量，本实验只需测量“平衡电压”U 和油滴下落距离 l 所需的时间 t 这两个物理量即可。选定测量油滴下落的一段距离 l，应在显微镜视场中央区域较为合适。

(3) 选择合适的油滴是做好本实验的关键。若选的油滴太大，油滴较亮，一般带电量较多，下降速度快，则测量结果不准确；选的油滴太小，则布朗运动明显，测量结果同样不准确。通常可选择平衡电压U在100～300 V，匀速下降1.5 mm所用的时间在10～25 s以内的油滴，其大小和带电量都比较合适。

3.测量和记录数据

(1) 平衡电压U的测定，选定一滴油滴后，仔细调节平衡电压U。使油滴受力平衡。

(2) 当测出平衡电压后，保持该电压不变，用“提升”按键将油滴移至视场中第二刻度线处，然后按下“0 V”按键，去掉平衡电压U，油滴将下降，测出油滴经过分划板中间6格(一格为0.25 mm，即$l=1.5$ mm)所需的时间t，测完t后，应随即按下“平衡”按键，加上平衡电压U，以免油滴丢失。

(3) 对同一颗油滴进行8～10次测量，而且每次测量都要重新调节平衡电压U，当油滴变得模糊时，要调节显微镜调焦手轮，跟踪油滴，切勿丢失。

(4) 清除测量室内所有油滴，按上面所述步骤，重新选择油滴进行实验。要求选择3～5滴合适的油滴进行测量。

4.数据处理及要求

(1) 在式(2.3.10)中各恒量的值分别如下：

- 油的密度　　$\rho=981\ \mathrm{kg\cdot m^{-3}}$
- 重力加速度　　$g=9.80\ \mathrm{m\cdot s^{-2}}$
- 空气黏度　　$\eta=1.83\times10^{-5}\ \mathrm{Pa\cdot s}$
- 油滴匀速下落距离　　$l=1.50\times10^{-3}\ \mathrm{m}$
- 修正常数　　$b=8.23\times10^{-3}\ \mathrm{m\cdot Pa}$
- 大气压强　　$p=101\ 325.02\ \mathrm{Pa}$
- 平行板间距离　　$d=5.00\times10^{-3}\ \mathrm{m}$

经整理得

$$Q=\frac{9.27\times10^{-13}}{\left[t(1+0.02\sqrt{t})\right]^{\frac{3}{2}}U} \tag{2.3.11}$$

由于油滴密度ρ、空气黏滞系数η都与温度有关，重力加速度g和大气压强p随地区等条件变化而变化，因此式(2.3.11)是近似的。在一般情况下由此引起的误差约为1%，但由于这样处理给计算带来了方便，因此是可取的。

(2) 实验数据处理方法。我们对实验测得的各个电量Q求最大公约数，这个最大公约数就是基本电荷e的值。但是由于在实验中存在仪器误差和学生对实验测量不熟而产生的人为误差，要求出最大公约数比较困难。因此可采用“倒过来推证”的办法进行数据处理，也就是说用$e=1.60\times10^{-9}$ C去除实验测得的电量Q，然后四舍五入得到一个整数，这个数就是油滴所带基本电荷的数目n，再用n去除实验测得的电量Q，即得到基本电荷的实验测量值。

在本实验中，由于存在测量误差，n的测量值往往并不是基本电荷e的整数倍，由物质结构理论和统计理论可知，实验中获得的绝大部分油滴的电量Q值是在基本电荷e的整数倍附近涨落。因此可通过对大量油滴所带电量的测量值，用统计直方图来确定基本电荷e的值。

统计直方图：把等精度测量得到的m个结果$x_1,x_2,\cdots,x_m$按一定区间Δx分组，统计出测量结果在区间$\left(x-\frac{1}{2}\Delta x, x+\frac{1}{2}\Delta x\right)$内的次数$N$，或出现的频率$f=N/M$。把$N$或$f$为纵坐标，$x$为横坐标作出的图形称为统计直方图。

对几百个油滴作$Q-N$统计直方图，如图 2.3.5 所示。将油滴所带电量Q作为横坐标，每隔0.1×10^{-19} C 区间的油滴数N为纵坐标。由统计知识可知道：相邻两个峰的油滴所带电量的差值便是所测的基本电量。这样，可由逐差法确定e的值。在图 2.3.5 中测得 6 个明显的峰，则隔三逐差

$$\bar{e}=\frac{1}{3}\sum_{i=1}^{3}\frac{Q_{i+3}-Q_i}{3}$$

式中，Q_i为第i个统计峰值所对应的电量。

[思考题]

(1) 密立根设计的油滴实验如何实现对元电荷的测量？

(2) 如何测油滴的电量？

(3) 实验中若仪器没有调水平，对结果将会有何影响？

(4) 本实验的数据是如何处理的？

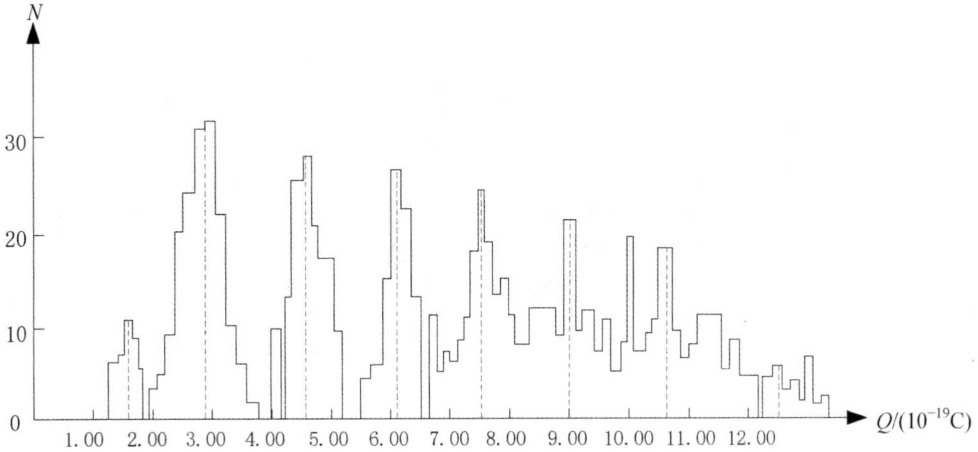

图 2.3.5　油滴电量统计直方图

2.4　分光计的调整和使用

内容一　分光计的调整

分光计是光学测量中常用的基本仪器，在光学实验中占有十分重要的地位，用它可以精确地测量光线的各种角度，如本实验中的衍射角。光学中许多物理量都和光的偏转角度有关，通过角度测量可以间接获得其他物理量，如光栅常数、光波波长和折射率等。给分光计配上专用光学元件，可以组成专用仪器，如在载物台上放置棱镜或光栅，就得到一台光谱仪；在平行光管

和望远镜上装置偏振片，可以研究光的偏振现象。此外，分光计还可用来对多种光学现象进行定性观察，如观察光波的衍射和干涉现象。分光计用途广泛，构造精密，因此对分光计的操作要进行严格训练。了解分光计的结构，学会调整分光计不仅是本次实验的基础，也是光学实验中十分重要的技能训练，因此应予以足够的重视。

［分光计的结构］

JJY 型分光计的整体结构分为望远镜、平行光管、载物台和读数装置，如图 2.4.1 所示。

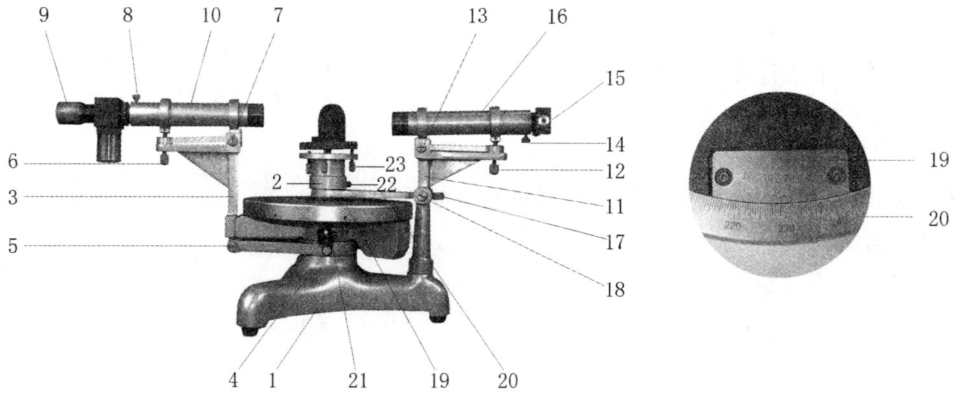

图 2.4.1　JJY 型分光计结构图

1— 底座；2— 仪器主轴；3— 支臂；4— 望远镜制动螺钉（在背面）；5— 望远镜微调螺钉；
6— 望远镜光轴竖直调节螺钉；7— 望远镜光轴水平调节螺钉；8— 目镜筒锁紧螺钉；
9— 目镜调焦螺母；10— 望远镜筒；11— 立柱；12— 平行光管光轴竖直调节螺钉；
13— 平行光管光轴水平调节螺钉；14— 狭缝位置锁紧螺钉；15— 狭缝宽度调节螺钉；
16— 平行光管筒；17— 游标盘（与主轴相连）锁紧螺钉；18— 游标盘微调螺钉；
19— 游标盘；20— 刻度盘；21— 刻度盘与支臂离合螺钉；22— 载物台锁紧螺钉；
23— 载物台调平螺钉（有 3 个）

1. 望远镜

望远镜装在支臂上，支臂的制动和微调分别通过螺钉 4 和 5 来完成。若要使读数装置中的刻度盘与支臂一起转动，应锁紧螺钉 21；反之，应松开螺钉 21。望远镜的光轴可以在竖直和水平两个方向上作小幅度转动。调节螺钉 6 可使光轴在竖直方向转动，调整螺钉 7 可使光轴在水平方向转动。这时值得注意的是，支臂的微调必须在支臂制动的情况下才能使用。

分光计上所采用的望远镜为“阿贝式”自准望远镜，如图 2.4.2 所示。它分为 4 个主要部分：目镜筒、物镜、分划板、全反射棱镜及照明电珠。调节目镜焦距，可以看清分划板上的黑色“十”字叉丝，这时目镜聚焦于分划板上。全反射棱镜胶合在分划板的下部，胶合面上镀有银层，在位于分划板下“十”字叉处的银层上开有一小“十”字窗，棱镜下的照明电珠发出的光经棱镜全反射后由“十”字窗射出。如果物镜也聚焦于分划板上，那么经望远镜后，“十”字窗发出的光成为平行光。在望远镜的物镜前放一反射镜，反射回来的光就会清楚地成像于分划板上，这是判断望远镜焦距是否调好的依据。物镜聚焦是通过改变目镜筒的位置来实现的。在物镜焦距调好后，用目镜筒锁紧螺钉将其锁定。

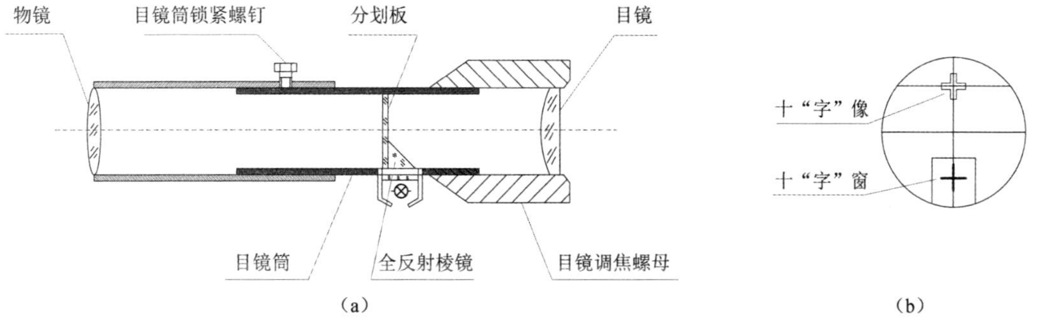

图 2.4.2　望远镜结构图

2. 平行光管

平行光管是用来产生平行光的装置，如同望远镜一样，其轴线可以在竖直和水平方向小幅度地调节，平行光管的结构如图 2.4.3 所示。狭缝宽度可通过狭缝宽度调节螺钉来调整。松开图中的狭缝位置锁紧螺钉，可调整狭缝的方向以及狭缝与透镜的距离。当狭缝处在透镜的焦平面上时，平行光管射出平行光。

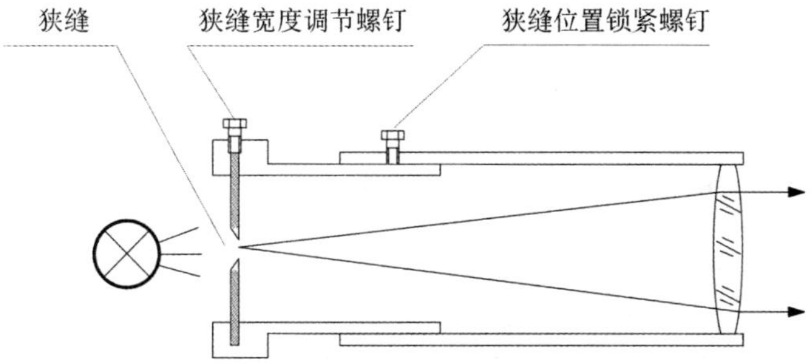

图 2.4.3　平行光管结构图

3. 载物台

载物台用来放置各种光学元件，它由上圆盘及下圆盘构成。它的高度可调，并用螺钉 22 锁紧。上圆盘的水平度可通过螺钉 23(有 3 个) 来调整。在需要单独旋转载物台时，可松开螺钉 22。如果要求载物台与游标盘整体联动，就必须锁紧 22。当螺钉 17 锁紧时，可用螺钉 18 对游标盘及载物台一起进行微调。

4. 读数装置

读数装置由刻度盘(主盘) 和游标盘两部分组成。刻度盘上有 720 个小格，每格为 30′，游标盘在对径方向上设有两个游标，这样在测量同一角位置时，就可以获得两个读数，以消除刻度盘与分光计主轴线之间的偏心差。JJY 型分光计的游标盘是将 14°30′(对应于刻度盘上的 29 个格) 分成 30 等分，即游标盘的每一小格(分度值) 为 29′，也就是说，刻度盘与游标盘的分度值之差为 1′，如图 2.4.4 所示。

具体读数方法如下。

角位置读数：两个游标分别命名为 M 和 N，先读游标零刻线在主盘上的读数为 A，再找出游标盘上与刻度盘重合的刻线，其游标盘所示数值即为读数 B，单位为分(′)。

角位移的确定：设在初位置时 M 和 N 游标的读数分别为 θ_{1M}，θ_{1N}，在末位置时 M 和 N 的游

标读数分别为 θ_{2M},θ_{2N},则角位移

$$\theta=\frac{1}{2}[(\theta_{2M}-\theta_{1M})+(\theta_{2N}-\theta_{1N})] \qquad (2.4.1)$$

从初位置向末位置移动时,如果某一游标的“0”线越过了刻度盘的零线(常称为“过零”),就应给这一游标中末位置的读数加上(或减去)360°,再用式(2.4.1)计算角位移。

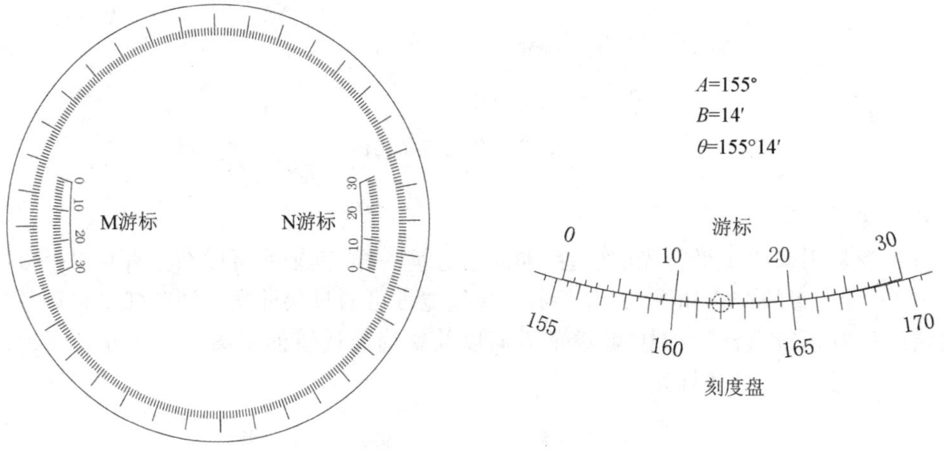

图 2.4.4　读数装置示意图

[分光计的调整要求及调整方法]

1. 判断分光计调好的标准

判断分光计是否调好,有以下三个标准:

(1) 首先望远镜要聚焦于无穷远,其次望远镜轴线应垂直于仪器主轴。

(2) 平行光管射出平行光,而且其轴线处在望远镜轴线的回转平面内。

(3) 调整载物台,使被检测光学元件的测量平面(由入射光与反射光或折射光、衍射光等确定的平面)与望远镜回转平面平行,也就是与刻度盘平面平行。

2. 调整方法

(1) 望远镜调整。

第一步,调整目镜和物镜焦距。打开分光计的电源,使望远镜上的照明电珠点亮。调节目镜与分划板之间的距离,直到从望远镜中清楚地看到分划板上的黑色“十”字叉丝。

对物镜焦距的调节需要借助亮“十”字像,将平行平面镜按如图 2.4.5 所示置于载物台上,使镜面与螺钉 b,c 连线垂直,并松开图 2.4.1 中的制动螺钉 4 和 22,调节螺钉 6 使望远镜大致水平,转动载物台并配合调整螺钉 b 或 c,在望远镜中寻找从平面镜反射回来的亮“十”字像(此时可能为一模糊的亮斑)。

松开螺钉 8,调节望远镜物镜与分划板之间的距离(前后移动目镜筒),使望远镜中观察到的亮“十”字像清晰。通过上述调整,望远镜的物镜和目镜已基本聚焦于分划板上,但不一定很准确,表现在反射回来的亮“十”字和分划板上的“十”字叉丝之间存在视差,即当左右或上下移动眼睛时,亮“十”字像与“十”字叉丝有相对移动。因此,还要反复调节望远镜的目镜和物镜焦距,使分划板上“十”字叉丝都很清晰,且无视差,这时分划板便同时在物镜和目镜的焦

平面上。须注意，此时应将目镜筒锁紧螺钉 8 锁住。

第二步，利用光学原理调望远镜轴线与载物台转轴垂直。在这一步骤中，首先要能在望远镜中分别观察到平面反射镜 A，B 两面反射回来的亮“十”字像。一般情况下，通过粗调望远镜及载物台的水平度就可达到这一目的，但经常出现的情况是，转动载物台在望远镜中只能观察到反射镜一面反射回来的像，而另一面反射回来的像看不到。解决的办法是，确认望远镜轴线已基本水平，用载物台下的螺钉 b 或 c 改变反射镜面的垂直度，使已观察到的亮“十”字像先处于视场的顶端，然后转动载物台，观察反射镜另一面反射回来的“十”字像。如果仍找不到，那么将反射镜转回至能看到“十”字像的一面对准望远镜，用螺钉 b 或 c 将这一像调至视场最下端，然后转动载物台寻找反射镜另一面反射回来的像。完成这一操作后，就会看到反射镜两面反射回来的“十”字像，这是分光计调整中非常关键的一步。

第三步，将两个“十”字像均调至视场中“十”字叉丝的上“十”字交叉点处，也就是与“十”字窗对称的位置。对一面反射回来的亮“十”字像，先调载物台圆盘下的螺钉 b 或 c，使“十”字像向分划板的上“十”字线靠拢一半，再用望远镜水平调整螺钉使“十”字像与分划板的上“十”字处于同一高度。这一方法称为“各半法”，如图 2.4.6 所示。旋转载物台，对反射镜另一面反射回来的“十”字像用“各半法”再行调整，如此反复，直至平面镜两面反射的“十”字像都处在分划板的上“十”字交叉处为止，如图 2.4.2(b) 所示。此时望远镜的水平度已调好，从载物台上取下反射镜，在此后的测量中望远镜的水平度和聚焦均不可再调。

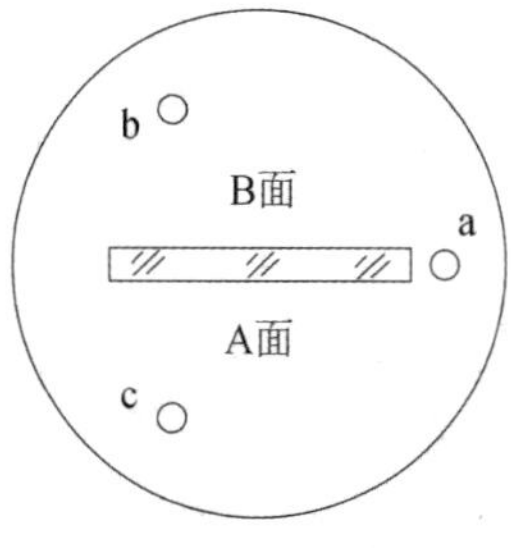

图 2.4.5　平面镜放置示意图

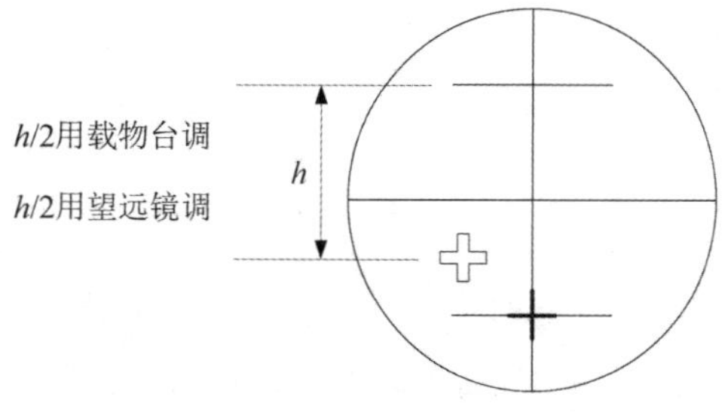

图 2.4.6　“各半法”调节示意图

(2) 平行光管调整。让光源对准平行光管上的狭缝，松开狭缝位置锁住螺钉 14，前后移动狭缝，使从已调好的望远镜中观察到狭缝像最清晰为止。此时狭缝已处于平行光管透镜的焦平面上，即平行光管射出平行光。调整狭缝宽度，使狭缝像宽约为 1 mm；旋转狭缝成水平状态，调节平行光管的水平调节螺钉 12，使狭缝的像与望远镜分划板中间“十”字的水平线重合。这时平行光管的水平度已调好，然后将狭缝旋转到竖直方向，最后将平行光管的狭缝位置锁定。

(3) 调整测量平面与望远镜轴线平行。对于不同的光学元件和不同的测量目的，测量平面会有所不同，但调整的基本方法是不能调望远镜水平度，只能调载物台上的三个螺钉来达到要求。

内容二　用分光计测三棱镜的顶角

[实验目的]

熟悉分光计的调整技巧，测量三棱镜的顶角。

[实验原理]

这里介绍两种测量三棱镜顶角的方法：一种方法是借助分光计上自准望远镜，用自准法测量；另一种方法称为反射法，它需要利用分光计的平行光管所产生的平行光束测量。

1. 自准法

图 2.4.7 所示是三棱镜的主截面，AB 和 AC 是透光的两个光学面，底面 BC 为毛面。AB 与 AC 的夹角 ∠A 就称为三棱镜的顶角，用自准法测出两光学面 AB 与 AC 的法线夹角 α，则有顶角

$$\angle A = 180^\circ - \alpha \tag{2.4.2}$$

2. 反射法

如图 2.4.8 所示，让平行光管发出的平行光大致沿顶角平分线的方向照射到顶角，平行光束被两个光学面反射后分成两束反射光，测量两束反射光之间的夹角 β，则有

$$\angle A = \frac{1}{2}\beta \tag{2.4.3}$$

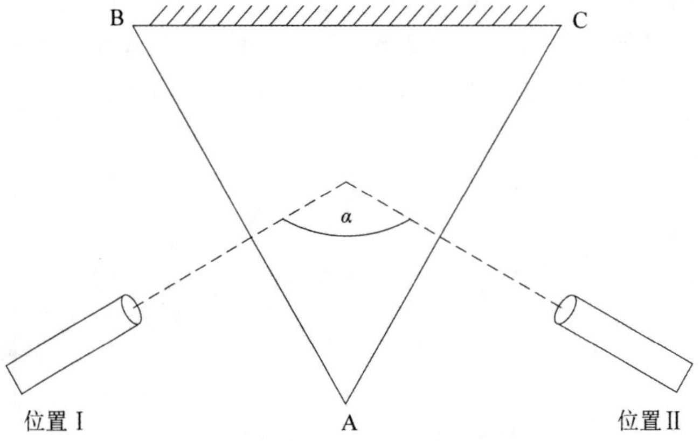

图 2.4.7　自准法测三棱镜顶角

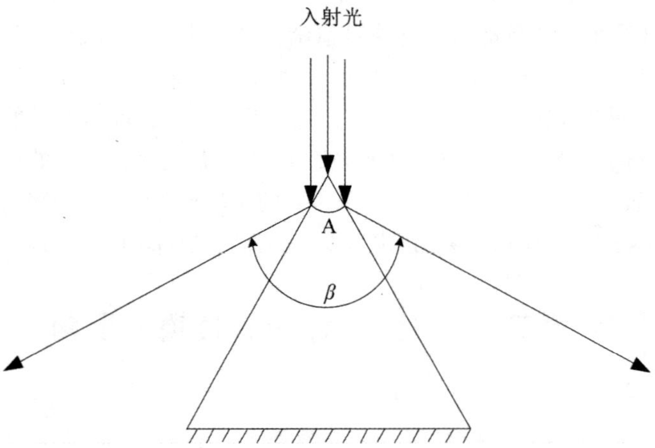

图 2.4.8　反射法测三棱镜顶角

[实验仪器]

实验仪器同内容一。

[实验操作]

在分光计的望远镜系统和平行光管均已调好的情况下，可进行下面的操作。首先在载物台上放置三棱镜(见图 2.4.9)，使 AC ⊥ bc，让 AC 面对着望远镜。调节 b，c 螺钉使 AC 反射回来的“十”字像处于视场中“十”字分划板的上“十”字线交叉处；再让 AB 对着望远镜，调节螺钉 a，同样使反射“十”字像处于分划板上“十”字处。重复调节螺钉 b，c，使 AC 和 AB 均垂直于望远镜轴线，也就是三棱镜的主截面平行于望远镜回转平面。其余操作可参照原理部分自己完成，并将数据记入表 2.4.1 中。

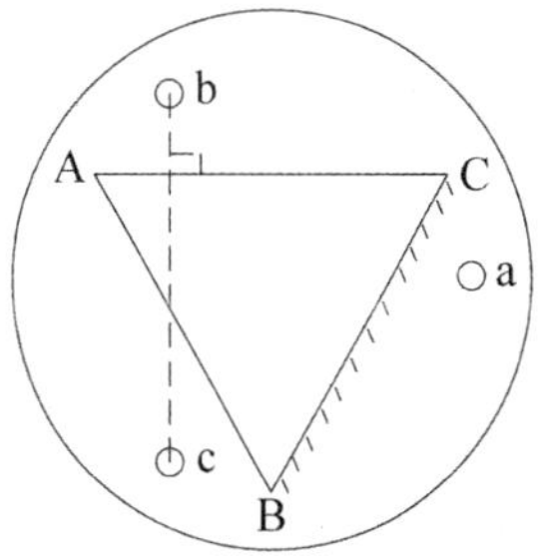

图 2.4.9　棱镜放置示意图

表　2.4.1

次数	望远镜 Ⅰ		望远镜 Ⅱ		角位移
	M 游标读数	N 游标读数	M 游标读数	N 游标读数	
1					
2					
3					
4					
5					
平均值					

内容三　光栅常数的测定

光栅是根据多缝衍射原理制成的一种分光元件，常用来准确测定光波波长及进行光谱分析。光栅分为透射式和反射式两类。本实验用的是透射式光栅，它是利用全息照相原理制成的，其透射缝的宽度是相等的，缝的间距也是相等的，缝宽和缝的间距之和称为光栅常数。对于一个给定的光栅，可以根据已知波长去测定它的光栅常数，也可以根据已经给出或测定的光栅常数去测定未知的光波波长。但不管采用哪种测量，都要知道光线的衍射角。可以用分光计测量光线的衍射角。

[实验目的]

(1) 进一步熟悉分光计的使用方法。

(2) 观察光栅衍射光谱，利用已知波长的谱线对光栅常数进行测定。

[实验原理]

当一束平行光垂直照射在光栅上时，光栅中每条狭缝都将产生衍射，通过各狭缝的光波之间还要发生干涉(称为缝间干涉)。光栅的衍射条纹是单缝衍射和缝间干涉效果的总和。下面借助图 2.4.10 说明光栅方程。

设光栅的每条缝宽为 b,不透光部分宽度为 a,则 $d=a+b$,d 称为光栅常数。垂直入射的平行光经光栅衍射后再经一透镜会聚于透镜的焦平面上,从而形成一组明暗相间的衍射图样。在本实验中,由于使用平行于光栅缝的线光源,因而衍射图样为明暗相间的直线条纹,与线光源平行,并向缝的两边展开。设某一方向的衍射光线的衍射角为 θ,则相邻两条光线的光程差

$$\delta = d\sin\theta \tag{2.4.4}$$

当此光程差为入射光波长的整数倍时,多光束干涉使光振动加强,则在透镜 L 的焦平面上产生一条亮线,因而光栅衍射产生明条纹的条件为

$$d\sin\theta = K\lambda,\quad K=0,\pm1,\pm2,\cdots \tag{2.4.5}$$

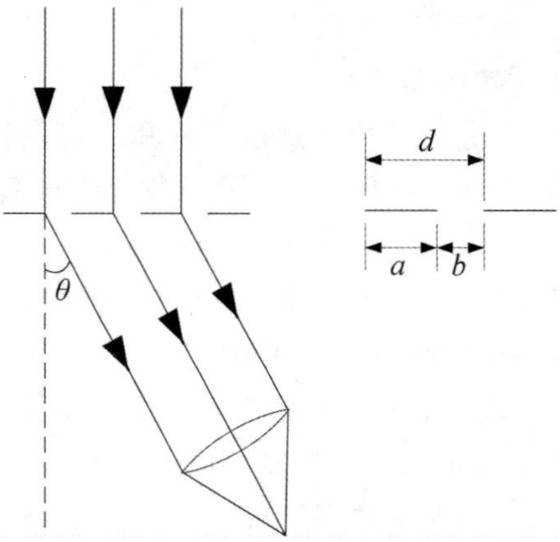

图 2.4.10　光栅衍射

式中,λ 为单色光波长;K 为亮条纹级数。式(2.4.5)称为光栅方程。从光栅方程可以看出,对于包含不同波长的复色光入射于光栅,当 $K=0$ 时,均有 $\theta=0$。因此,各种波长的零级亮条纹重叠在一起而形成复色中央明纹。当 $K\neq0$ 时,由于入射的各种光的波长不同,所以产生的衍射角也不同,经透镜会聚后将出现按波长顺序排列的彩色谱线,称为光栅光谱。图 2.4.11 所示为汞灯的光栅衍射光谱。其中对应于 $K=1$ 的谱线称为 $+1$ 级谱线,对应于 $K=-1$ 的谱线称为 -1 级谱线,类似还有 ±2 级、±3 级谱线,只不过当 K 较大(如大于 ±2)时,谱线将会出现交叉现象,从而给分辨谱线的级数 K 带来困难。因此,实验中通常只对 ±1 级谱线进行测量。从式(2.4.5)可以看出,当知道了 d,θ,K,λ 中的任意 3 个,则可计算出第 4 个参数的量值,其中 d 与 λ 恒为正,K 与 θ 的符号一致。在实验中可选单色光的谱线,在波长表中查出它的波长值,通过测量衍射角 θ,即可计算出光栅常数 d。

[实验操作]

前面已学习了分光计的调整,现假设分光计的望远镜系统和平行光管已经调好,这里仅对光栅在载物台上的放置状态进行调整。这一步骤有两个要求:一是光栅平面与平行光管轴线垂直,也就是说,使平行光垂直入射光栅平面。方法是旋转望远镜,使平行光管与望远镜共轴,再如图 2.4.5 所示放置光栅。为了不影响下面的调整,可暂时关掉光源或用书挡在狭缝前,旋转载物台,使光栅反射回来的"十"字像出现在望远镜视场中并与"十"字叉丝的竖线对齐,然后调整 b 或 c,使光栅反射回望远镜的"十"字像位于望远镜的上"十"字交叉处,这时应锁紧螺钉 17 和 22,防止载物台转动,并打开光源。二是要求光栅缝与载物台转轴平行。方法为观察汞灯的衍射谱线,若发现两侧的谱线不等高,一侧偏上,一侧偏下,则应当调节载物台上螺钉 a,使两侧谱线等高。由于光栅放置的位置并非严格如图 2.4.5 所示,调节 a 可能会影响光栅平面与平行光管轴线的垂直,因而应重复上述对图 2.4.5 中 a, b, c 的调整,直至满足要求。

[数据记录与处理]

选择 3 种波长的谱线,依次记录它们的 ±1 级衍射光线的角位置,将测量数据填入表 2.4.2

中,并计算光栅常数。

表 2.4.2　数据记录

谱线	标准波长 λ/nm	+1 级		−1 级		衍射角
		θ_{M+1}	θ_{N+1}	θ_{M-1}	θ_{N-1}	$\theta=\dfrac{\theta_{M+1}-\theta_{M-1}+\theta_{N+1}-\theta_{N-1}}{4}$

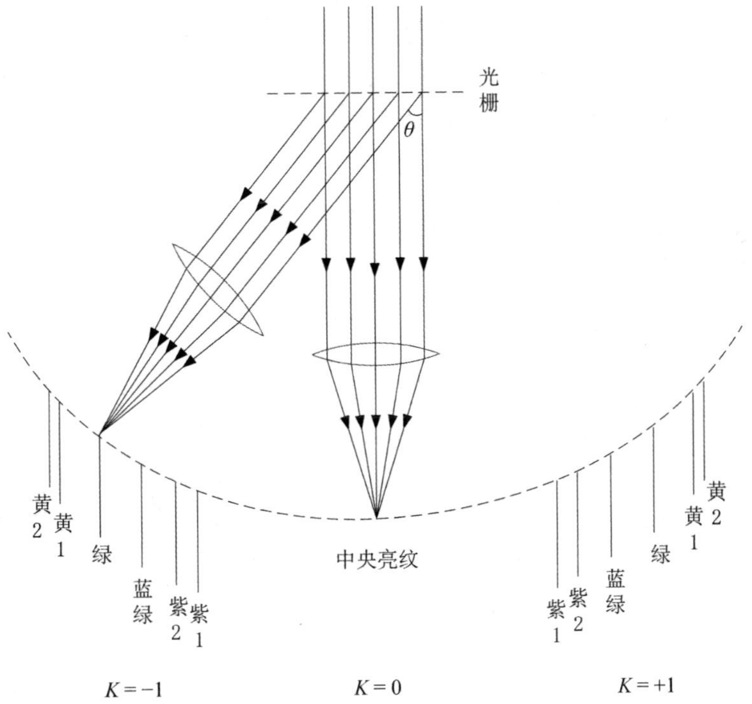

图 2.4.11　光栅衍射光谱

2.5　示波器的使用

内容一　模拟示波器的使用

示波器能直接观察电压波形,测定电压信号幅度、周期和频率等电参量,双踪示波器还可以测量两个信号之间的时间差或相位差,是目前生产、科研中常用的电子仪器。

［实验目的］

(1)了解示波器的工作原理,掌握示波器的使用方法。

(2)学会用示波器观察电信号波形。

(3)学会用李萨如图形测量正弦波的频率。

［实验原理］

MOS—625FG 型双踪示波器的基本原理如图 2.5.1 所示,主要由示波管、垂直偏转控制系统、水平偏转控制系统和电源四部分组成。其工作原理如下:

在扫描模式下,将待观察信号从 CH1 通道(或 CH2 通道)输入,经放大器放大(或衰减),再经垂直控制选择后加至示波器垂直(Y 轴)偏转板。同时取出输入信号的一部分形成触发信号,经触发器触发扫描发生器形成锯齿扫描电压,加至示波器水平(X 轴)偏转板,电子束在水平方向作扫描运动,在垂直方向按待观察信号确定的方式运动,合运动的轨迹就是波形。在 $X-Y$ 扫描方式下,X 板上不再加锯齿信号,CH1,CH2 和外部信号经选择后将其中之一加至 X 板;Y 板依然通过垂直控制选择获得 CH1 和 CH2 的四种组合之一,控制电子束的运动,合运动的具体形式由 X,Y 板所加的电压信号决定。

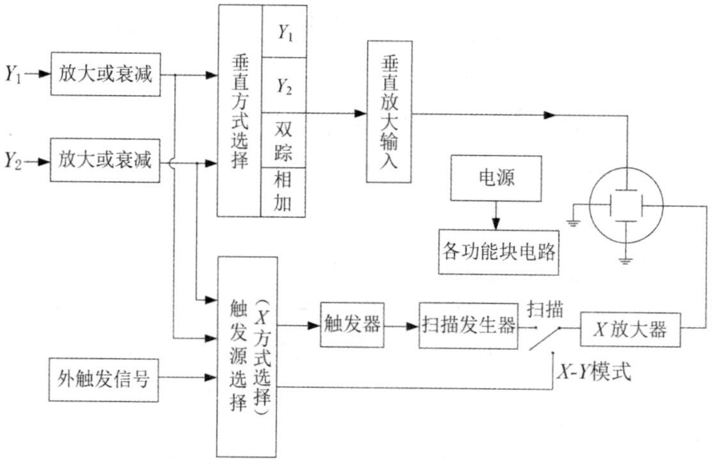

图 2.5.1　MOS—625FG 型双踪示波器工作原理框图

1. 示波管的结构

示波管是示波器的核心部分,包括电子枪、偏转系统和荧光屏三个部分,全部密封在抽成高真空的玻璃壳内。

(1)电子枪。其结构如图 2.5.2 所示。电子枪由灯丝 F、阴极 K、栅极 G、聚焦阳极 A_1、辅助聚焦阳极 A_2 等组成。当灯丝 F 通电发热时,阴极 K 因受热而发射热电子。热电子在聚焦阳极 A_1 电压的加速下,通过控制栅极 G 中央的小圆孔,穿过辅助聚焦阳极 A_2,从而形成电子束。调节控制栅极 G 的电位可以控制电子枪射出的电子数,从而控制光斑亮度。调节辅助聚焦阳极 A_2 电位可使电子束在荧光屏上会聚成细小的光点,以保证波形清晰。

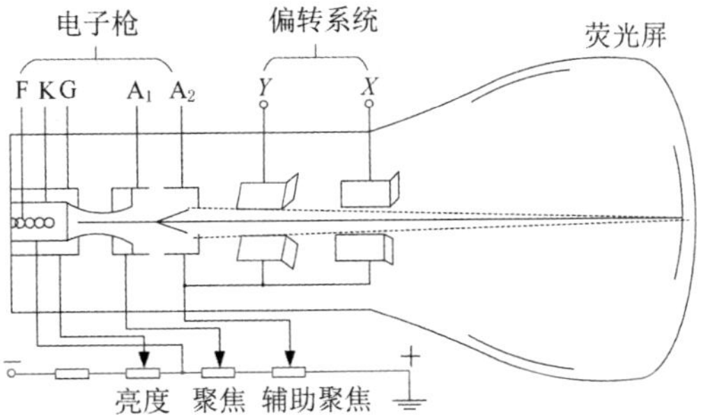

图 2.5.2　示波管示意图

F—灯丝；K—阴极；G—控制栅极；A_1—聚焦阳极；

A_2—辅助聚焦阳极；Y—竖直偏转板；X—水平偏转板

(2)偏转系统。由两对相互垂直的偏转板组成，一对使电子束沿竖直方向偏转，称为垂直偏转板(Y 偏转板)；另一对使电子束沿水平方向偏转，称为水平偏转板(X 偏转板)。在偏转板上加以适当电压，当电子束通过时，将会受到电场力作用。电子束在水平方向和竖直方向的偏转量分别与 X 偏转板和 Y 偏转板所加的电压成正比。改变偏转板上的电压，可以使电子束在荧光屏上产生的光斑位置发生改变。

(3)荧光屏。当电子打在涂有荧光粉的屏上时，荧光粉会发光，形成光斑。不同荧光粉发出不同颜色的光，发光过程的延续时间(“余辉”)也不同。荧光屏前有一块透明的带刻度的坐标版，可用于测定信号参量。在性能较好的示波器中，将刻度直接刻画在屏玻璃内表面，与荧光粉紧贴在一起，以消除视差，可更准确地测得信号图形。

2.扫描原理

(1)两对偏转板均无电压信号时，荧光屏上只出现一个亮点。

(2) 若仅在水平偏转板(X 偏转板) 上加锯齿波信号，如图 2.5.3(a) 所示，则电子束在荧光屏上的亮点就会在 $t_0 < t < t_1$(范围) 内从左向右匀速运动，到右端后又立刻回到左端，此后重复上述运动过程，亮点只沿水平方向运动，把这一过程称为扫描。电子束仅作扫描运动，荧光屏上能看到一条水平亮线，如图 2.5.3(b) 所示。

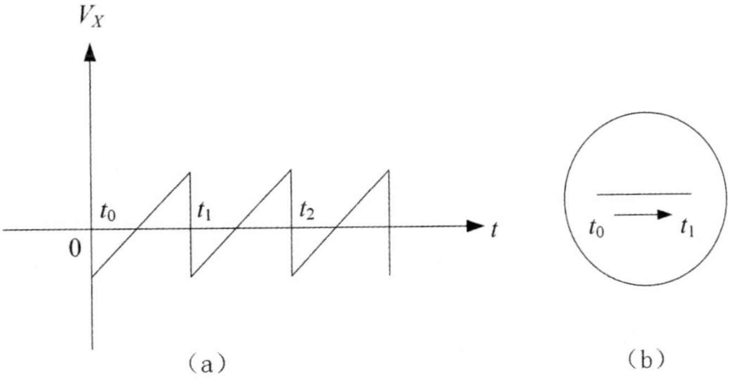

图 2.5.3　扫描示意图

(a) 锯齿波；(b) 水平显示

(3) 若仅在垂直偏转板(Y 偏转板)上加正弦电压信号,则电子束的亮点沿垂直竖直方向随时间作正弦式振荡,沿水平方向不动,荧光屏上只能看到一条竖直亮线,如图 2.5.4 所示。

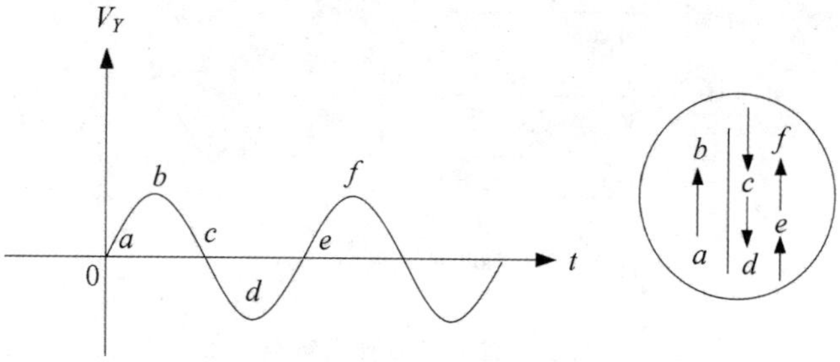

图 2.5.4　未加扫描时的垂直显示

在上述(2)(3)两种情况中,某一时刻电子束只打在荧光屏的某一点上,之所以看到一条水平亮线和竖直亮线是因为在信号频率大于 15 Hz 时,视觉有暂留作用以及荧光屏有"余辉"所致。

(4)水平偏转板上加锯齿波电压信号(即扫描电压),垂直偏转板上加正弦电压信号,则荧光屏上的亮点将同时沿水平和竖直两方向运动,看到的将是亮点的合运动轨迹,即正弦图形,其合成原理如图 2.5.5 所示。

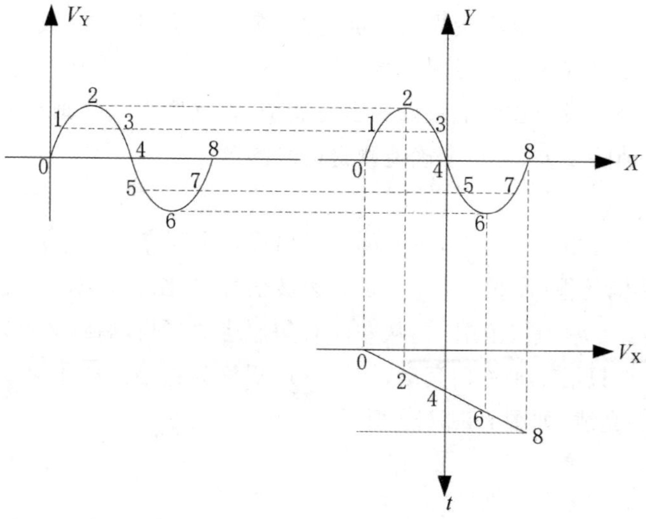

图 2.5.5　波形显示原理图

(5) 若在 X 和 Y 偏转板上均加上正弦电压信号,则亮点的运动是两个相互垂直振动的合成。若 f_Y 和 f_X 之比为简单的整数比,则合成振动的轨迹呈稳定的封闭图形,这些封闭图形称为李萨如图形。改变频率比可以得到不同的李萨如图形,图 2.5.6 所示是在不同频率比、不同相位差下稳定的李萨如图形。

3. 整步

在扫描过程中,只有当待测信号的频率 f_Y 和扫描信号的频率 f_X 之比 f_Y/f_X 是整数时,观察到的波形才是稳定的图形。但 f_Y 是由待测信号决定的,而 f_X 是由示波器内扫描发生器决定，两者无关。虽然可以调节锯齿波的频率 f_X，使 $f_Y=nf_X$（n 为整数），但由于 f_Y 和 f_X 是来自不同系统，实验过程中不可避免地产生变化，无法长久维持 $f_Y=nf_X$，因而波形是不稳定的。

为了达到稳定波形的目的，一般从待测信号取出一部分加到触发器上，控制扫描频率追踪待测信号频率 f_Y 的变化，这一过程称为整步。在示波器上可以选择不同的触发信号，对触发信号进行调整，保证 $f_Y=nf_X$ 的成立。

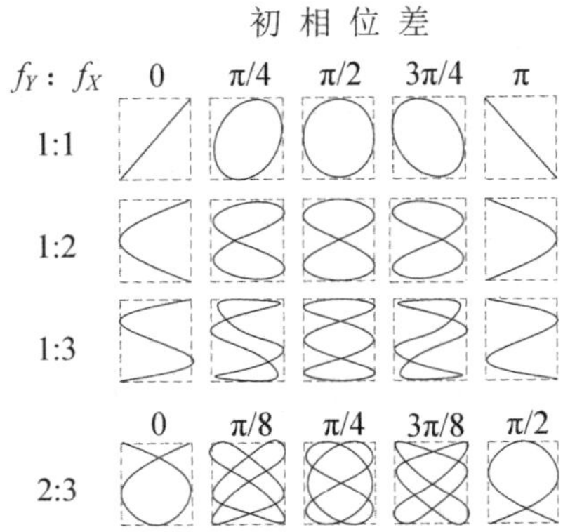

图 2.5.6　李萨如图形

［实验仪器］

1.MOS—625FG 型双踪示波器

本实验使用 MOS—625FG 型双踪示波器，其控制面板如图 2.5.7 所示。

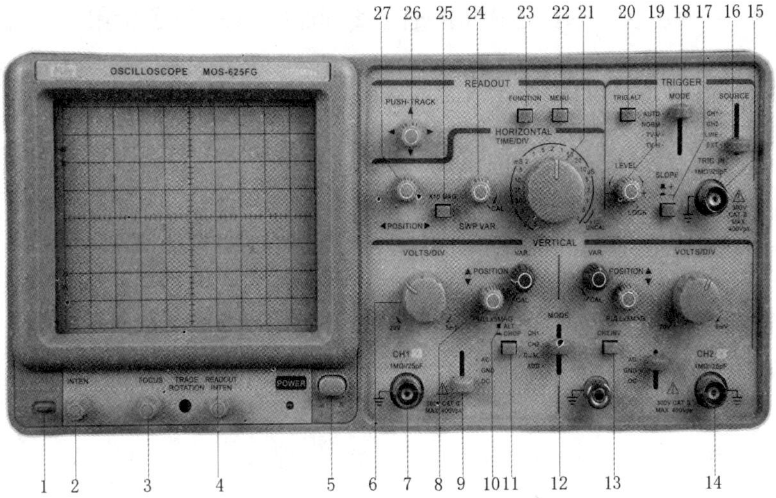

图 2.5.7　MOS - 625FG 型双踪示濊器面板图

现将 MOS—625FG 型双踪示波器面板旋钮分为五个部分予以介绍，从而说明示波器的调节和使用。

(1)显示部分。

⑤电源：主电源开关。

②亮度：调节轨迹或亮点的亮度。

③聚焦：调节轨迹或亮点的聚焦。

(2)垂直轴(VERTICAL)。

双踪示波器的垂直轴有两个通道 CH1 与 CH2,两通道的功能及面板旋钮基本相同。

⑦CH1(X):通道 1 的信号输入端。在 $X-Y$ 模式下,作为 X 轴输入端。

⑭CH2(Y):通道 2 的信号输入端。在 $X-Y$ 模式下,作为 Y 轴输入端。

⑨AC-GND-DC:选择垂直轴输入信号的耦合方式。

AC:交流耦合。

GND:垂直放大器的输入接地,同时将输入端断开。

DC:直流耦合。

⑥垂直衰减开关:调节垂直偏转灵敏度,从 5 mV/div～20 V/div,分 12 挡。

⑩垂直微调:微调灵敏度大于或等于 1/2.5 标示值,在校正位置时,灵敏度校正为标示值。

⑧▼▲垂直位移:调节光迹在屏幕上的垂直位置。当该旋钮拉出时(×5MAG 状态),放大器的灵敏度乘以 5。

⑫垂直显示方式:选择 CH1 与 CH2 放大器工作模式。

CH1:单独显示通道 1 的信号。

CH2:单独显示通道 2 的信号。

DUAL:两个通道同时显示。

ADD:显示两个通道的代数和 CH1+CH2。按下 CH2 INV ⑬按钮,为 CH1-CH2。

⑪ALT/CHOP:在双踪显示时,放开此键,表示通道 1 与通道 2 交替显示(通常在扫描速度较快的情况下);当此键按下时,通道 1 与通道 2 同时断续显示(通常用于扫描速度较慢的情况下)。

⑬CH2 INV:通道 2 的信号反向,当此键按下时,通道 2 的信号以及通道 2 的触发信号同时反向。

(3)触发(TRIGGER)。

⑮外触发输入端子:输入外部触发信号。在使用该功能时,开关 ⑯应设置在“EXT”的位置上。

⑯触发源选择:选择内或外(EXT)触发。

CH1/CH2:当垂直显示方式选择开关 ⑫设定在 DUAL 或 ADD 状态时,选择通道 CH1/CH2 作为内部触发信号源。

LINE:选择交流电源作为触发信号。

EXT:在 ⑮有外部信号接入时,用外信号作为触发信号源。

⑳TRIG ALT:当垂直显示方式选择开关 ⑫设定在 DUAL 或 ADD 状态,而且触发源开关 ⑯选在通道 1 或通道 2 上,按下 ⑳时,它会交替选择通道 1 和通道 2 作为内触发信号源。

⑰极性:触发信号的极性选择。“+”为上升沿触发,“-”为下降沿触发。

⑲触发电平：显示一个同步稳定的波形，并设定一个波形的起始点。向“+”旋转触发电平向上移，向“−”旋转触发电平向下移。

触发电平锁定功能：将触发电平旋钮⑲向顺时针方向转到底听到“咔嗒”一声后，触发电平被锁定在一固定值上，这时改变扫描速度或信号幅度，不再需要调节触发电平即可获得同步信号。

⑱触发方式：选择触发方式。

AUTO：自动，当没有触发信号输入时，扫描处于自动模式下。

NORM：常态，当没有触发信号时，踪迹处于待命状态并不显示。

TV-V：电视场，当想要观察一场的电视信号时。

TV-H：电视行，当想要观察一行的电视信号时。

（仅当同步信号为负脉冲时，方可同步电视场和电视行。）

(4)水平轴（HORIZONTAL）。

㉑水平扫描速度开关：扫描速度可以分 20 挡，从 0.2 μs/div 到 0.5 s/div。当设置到 $X-Y$ 位置时，可用作 $X-Y$ 示波器。

㉔水平微调：微调水平扫描时间，将扫描时间校正到与面板上 TIME/DIV 指示的一致。TIME/DIV 扫描速度可连续变化，顺时针旋转到底为校正位置。

㉗◀ ▶水平位移：调节光迹在屏幕上的水平位置。

㉕扫描扩展开关：按下时扫描速度扩展 10 倍。

(5)光标测量（READOUT）。

㉖TRACK 轨迹调节旋钮：它是一个附带按钮功能的组合旋钮，通常用来选择待移动的光标（被选中的光标用▽标记），以及←，→，↑，↓移动被选中的光标位置；在坐标测量中，通过按动该钮来改变坐标选择器的移动方向，旋转该钮可以←，→，↑，↓移动坐标选择器的位置。

㉓FUNCTION 功能选择键：在屏幕 READOUT ON 且 P(V，t)OFF 方式下，该键用于 ΔT，$1/\Delta T$ 及 ΔV 等测量功能的转换；在 P(V，t)ON 方式下，该键用于确定基准原点及待测点的相对坐标；在 MENU 方式下，该键用于选择各菜单状态（如：ON/OFF，*1/*10 等）或退出 MENU 方式。

㉒MENU 菜单功能键：按此键盘进入菜单后，继续按此键可选择不同的菜单选项。

④READOUT INTEN：光标测量字符的亮度调节旋钮。

此外，示波器在前面板和后面板还设置了其他一些端钮，如校准信号端子、接地端子和通道 1 信号输出端子等。其中“CAL①”端子提供幅度为 $2V_{p-p}$、频率 1 kHz 的方波信号，用于校正 10∶1 探头的补偿电容器和检测示波器垂直与水平的偏转灵敏度。

2.SG1646 型多功能函数信号发生器

SG1646 型多功能函数信号发生器能产生正弦波、三角波、方波、脉冲波四种波型信号。该信号发生器上还带有数显的频率计和电压表。电压表用来监测输出信号幅值的大小（实际显示的是信号的峰-峰值）；频率计不仅可用来测量信号发生器本身所产生周期信号的频率，还可以用来测量外部输入信号的频率。一般来说，信号发生器能够在以下三个方面实现对信号的调整，即波形、幅值和频率。下面结合 SG1646 型多功能函数信号发生器面板图（见图 2.5.

8)分别说明如何实现对信号的有关调整和监测。

(1)对信号发生器所产生信号的调整。

波形选择：波形选择开关共有四个键，分别是正弦波、三角波、方波和脉冲波。这里要说明三点：第一，正弦波可用“电压输出”和“功率输出”两种方式输出，而其余三种信号只能用“电压输出”。第二，对于脉冲波，可用“占空比”旋钮改变脉冲的占空比。第三，用“直流偏置”键可设定任何波形电压输出的直流工作点，该旋钮在使用时要拉出。

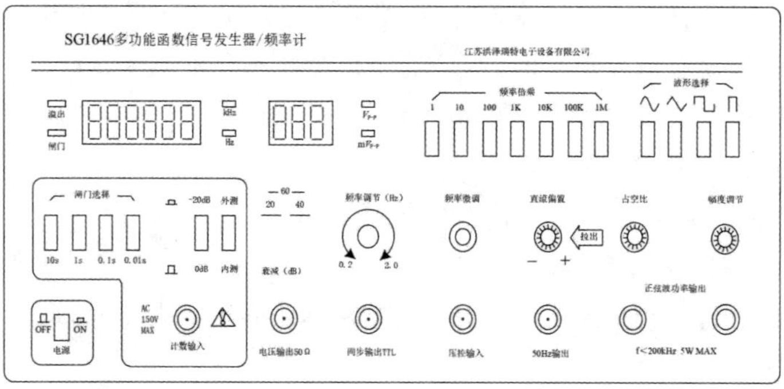

图 2.5.8 SG1646 型多功能函数信号发生器面板图

频率调节：由三个钮(键)来确定，分别是频率调节(粗调)、频率微调和频率倍率，其中频率倍率分为七个挡。

所确定的频率值＝(频率调节钮示值＋频率微调钮值)×频率倍率值

这一公式仅用来指导频率调节，而具体的频率读数则由频率计给出。该型号信号发生器所产生的频率范围随输出方式的不同而有很大的差别，当采用电压输出时，频率范围在 0.02 Hz～2 MHz 之间；而采用功率输出时，频率范围在 0.02 Hz～200 kHz 之间。

幅值调节：由两种钮(键)控制，即“衰减”键和“幅度调节”钮。按下衰减键可产生20 dB(1/10)或40 dB(1/100)的衰减，两键同时按下可产生 60 dB(1/1 000)衰减。

(2)信号频率与幅值的测量及显示。

电压显示：用三位数显示幅度，有 V_{p-p} 和 mV_{p-p} 两种。对电压输出而言，此显示值仅为空载时的输出峰-峰值，实际输出电压峰-峰值为$[R_L/(50+R_L)]$×显示值(R_L 为负载阻值)。

频率的测量及显示：首先要选择测量内部信号还是外部信号的频率，“外测-内测”钮按下时为测外部信号，此时还可对其进行 0 dB 或者 20 dB 的衰减选择；其次要选择频率测量的精度，由“闸门选择”钮控制，分为 0.01 s，0.1 s，1 s，10 s 四个挡，对应的频率测量精度分别为 100 Hz，10 Hz，1 Hz，0.1 Hz。频率显示为 6 位有效数字，单位为 kHz 和 Hz 两种。当“闸门”指示灯闪烁时，说明计数正常；相反，当所测频率超过显示器所能显示的范围时，“溢出”灯亮，这时就要降低测量精度，扩大测量范围。

[实验操作]

1. *熟悉 MOS－625FG 型双踪示波器的操作方法和观察正弦信号*

(1)对照仪器介绍，明确示波器和信号发生器面板上各旋钮和接线柱的作用之后，将示波器扫描速度开关旋至 1 ms。选择自动扫描方式，接通电源，预热 15 s 后，出现扫描迹线。调节垂直位移和水平位移旋钮，使扫描迹线移至荧光屏中央，用“亮度”和“聚焦”旋钮使扫描迹线纤细清晰。

(2)观察信号发生器输出的正弦信号。用探头将待观察正弦信号输入 CH1(或 CH2)通道，输入耦合开关置于交流“AC”，垂直工作方式和触发信号耦合选择 CH1(或 CH2)开关。调整通道偏转灵敏度选择开关，使观察信号幅度适当放大或衰减，通过调节扫描速度开关，改变扫描频率，使波形分别稳定为一个、两个或三个周期的波形。

(3)观察两信号的双踪显示和信号叠加，用探头将两信号输入至 CH1 通道和 CH2 通道，垂直工作方式选择置“双踪”时，荧光屏为两信号波形双踪显示；拨至“相加”开关处则为两信号叠加显示，即(CH1±CH2)波形。调节扫描速度转换开关，观察波形，描绘出两输入信号波形和其叠加(CH1±CH2)波形。当 CH1 和 CH2 两信号频率相差较小时，可观察到两信号产生的“拍”现象。

2. 观察李萨如图形并测定频率

将信号发生器输出的两正弦信号分别输入至 CH1 通道和 CH2 通道，置扫描速度开关旋钮于 $X-Y$ 位置进行 $X-Y$ 显示，并使“垂直工作方式”和“触发源”分别置于 CH1 和 CH2 通道，此时荧光屏上出现李萨如图形，借助垂直和水平位移旋钮以及垂直偏转灵敏度选择开关，使图形幅度合适，位置适中。慢慢改变信号发生器的输出频率，待李萨如图形较稳定时，设其中一个信号的频率已知，用公式 $f_Y N_Y = f_X N_X$ 计算另一未知频率，其中 N_X，N_Y 分别表示通过图形分别作一条水平直线和一条垂直直线与图形交点的个数(在作直线时避开图形自身交点)，f_X 和 f_Y 分别代表水平偏转电压和垂直偏转电压的频率。

3. 输入信号电压的确定

(1)将微调灵敏度旋钮置于校正位置(关的位置)。

(2)测量前，置扫描方式开关于“自动”，选择扫描速度为不发生闪烁为止。

(3)测量直流电压时，先置输入耦合开关于“GND”，确定电压基准线(地电势)，然后拨至“DC”位置，调节通道灵敏度选择开关获得信号幅度，用下列公式计算电压值：

$$\text{电压(V)} = n\text{(V/格)} \times \text{信号幅度(格)}$$

(4)测量交流电压时，输入耦合开关置于“AC”处即可，用上式计算出信号幅度值 $V_{p\text{-}p}$，其有效值为$\frac{1}{2\sqrt{2}}V_{p\text{-}p}$。

4. 输入信号频率的测量

(1)将扫描时间微调旋钮置于校正位置(关的位置)。

(2)调节扫描时间“s/格”，使待测信号图形在显示屏上出现一个或多个周期的图形。

(3)数出信号一个周期所占的水平格子数，这样信号的周期值就为格子数×“s/格”的值。

(4)数出显示屏上 10 个格子上信号图形的周期数，信号的周期值就为 10×“s/格”的值/周期数。

以上电压和频率的测量可用 FUNCTION 功能选择键直接测量。

［思考题］

(1)如果打开示波器中的电源开关，在屏幕上既看不到扫描线，又看不到光点，可能有哪些原因？应分别作怎样的调节？

(2)怎样观察正弦波？

(3)如何在示波器上形成较稳定的李萨如图形？如何用示波器测未知电压？

内容二　数字示波器的使用

数字示波器也称为数字存储示波器(Digital Storage Oscilloscope,DSO),它是示波器发展的新一代产品,在20世纪80年代得到快速发展。与模拟示波器相比,数字示波器有多方面的优点:数字示波器的带宽性能容易得到提高;数字示波器对信号进行采集和存储,因而能捕捉单次瞬态信号;可以进行“负延迟触发”,能方便地显示触发点以前的波形;能方便地进行多波形显示;能无闪烁地显示低频信号;数字示波器在测量方面的优点更突出,其测量的功能和内容极大扩展,测量的精度大幅提高,而且还可以对测量结果进行修正和输出。数字示波器由于具有多方面的优点,所以电子测量中得到了广泛的应用。

这里主要介绍DS1000E数字示波器的使用方法,数字示波器前面板图如图2.5.9所示。

1. 信号连接区

“CH1”和“CH2”是两个待测信号输入通道的连接插座。

“EXT TRIG”是外部触发信号的输入插座。

内部方波信号:示波器提供一个“峰-峰”值约为3 V,频率为1 kHz的方波信号。此信号通常用于“探头补偿”调整,也可用于检查示波器是否处于正常工作状态。

2. 垂直控制区

(1)信号选择。垂直控制区有四个信号选择键,“CH1”“CH2”“MATH”“REF”用以选定不同的信号。当按键灯亮时,该按键对应的信号将显示于屏幕上。而关闭信号的方法是按压信号按键,再按压垂直控制区的“OFF”按键。

“CH1”和“CH2”按键对应于两个外部通道的输入信号。

“MATH”是数学运算功能,它对应于由CH1和CH2通道波形相加、相减、相乘以及FFT运算结果获得的信号。

“REF”对应于参考信号的波形,参考信号可以通过手动选取和保存。

此外,在按压信号选择按键后,屏幕上会单独给出一个与相应信号有关的设置菜单。现以CH1通道信号对应的菜单为例进行说明:

耦合:选定待测信号的耦合方式,包括交流、直流和接地。

带宽限制:打开时,限制带宽到20MHz,以减少显示噪声,同时在屏幕下方信号状态栏处出现“B”符号;关闭时以满带宽显示信号。

探头(衰减比例系数):只有探头的衰减系数与菜单中的探头衰减比例系数设置一致时,屏幕显示的挡位信息和测量数据才不致发生错误。

(2)垂直位置调整。垂直“POSITION”旋钮能调整所有通道波形的垂直位置,按下此旋钮可以使选中通道的信号在垂直方向的位移立即回零。

(3)垂直灵敏度调整。垂直灵敏度的倒数称为偏转因数,示波器直接标度的参数实际是偏转因数。偏转因数是指在输入信号作用下,亮点在屏上移动1格(div)所需的电压值,单位为mV/div或V/div。对同一信号而言,偏转因数越小,波形幅度越大,对应的“垂直灵敏度”也就越高。

示波器用偏转因数进行垂直方向标度，并按“1—2—5”步进方式分为多个挡位。

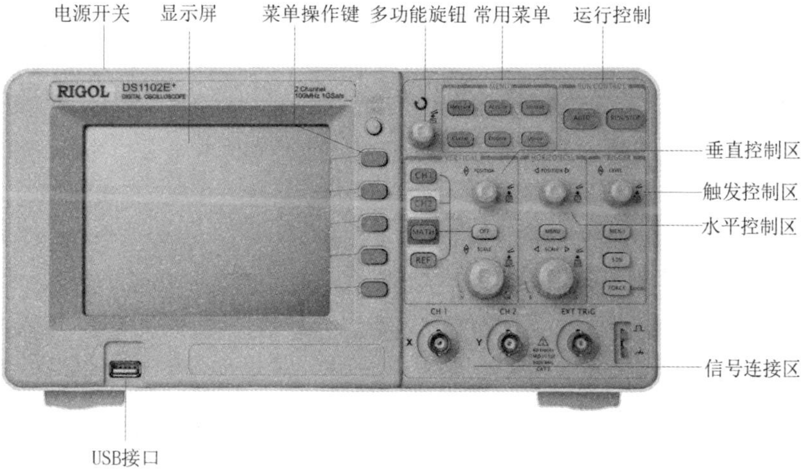

图 2.5.9　DS1000E 数字示波器前面板图

垂直灵敏度也可以进行细调，也就是在“粗调”挡位的基础上以更高的精度增大或减小垂直灵敏度，进而改变所显示波形的幅度。精调与细调之间的切换可通过按压垂直“SCALE”旋钮实现，也可通过相应信号的菜单项实现切换。

这里要说明的是，只有当某一通道的信号处于选中状态时，垂直“POSITION”和垂直“SCALE”旋钮才能对此通道起作用，而且信号状态显示于屏的左下方。

3. 水平控制区

(1)水平位置调整。旋转水平“POSITION”旋钮，可同时改变 CH1，CH2 及 MATH 信号在显示屏上的水平位置，使波形左右移动。水平位移量可以从屏幕上的触发点标志相对于屏幕中心的距离直观获得。此外，屏的右下角给出了触发点准确的位移时间。当按下水平位置旋钮时，波形在水平方向的位移立即回零。

(2)水平时基调整。水平时基也称为时基因数，它是扫描速度(单位时间内亮点水平移动的距离)的倒数。水平时基的单位为 t/div，t 可取 s，ms，μs。数字示波器的水平时基由水平“SCALE”旋钮来调整，时基按“1—2—5”的顺序分为多个挡位。

(3)水平菜单。按压水平菜单按键将出现水平功能菜单，现说明如下：

延迟扫描：延迟扫描的作用是用来放大所观察波形上的某一小段，以便看清图形的细节。进入和退出延迟扫描的方法有两种：一种是在菜单中操作；另一种通过按压水平时基旋钮。进入延迟扫描状态后，原波形显示于屏的上方，局部放大后的波形显示于屏的下方，此时改变“水平 POSITION”将以窗口的形式改变原波形上期望被放大部分的位置，转动水平“SCALE”旋钮将扩大或减小选择区域，但要放大的部分最大不能超过原波形，也就是说延迟扫描时基不能大于主时基(原波形的水平时基)。

时基选项：时基选项提供了示波器的以下三种显示方式。

$Y-T$ 方式：Y 表示电压量，T 表示时间量，因而 $Y-T$ 方式给出了电压与时间的相对关系，通常观察波形就使用 $Y-T$ 方式。

$X-Y$ 方式：在水平轴上显示通道 1 的电压量，在垂直轴上显示通道 2 的电压量，在观察李萨如图形时使用此方式。

Roll(滚动)方式：当水平时基设定在 500 ms/div 或更慢，并且触发方式设定在自动时，示波器进入滚动模式。在此模式下波形从屏幕右侧向左侧滚动刷新显示。

4. 触发控制区

在数字示波器上，触发点决定了示波器何时开始采集数据。与模拟示波器不同的是，数字示波器在开始采集时先收集足够的数据用来在触发点的左方画出波形，示波器在等待触发条件发生的同时连续地采集数据。检测到触发点后，示波器连续地采集足够的数据以在触发点的右方画出波形。也就是说数字示波器可以观察到触发点以前和触发点以后的波形，而模拟示波器只能观察触发点以后的波形。

(1)“LEVEL”触发电平旋钮。触发电平用于设定触发点对应的信号电压。正确设定触发电平，可以使信号波形得以稳定显示。

(2)“50%”按键。将触发电平设定在触发信号幅值的垂直中点。

(3)“FORCE”按键。强制产生一个触发信号，主要用于触发方式中的“普通”和“单次”模式。

(4)“MENU”触发菜单按键。按压该按键，在屏的右边将出现一个下拉菜单，可以通过该菜单对与触发相关的项目进行设定。现对主要内容说明如下：

信源选择：分别选择来自 CH1 通道，CH2 通道，EXT 外触发输入通道及市电信号作为触发信号。

触发模式：包括五种触发模式。其中的“边沿触发”方式是指当触发输入通过某一给定电平时触发发生。当选取“边沿触发”时菜单中还会出现边沿类型，进一步选择上升沿、下降沿或上升及下降沿。选定边沿触发类型后，会在屏幕的右上角用符号显示出所选类型。触发模式中的“交替触发”用于观察来自于两个垂直通道互不相关的信号。

触发方式：包括自动、普通和单次三个选项。“自动”设置在没有检测到触发条件下也能采集波形；“普通”设置只有满足触发条件时才采集波形；“单次”设置当检测到一次触发时采样一个波形，然后停止。

触发设置：该设置包括多个选项。其中的“触发释抑”是指示波器重新启动触发所需等待的时间。在释抑期间，示波器不会触发，直至释抑时间结束。按压“触发释抑复位”选项对应的操作按键可以将触发释抑时间设定为 500 ns。

5. 运行控制区

运行控制区包括“AUTO”和“RUN/STOP”两个按键。

按下“自动设置(AUTO)”按键，数字示波器将根据输入的待测信号自动设置垂直、水平和触发控制，以合适的形态显示波形。在应用自动按键时，要求被测信号的频率大于或等于 50Hz，如果是脉冲信号还要求占空比大于 1%，此外，在使用“AUTO”按键后，如果需要，还可以手工调整垂直、水平和触发控制，使波形显示达到最佳。

“运行/停止(RUN/STOP)”按键:运行和停止波形采样。当该按键处于停止状态时，按键灯变为红色，此时意味着示波器“抓拍”了变化波形的某一个瞬间状态，并将某保留下来。也就是波形显示处于冻结状态，运行采样功能时，显示波形为活动状态。无论处于哪种状态，均可以对信号进行垂直和水平控制方面的调整。

6. 数字示波器的常用菜单

DS1000 系列数字示波器有 6 个常用菜单按键。现分别予以说明：

(1)“Display”显示按键。按压后弹出显示菜单，通过菜单操作键对各种显示分项进行调整和设置。其中的波形亮度、屏幕网格、网格亮度和菜单保持(时间)均直观易懂。显示类型中的“点”就是直接显示采样点。矢量显示是指示波器用数字内插的方式连接采样点。清除显示即清除所有屏幕显示波形。

(2)“Utility”辅助按键。该功能菜单下将对示波器的多项辅助功能进行设置，常用的项目有按键声音打开/关闭设置，频率计打开/关闭设置，示波器语言选项通常设为简体中文。要注意的是在该菜单下可以实现对键盘的锁定，锁定后所有按键及旋钮都不起作用，此时需要解锁，DS1000E 示波器的解锁密码为 111 111。

(3)“Acquire”采样按键。在该菜单下用户可以在 3 种“获取方式”间进行选择:普通、平均和峰值检测。在“普通”选项下，示波器按相等的时间间隔对信号采样以重建信号。当期望减小所显示信号中的随机噪声时，应选用“平均”方式;当希望观察信号的包络避免混淆时应选用“峰值检测”方式。

“采样方式”包含实时采样和等效采样。一般在观察单次信号时选用“实时采样”，观察高频周期性信号时选用“等效采样”。

(4)“Storage”存储按键。在存储菜单下，可以在内存区或 USB 存储设备上保存和调出文件，也可以进行文件删除操作。

(5)“Measure”自动测量按键。进入自动测量菜单后，首先选择某一通道的信号作为被测信号也就是“信源选择”。选定对象后有 3 种自动测量选项:10 种电压测量、10 种时间测量和全部测量。全部测量打开时，在屏的下方将显示 18 组参数的测量值。

(6)“Cursor”光标测量按键。光标测量分为三种模式:手动方式、追踪方式和自动测量方式。

手动方式:光标 X 或 Y 方式成对出现，并可手动调整光标的间距，显示的读数即为测量的电压或时间值。要说明的是，只有光标在菜单上被选中时才能移动光标，改变选定的光标可以通过菜单进行，也可以通过按压多功能旋钮实现。各光标显示的时间值是以触发点为基准的偏移量，光标显示的电压值是以待测信号的地点为基准的偏移量。

追踪方式:光标追踪测量方式是在被测波形上显示十字光标，通过移动光标在波形上的水平位置，光标自动在波形上定位，并显示当前定位点的水平和垂直坐标，如果有两个十字光标存在时，还将显示两光标间的水平、垂直增量。

自动测量方式:在该模式下，显示出自动测量(Measure)菜单下选择的自动测量参数所对应的光标，从而直观地揭示测量的物理意义。

2.6 迈克尔逊干涉仪的调整和使用

美国物理学家迈克尔逊为了研究以太漂移设计制造了干涉仪，并且利用这个精密的光学仪器完成了三个著名实验：否定了“以太”存在的迈克尔逊-莫雷实验、研究光谱的精细结构以及利用光波波长标定国际标准米尺的长度。其中迈克尔逊-莫雷实验的零结果，为爱因斯坦的狭义相对论的建立奠定了实验基础。

迈克尔逊干涉仪利用分振幅法产生双光束以实现干涉，它的原理简明、构思巧妙，是其他多种专用干涉仪的基础。利用它可以测定单色光的波长和光源的相干长度、空气折射率，还可以用来研究温度、压力对于光电传播的影响，检测光学元件质量，等等。

激光干涉引力波天文台(简称 LIGO)，是借助于激光干涉仪来聆听来自宇宙深处引力波的大型研究仪器，其在本质上就是一个迈克尔逊干涉仪。

[实验目的]

(1)了解迈克尔逊干涉仪的结构，掌握它的调节方法。

(2)用迈克尔逊干涉仪测量氦氖激光的波长，进一步学习干涉测量的实验思想方法。

(3)用迈克尔逊干涉仪测定钠双线的波长差。

[实验原理]

1. 迈克尔逊干涉仪上相干光的获得

迈克尔逊干涉仪上各光学元件的结构与相互关系如图 2.6.1 所示，G_1 与 G_2 是两个严格平行、厚度相同的光学玻璃板，G_1 对着光源的一面称为 A 面，而另一面则称为 B 面。G_1 的 B 面镀有很薄的银膜，称为半透膜(图中用较粗的线表示)。它把光源入射来的光(图中用一根与 G_1 的法线成 45°的光线来说明问题)分成两束：一束透射后射向反射镜 M_2［称为(2)光］；另一束在 B 面反射后射向反射镜 M_1［称为(1)光］。M_1 与 M_2 是两个互相垂直的平面反射镜，它们与 G_1 和 G_2 的夹角为 45°，(2)光经 M_2 反射后回到 G_1 上的半透膜时，又分成两部分，透射部分不予考虑，而反射部分则成为参与相干叠加的光束。(1)光经 M_1 反射后也会回到 B 面，在此处透射的部分，参与相干叠加，而反射部分不予考虑。到达 E 处的(1)(2)光是由同一束光分出来的，因而它们的频率、初相位、振动方向相同，但走过的光程不同，具有光程差，因而这两束光是相干光，它们会发生干涉。具体干涉花样则与光源 S 的形式及 M_1 与 M_2 的夹角有着密切的关系。图中的 G_2 板称为补偿板，它的作用是让(1)(2)光在玻璃板内走的光程相同，因而计算光程差时只需计算(1)(2)光在空气中的几何路程差。

图 2.6.1 的等效光路图可画成图 2.6.2 所示的形式。当观察者在 E 处向着 G_1 看去，如同光线从 M_1 和 M'_2 反射而来，M'_2 是 M_2 在半透膜 B 上成的虚像。因此，从光程差方面来考虑时，迈克尔逊干涉仪产生的干涉就如同 M_1 和 M'_2 之间厚度为 d 的空气膜产生的。

在迈克尔逊干涉仪实验中常用激光和钠光作为光源，下面分别对这两种光源照射时产生的干涉现象进行分析。

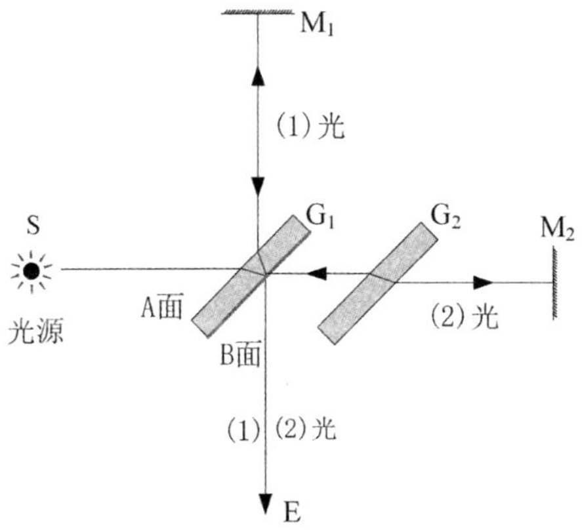

图 2.6.1　迈克尔逊干涉仪光路图

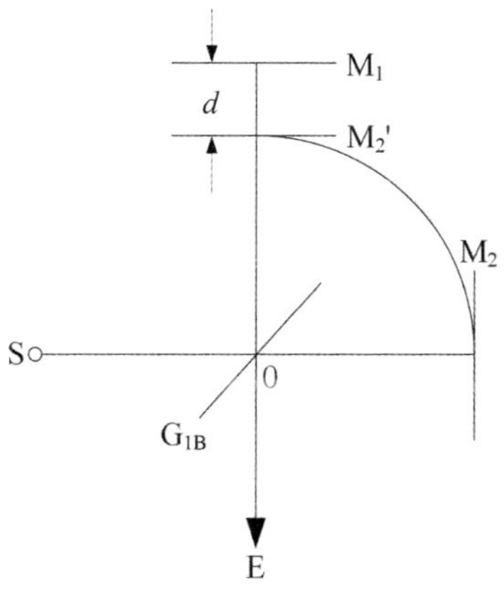

图 2.6.2　等效光路图

2. 用氦氖激光作点光源照射

这里用等效光路方法对点光源的情形进行分析，如图 2.6.3 所示。点光源 S 针对分束镜 G_1 的反射面 B 所成的像为 S'，S'在 M_1 中所成的像为S_1'，在虚反射镜M_2'中成的像为S_2'。这样一来，点光源对迈克逊干涉仪进行照射后就相当于在S_1'和S_2'处存在两个相干的点光源，它们发出的光在叠加区域就产生干涉，从而形成干涉花样。在S_1'和S_2'的连线方向，前后移动观察屏时，均可以观察到干涉花样。也就是说，干涉花样并不是在某一特定的地方才出现，因而这种干涉也称为“非定域干涉”。下面对光程差和干涉花样进行分析。

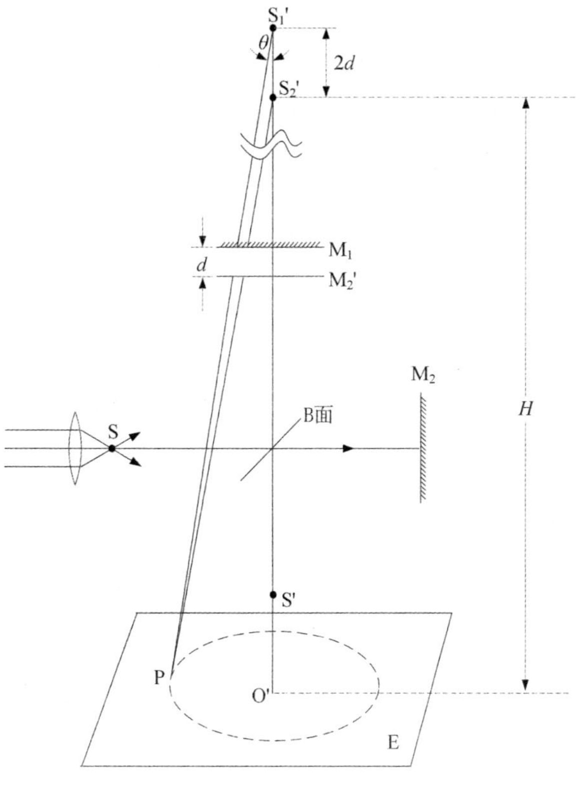

图 2.6.3　点光源产生的非定域干涉

设 M_1 平行M_2'，并设观察屏 E 与S_1'和S_2'的连线相垂直，由于 $H \gg 2d$，即$\angle S_1' P S_2'$很小，则$\overline{S_1'P}$和$\overline{S_2'P}$的光程差为

$$\delta_P = \overline{S_1'P} - \overline{S_2'P} \approx 2d\cos\theta \tag{2.6.1}$$

干涉明纹的条件为

$$2d\cos\theta_K = K\lambda, \quad K = 0,1,2,3,\cdots \tag{2.6.2}$$

由于点电源发出的光具有对称性，所以干涉花样是一组同心圆。在干涉圆环的中心O′处，$\theta=0$，干涉级数最高，即

$$2d = K_{max}\lambda \tag{2.6.3}$$

最高级数 K_{max} 随 d 的改变而改变。当 d 增大时，K_{max} 也增大，表现为圆环随 d 的增大而冒出。反之，圆环随 d 的减小而吸入。根据环的冒出和吸入，可以判断两反射镜 M_1 与 M_2 之间等效距离 d 的变化趋势；而反过来，也可根据冒出或吸入的圆环个数由式(2.6.3) 来测量激光波长 λ 或反射镜 M_1 移动的距离 Δd。

本实验中测激光的波长，即

$$\lambda = \frac{2\Delta d}{N} \tag{2.6.4}$$

式中，N 为 d 有 Δd 的改变时，圆环"冒出"或"吸入"的个数。为了减小测量误差，N 可取为100，Δd 由迈克尔逊干涉仪上的读数装置读出。

这里也分析一下影响圆环间距的因素：从式(2.6.2) 可知，有 $K+1$ 级干涉明纹的条件为

$$2d\cos\theta_{K+1} = (K+1)\lambda \tag{2.6.5}$$

在 θ_K 较小的情况下，可以计算出相邻两条纹的角距离为

$$\Delta\theta_K = \theta_{K+1} - \theta_K \approx -\frac{\lambda}{2d\theta_K} \tag{2.6.6}$$

从式(2.6.6) 可以看出，一方面，当 θ_K 一定时，d 越大，$\Delta\theta_K$ 越小，即条纹间距越小，因而在实验时，为了清楚地分辨出干涉条纹，应使 d 的值小一些；另一方面，当 d 一定时，θ_K 越大，$\Delta\theta_K$ 越小，也就是说，干涉圆环呈现出边缘密、中心疏的现象。

这里要说明的是，由S'_1 和S'_2 发出的两束光其光程差等于定值的点，在空间是一组旋转双曲面，用观察屏看到的干涉花样就是屏与各双曲面的交线。当 M_1 和 M_2 不严格垂直，即 M_1 与 M'_2 不严格平行时，在屏上观察到的将是一组弧形条纹。

3. *用钠光灯作扩展面光源照射*（M_1 *与* M_2 *严格垂直时产生的等倾干涉*）

根据前面的讨论，分析迈克尔逊干涉仪光路的简单方法就是讨论虚光源S' 投射到 M_1 与 M'_2，并经反射后形成的两组光线的干涉。这里假定 M_1 与M'_2 严格平行，S' 为光源的虚像，称为虚光源。这里先取S' 上某一点 O 所发出的某一根光线(I 光) 进行分析，如图 2.6.4 所示，根据图中的几何关系，可以算出光线 a 与 b 之间的光程差

$$\delta = 2d\cos i \tag{2.6.7}$$

式中，i 为入射角，d 为 M_1 与M'_2 之间空气膜的厚度。从面光源 S' 上其他各点发出的光，只要它们与 I 光具有相同的入射角和入射方向(即与 I 光平行)，这些入射光线各自分为两根反射光，每根入射光线所分成的两根反射光线(类似于 a 和 b)，在 F 点处产生干涉。由于各入射光具有相同的入射角，所以它们各自产生的干涉花样的亮度相同，而 F 点的总亮度是各入射光所对应的干涉花样的非相干叠加。在视场中，具有相同入射角的光产生的干涉花样为一圆环，总

的干涉花样为一组同心圆。这就是面光源形成的等倾干涉花样。

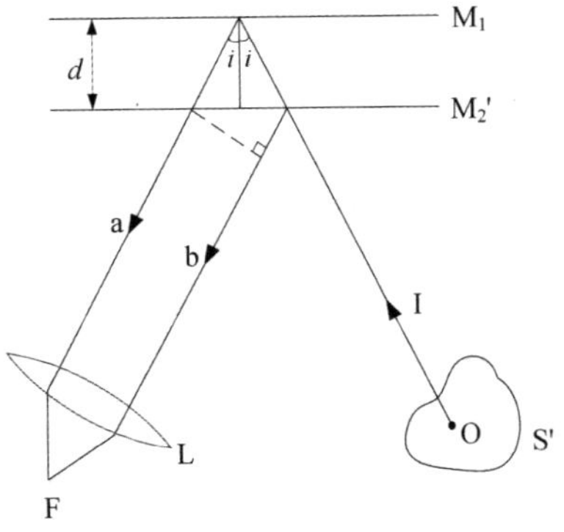

图 2.6.4　面光源产生的等倾干涉

由于式(2.6.7)表示的光程差与点光源情况下的式(2.6.1)具有相同的形式,因此条纹的疏密分布及条纹随 d 的改变而冒出或吸入的情况与点光源照射时的规律相同。

然而用钠光灯作扩展面光源时,与激光点光源的情况有以下区别。

第一,用钠光灯作扩展面光源时产生的干涉条纹处在透镜的焦平面。不用透镜时,干涉条纹应在无限远处,因而此时的干涉花样定域于无限远处。实验时,可以不用透镜和像屏,而直接逆着光线看去就可观察到一组同心圆,这实际上是把像成在了人眼的视网膜上。

第二,钠光灯发出的光并非单色光,而是包含了波长 $\lambda_1=589.592$ nm 和 $\lambda_2=588.995$ nm 的两种波长的光,只不过这两种光的波长很接近,因而钠光灯产生的等倾干涉花样实际上是上述两种单色光各自花样的叠加。这种叠加是非相干的,由于 λ_1 与 λ_2 有一较小的波长差,所以对应 λ_1 的亮环位置和对应于 λ_2 的亮环位置将随 d 的变化而呈周期性的重合与错开状态。也就是说,当 d 变化时,视场中所看到的叠加后的干涉条纹交替出现"清晰"和"模糊"状态,这一现象对于单色激光而言是不存在的。因此,用钠光作光源对迈克尔逊干涉仪进行调整时,应注意到空气隙厚度 d 对干涉花样可见度的影响。

4.钠光双线波长差的测定

设钠光的两个相近的波长为 λ_1 和 λ_2,而且 $\lambda_1>\lambda_2$,并设迈克尔逊干涉仪上等效空气隙的厚度为 d,现分析 λ_1 光的明条纹和 λ_2 光的暗条纹在等倾干涉花纹中心处重合的情况。

设 $d=d_1$ 时,λ_1 光在中心处为明条纹,λ_2 在中心处为暗条纹,即

$$2d_1=m\lambda_1=\left(n+\frac{1}{2}\right)\lambda_2 \tag{2.6.8}$$

此时视场中心部分被均匀照明,条纹的可见度最小,改变 d 的大小,干涉花样将逐渐变清晰,向同一方向继续改变 d 的大小,条纹的可见度又一次变为最小。设此时的空气隙厚度为 d_2,并设 λ_1 光相对于 $d=d_1$ 时条纹干涉级数的改变量为 j,则 λ_2 光相对于 $d=d_1$ 时条纹干涉级数的改变量为 $j+1$,即

$$2d_2=(m+j)\lambda_1=\left(n+j+1+\frac{1}{2}\right)\lambda_2 \tag{2.6.9}$$

由式(2.6.8)和式(2.6.9)可得

$$2(d_2-d_1)=\frac{\lambda_1\lambda_2}{\lambda_1-\lambda_2} \tag{2.6.10}$$

令 $$d_2-d_1=\Delta d,\quad \lambda_1-\lambda_2=\Delta\lambda,\quad \bar{\lambda}=\frac{1}{2}(\lambda_1+\lambda_2)$$

并考虑到 $\Delta\lambda$ 相对于 λ_1，λ_2 而言很小，则由式(2.6.10) 有

$$\Delta\lambda\approx\frac{(\bar{\lambda})^2}{2\Delta d} \tag{2.6.11}$$

用式(2.6.11) 可测定钠黄光双线的波长差 $\Delta\lambda$，式中的 Δd 为相邻两次出现花样可见度最小时，等效空气隙的厚度的改变量，也就是迈克尔逊干涉仪可移动反射镜 M_1 位置的改变量。

[实验仪器]

迈克尔逊干涉仪，激光器，扩束透镜，钠光灯，毛玻璃，细钢丝(或钢针)，遮光板等。

迈克尔逊干涉仪的结构如图 2.6.5 所示。M_1，M_2是两片精密磨光的平面反射镜，其中 M_2 的位置是固定的，M_1可沿精密的导轨前后移动，移动采用了蜗轮蜗杆传动系统。M_1的位置由导轨旁边的标尺的读数、粗调手轮上方读数窗口中的读数和微调鼓轮上的读数三者相加得到。粗调手轮每转一周，M_1在导轨上移动 1 mm，粗调手轮的圆周等分为 100 分度，每一分度值为 10^{-2} mm。微动手轮每转一周，M_1在导轨上移动 0.01 mm(即粗调手轮转过一个分度)，微调手轮的圆周也等分为 100 分度，每一分度值为 10^{-4} mm。在微动手轮上还可估读一位，因此干涉仪的读数可达 10^{-5} mm。平面镜 M_1，M_2的背面各有 2 个螺钉，用以调节 M_1，M_2的倾斜度；M_2的下方还有方向相互垂直的两个微调螺钉，用以精确地调节 M_2的倾斜度。G_1，G_2是厚度及折射率都相同的两块玻璃板，均与 M_1，M_2成 45°设置。

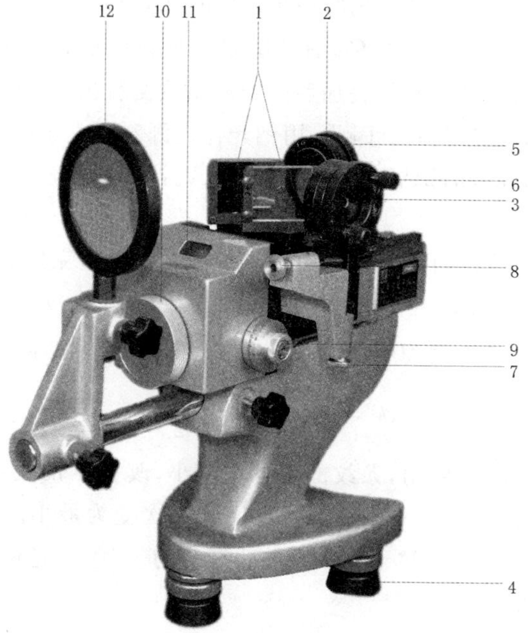

图 2.6.5　迈克尔逊干涉仪结构图

1—G_1，G_2；2—M_1；3—M_2；4—底脚螺钉；5—M_1 调节螺钉；6—M_2 调节螺钉；7，8—M_2 微调拉簧；9—微动手轮；10—粗调手轮；11—刻度盘；12—像屏

激光器及扩束镜用来产生单色点光源，钠光灯和毛玻璃提供面光源，细钢丝是在面光源照射下，调节 M_1 与 M_2 垂直时作为辅助件使用的。而遮光板则放在迈克尔逊干涉仪的左侧，用于遮挡杂散光。

［实验操作］

1. 氦氖激光波长的测定

(1)调节干涉仪，使其与激光器的激光管大致水平(目视)，点亮激光器，取掉扩束镜，让光束大致垂直于 M_2，调节激光器架子的高低位置，使激光束射到 G_1 的中间位置。

(2)遮住 M_1，调节 M_2 后面的 2 个螺钉和激光器的位置，使 M_2 反射回来的一排光点中最亮的光点与激光器的出射孔大致重合(自准直法)，然后取掉 M_1 的遮挡物。

(3)像屏上可看到两排光点(分别为 M_1，M_2 的反射光点)，调节 M_1 后面的 2 个螺钉及 M_2 下面两个微调拉簧，使观察屏上两排光点中最亮的两光点重合并产生干涉。

(4)装入扩束镜，在观察屏上直接观察干涉条纹[如果没有干涉条纹，请重复(3)的调节]，此时的干涉条纹为等倾干涉条纹。当干涉条纹的圆心偏离观察屏时，轻微调节 M_2 下面的水平和竖直拉簧微调螺钉，直到圆心出现在观察屏上照明区域的中央位置，以便观察和测量。

(5)测量激光波长。在观察屏上观察，每次当中心"冒出"或"吸入"100 个明条纹时，记录一次 M_1 的位置 d_i，连续测 500 个明条纹。根据公式 $\lambda=\dfrac{2\Delta d}{N}$，用逐差法处理数据并算出 $\bar{\lambda}$ 及其误差(激光的波长为 632.8 nm)，数据记录表格自拟。

2. 测定钠光双线的波长差(选做)

在迈克尔逊干涉仪基本处于水平状态的情况下进行下面的操作：

(1)使钠光灯与迈克尔逊干涉仪上的光学元件大致等高，并在钠光灯前放置毛玻璃，从而形成均匀的扩展面光源。

(2)转动粗调手轮，使 M_1 和 M_2 两反射镜与 G_1 的 B 反射镜面的距离近似相等，以避免因 d 过大而出现条纹太密的情况。

(3)在毛玻璃屏的后面先竖直放置细钢丝，眼睛在观察屏处(应拿走观察屏)向 G_1 及 M_1 方向看去，将看到钢丝的 3 个影子，调节 M_1 和 M_2 背面的 2 个螺钉，使钢丝 3 个影子中 2 个最清晰的影子重合。然后水平放置钢丝，这时将出现 2 个影子，仍调 M_1 或 M_2 后的倾斜螺钉，使这 2 个影子重合。重复该步骤，直至钢丝无论水平还是竖直放置时，其影子均完全重合为止。这时 M_1 与 M_2 基本达到垂直，眼睛逆着光向 M_1 看去将会看到干涉条纹。

如果干涉条纹不清晰，可旋转微调手轮以改变 M_1 与 M_2' 之间的距离，仔细调节 M_2 下面的微调拉簧使干涉花样呈圆形。

(4)当视场中出现清晰的干涉圆环时，记录下 M_1 的位置，继续旋动微调手轮，使圆环"冒出"或"吸入"100 个，记录 M_1 的新位置，用 $\bar{\lambda}=\dfrac{2\Delta d}{100}$ 求出钠光的平均波长 $\bar{\lambda}$。

(5)移动 M_1，使视场中条纹的可见度最小(即最模糊的情况)，记录 M_1 的位置 d_1。继续移动直到又一次出现条纹可见度最小的情况，记录此时 M_1 的新位置 d_2，由式(2.6.11)即可求出波长差 $\Delta\lambda$。由于 M_1 的位置在一定范围内看到的干涉花样都是模糊的，也就是说，可见度最小的位置在实验确定时存在很大的误差，因而应连续测出第 1 个至第 11 个可见度最小情况下

M_1移动的总距离，即 $10\Delta d$，然后求出 Δd，以减小测量误差。

3. 注意事项

(1)使用激光器时要按操作规程进行，防止触电。切不可用眼睛直视激光束，以免损伤眼睛。

(2)迈克尔逊干涉仪是精密的光学仪器，切不可任意调节螺钉和旋钮。调节 M_1 和 M_2 背面的 3 个螺钉时不要用力太大，以免拧滑螺钉。光学器件不得用手抚摸或用嘴哈气，也不得用布物揩擦。

(3)为防止螺距引起测量误差，测量时微调手轮要求按同一方向转动，切忌来回转动。操作时动作要轻、平稳、缓慢，测量时不要使仪器受震动。

(4)数条纹时切不可数错、记错。

[思考题]

(1)在 M_1 垂直 M_2 的情况下，用激光点光源照射与用钠光灯照射时所观察到的干涉花样其形状是相同的，二者之间有什么区别？

(2)用钠光灯作光源时，牛顿环等厚干涉花样与迈克尔逊等倾干涉花样有什么异同？

(3)用激光点光源照射迈克尔逊干涉仪，并调出干涉圆环后，使 M_1 或 M_2 反射镜的法线朝一个方向连续缓慢变化，观察干涉条纹有何变化？试对其进行解释。

2.7 用拉伸法测金属丝的杨氏模量

[实验目的]

(1)学会用拉伸法测量金属丝的杨氏模量。

(2)掌握用光杠杆测量微小长度变化的原理和光杠杆的调节方法。

(3)学习用逐差法处理实验数据。

[实验原理]

设一根长为 L 的均匀细钢丝，截面积为 S，在沿长度方向拉力 F 的作用下，钢丝伸长 ΔL，在弹性限度内，将作用在单位截面积上的力 $\frac{F}{S}$ 称为应力，钢丝单位长度的伸长量 $\frac{\Delta L}{L}$ 称为应变，根据胡克定律，应变与应力成正比，则

$$\frac{F}{S}=Y\frac{\Delta L}{L} \tag{2.7.1}$$

式中，Y 称为该材料的杨氏模量。杨氏模量仅与材料的性质有关，与外力 F、长度 L 及截面积 S 无关，它是表征金属材料属性的重要物理量。式(2.7.1) 可写为

$$Y=\frac{F/S}{\Delta L/L}=\frac{FL}{S\Delta L} \tag{2.7.2}$$

在国际单位制符号中其单位为 Pa(N/m^2)。

由实验测出式(2.7.2) 右边各量值，计算出 Y。ΔL 是采用光杠杆放大原理进行测量的。

[实验仪器]

杨氏模量仪，小平面镜，望远镜及标尺，螺旋测微计，卷尺，砝码。

1. 杨氏模量仪

仪器如图 2.7.1 所示，在三脚底座上装有两根平行立柱和垂直调整螺钉，底座平台上装有水准泡，用来显示两根立柱的竖直度，细钢丝的一端固定在立柱横梁 A 中，下端系着砝码托盘 B，托盘用于放置拉伸钢丝的砝码，两立柱中间有一上下移动的平台 C，平台上放着圆形小平面反射镜，平台正中有圆孔，孔中有可上下滑动的夹紧钢丝的卡头 E，金属丝通过圆孔嵌紧在卡头中间。

2. 光杠杆

光杠杆系统包括圆形小平面反射镜、望远镜和标尺，它是用来测量长度微小变化的光学测量装置。圆形平面镜装在平台 C 上，前两足尖放在平台的沟槽内，后足尖放在夹紧金属丝的卡头 E 上。光杠杆原理图如图 2.7.2 所示。当金属丝被拉伸时，小平面镜的法线向上倾斜，其倾角为 α，金属丝伸长量为 ΔL，三足镜架的后足尖到前两足尖连线的垂直距离为 b。当 α 较小时，ΔL，b，α 有如下几何关系：

$$\tan\alpha = \frac{\Delta L}{b} \tag{2.7.3}$$

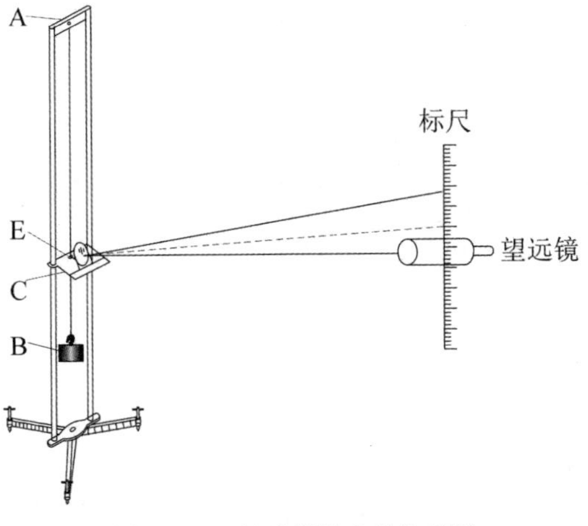

图 2.7.1　杨氏模量实验装置图

钢丝在未伸长时，由望远镜读出的标尺值为 n_1；加上砝码，钢丝伸长 ΔL 后，光杠杆镜面转过 α 角，此时再从望远镜中读出的标尺示值为 n_2；两次读数之差 $\Delta n = n_1 - n_2$。小反射镜面转过 α 角，镜面的法线同样也转过 α 角，因入射角与反射角相等，此时入射光线和反射光线的夹角为 2α，设镜面到标尺的距离为 D，则

$$\tan 2\alpha = \frac{\Delta n}{D} \tag{2.7.4}$$

由于 ΔL 很小，α 也很小，所以

$$\tan\alpha \approx \alpha, \quad \tan 2\alpha \approx 2\alpha$$

则
$$\alpha=\frac{\Delta L}{b},\quad 2\alpha=\frac{\Delta n}{D}$$
因此
$$\Delta L=\frac{b\Delta n}{2D} \tag{2.7.5}$$

由式(2.7.5)可以看出,利用光杠杆原理可以将微小长度 ΔL 的测量转化为 $b,D,\Delta n$ 的测量;$\frac{2D}{b}$ 称为光杠杆的放大倍数。将钢丝截面积 $S=\frac{1}{4}\pi d^2$ 及式(2.7.5)代入式(2.7.2)得
$$Y=\frac{8FLD}{\pi d^2 b\Delta n} \tag{2.7.6}$$
这就是根据光杠杆的放大原理,由实验测定杨氏模量的理论公式。

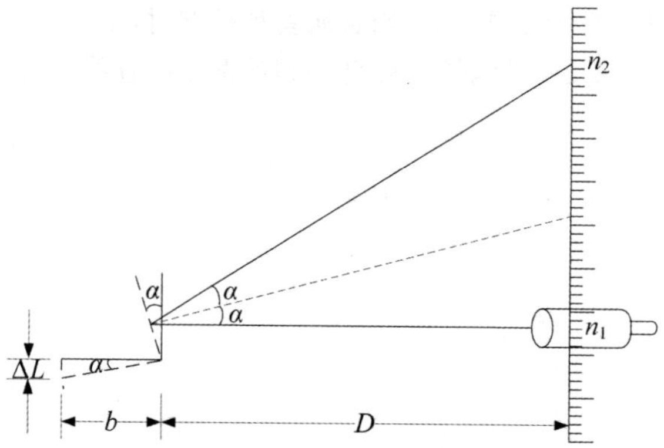

图 2.7.2　光杠杆原理图

[实验操作]

1.仪器调整

(1)预加适量砝码,使钢丝拉直;调整杨氏模量仪底座螺钉,使立柱竖直;使螺旋卡头 E 与平台孔之间可无摩擦地自由滑动。

(2)将圆形小反射镜放在平台上,前两足尖放在沟槽中,后足尖放在卡头上,并调整反射镜的倾角使其大致竖直。在距反射镜约 1.5～2 m 处放置望远镜及标尺,调整望远镜的高度、方向和水平,使其光轴与平面镜中心等高并对准平面反射镜。

(3)望远镜的调节。

1)粗调。调节望远镜目镜,使"十"字叉丝清晰,仔细调节反射镜的法线方向,使得从望远镜外侧沿望远镜筒轴线方向看到平面镜中标尺的像。

2)细调。反复调节望远镜焦距和目镜旋钮,能清晰地看到"十"字叉丝和标尺的刻度,并且无视差。注意:调好标尺的高度,使标尺像的零点尽可能地落在望远镜"十"字叉丝的横线上,以保证有足够的刻度范围。

2.测量

(1) 依次将 1 kg 砝码轻放在托盘上，每加一次砝码，从望远镜中读出相应的标尺读数 n_1，n_2，…，n_8。再逐个取下砝码，分别记录相应的标尺读数 n'_8，n'_7，…，n'_1，填入表 2.7.1 中。增、减砝码时，手扶住托盘，轻放轻取，使砝码上的缺口交错放置，不能摆动，以防倒下。

(2) 用螺旋测微计测钢丝在加载 1 个砝码及 8 个砝码时上、中、下 3 个部位的直径 d，填入表 2.7.2 中。

用卷尺测钢丝的长度 L，它是从上卡头到平台中夹钢丝的夹头的长度。然后测镜面到标尺的距离 D，再将反射镜的小支架取下，在纸上压出 3 个点，测出后足点到前两足点间连线的垂直距离 b 值。这 3 个参量均作单次测量。

3.数据处理

表 2.7.1 中，对同一载荷下的标尺读数取平均值 $\bar{n}_i$，再将平均数 $\bar{n}_1$，$\bar{n}_2$，…，$\bar{n}_8$ 分成 2 组，用逐差法求出载荷增量为 4×9.8 N 时的 Δn_i 及其平均值。

将 $\overline{\Delta n}$，$\bar{d}$，L，D，b 代入式(2.7.6) 中，求出钢丝的杨氏模量，并根据误差传递公式估计误差。

表 2.7.1　数据记录

次数	载荷 /N	标尺读数 /mm		$\bar{n}_i = \dfrac{(n_i + n'_i)}{2}$ mm	载荷增量为 4×9.8 N 时的 Δn/mm
		加砝码时 n_i	减砝码时 n'_i		
1	1×9.8				$\Delta n_1 = \bar{n}_5 - \bar{n}_1$
2	2×9.8				
3	3×9.8				$\Delta n_2 = \bar{n}_6 - \bar{n}_2$
4	4×9.8				
5	5×9.8				$\Delta n_3 = \bar{n}_7 - \bar{n}_3$
6	6×9.8				
7	7×9.8				$\Delta n_4 = \bar{n}_8 - \bar{n}_4$
8	8×9.8				
平均					$\overline{\Delta n} = \dfrac{1}{4}\sum_{i=1}^{4} \Delta n_i$

表 2.7.2　数据记录

位置	钢丝直径 d/mm	
	初始状态时读数	满载荷时读数
上		
中		
下		
平均值		

[思考题]

(1) 本实验如何实现对钢丝微小长度变化的测量?

(2) 本实验中为什么要选择用逐差法处理数据? 怎样去处理?

(3) 式(2.7.6)中各量的含义是什么? 对哪些量可以做单次测量? 哪些量是多次测量? 如何选定测量仪器?

(4) 钢丝受到拉力伸长是在弹性限度内进行的,而增、减砝码的载荷相同但读数有时相差较大,试分析其原因。

2.8 电桥实验

内容一 用惠斯通电桥测中值电阻

电桥是一种用比较法进行测量的仪器,它的灵敏度高,测量精确。在实验室和实际应用中,电桥常用来测量电阻、电容、电感、频率、温度和压力等物理量。

电桥分为平衡电桥和非平衡电桥。其中,平衡电桥又分为直流电桥和交流电桥两大类。直流电桥包括单臂电桥和双臂电桥,单臂电桥又称为惠斯通电桥,可精确测量 $10 \sim 10^6\ \Omega$ 的中值电阻。

本实验提供滑线式电桥配套仪器,自己组装电桥来测电阻。在实际工作中,常用箱式电桥测量电阻,两者在测量原理上是相同的。

[实验目的]

(1) 掌握用惠斯通电桥测电阻的原理和方法。

(2) 学习一种基本的物理实验方法 —— 比较法。

[实验原理]

1. 电桥原理

用伏安法测电阻时,由于电表内阻的影响,总存在一定的系统误差。用电桥法就可以解决这一矛盾,从而提高测量精度。图 2.8.1 为惠斯通电桥的原理图。

四个电阻 R_1,R_2,R_s 和 R_x 构成四个桥臂,检流计 G 在 B,D 点之间架起了一座“桥”,故称电桥。当 R_1,R_2,R_s 和 R_x 阻值适当时,B,D 两点电位相等,桥路中的检流计 G 中无电流通过($I_g=0$),则电桥处于平衡状态,这时

$$I_xR_x=I_1R_1,\quad I_sR_s=I_2R_2$$

因 $I_g=0$,故

$$I_1=I_2,\quad I_x=I_s$$

因此

$$R_x=\frac{R_1}{R_2}R_s=KR_s \tag{2.8.1}$$

由式(2.8.1)可见,R_x 的阻值由 R_s,R_1,R_2 比较决定,而 R_1,R_2,R_s 可做得很精确,因而 R_x

的测量精度大为提高。在原理图中，R_1，R_2，R_s 均可独立调节，但在使用电桥时，人们往往直接改变比值 $K=R_1/R_2$ 或标准电阻 R_s，使电桥达到平衡。其中 K 值为倍率，R_1 和 R_2 在电桥电路中也称为比率臂，R_s 称为比较电阻。从测量思想方法上来说，电桥与天平是完全相同的。

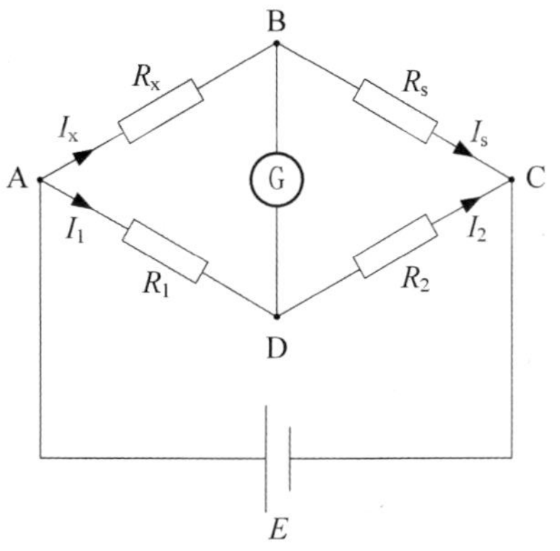

图 2.8.1　惠斯通电桥原理图

2.电桥的灵敏度

电桥的灵敏度 S 定义为

$$S=\frac{\Delta n}{\Delta R_x/R_x} \tag{2.8.2}$$

式中，Δn 为待测电阻发生 $\Delta R_x/R_x$ 的相对变化时，检流计偏转的格数。因此，电桥灵敏度的意义则为待测电阻发生单位相对变化时，检流计偏转的格数。可见灵敏度 S 越高，由平衡判断引起的误差就越小。ΔR_x 是在电桥平衡状态下 R_x 的微小变化量，操作中由于电阻 R_x 是不可改变的，仅有已知电阻 R_s 可调，因而可改用式

$$S=\frac{\Delta n}{\Delta R_s/R_s} \tag{2.8.3}$$

测量电桥的灵敏度。假设 $S=100$ 格，通常人们可分辨出 $\frac{1}{10}$ 格的偏转。在电桥平衡后，只要 R_s 相对变化 0.1%，就能判断电桥失去平衡。这种情况下，电桥由于灵敏度引起的测量误差小于 0.1%。

理论和实践都证明，电桥灵敏度 S 与检流计的灵敏度 S_g（$S_g=\Delta n/\Delta I_g$）成正比，与电源对角线两端的电位差成正比，并与各桥臂电阻的阻值和搭配方式有关。一般情况下，通过选择合适的检流计灵敏度，完全可以满足对电桥总灵敏度的要求。

［实验仪器］

滑线式惠斯通电桥，检流计，待测电阻，标准电阻 R_s（电阻箱），滑线变阻器 R_n，箱式电桥。

1. 滑线式电桥

如图 2.8.2 所示是一种自己动手组装的简易惠斯通电桥。与电桥原理图相比，R_s 采用标准电阻箱，倍率 $K=R_1/R_2$ 中的 R_1 和 R_2 用一根长为 1 m 的电阻丝 EF 代替。并在桥路中给检

流计串接了一个滑线变阻器 R_n，它的作用相当于改变检流计 G 的内阻，也就是改变检流计的灵敏度 S_g，进而改变整个电桥的灵敏度。当电桥远离平衡状态时，B，D 之间的电压较大，流过检流计的电流过大而容易损坏检流计，这时需要将 R_n 的值调大一些；而当电桥接近平衡状态时，则要将滑线变阻器阻值调小，直至为零，以提高整个电桥的灵敏度。为了接线方便，滑线式电桥将原理图中的 A，B，C 三点做成具有一定形状和大小的铜片，其阻值可忽略不计，在电子仪器的印刷线路板上也常采用这种做法。滑动触头 D 的移动可以方便地改变倍率 K 值，此触头同时兼有开关的作用，只有按下时 D 点才接通。电阻丝 EF 下附有一根长为 1 m 的直尺，可以读出 ED 及 DF 的长度。由于电阻线是均匀的，并设 ED 及 DF 的长度分别为 L_1 和 L_2，则对于滑线式电桥（见图2.8.2）而言，$R_x=\dfrac{L_1}{L_2}R_s$。

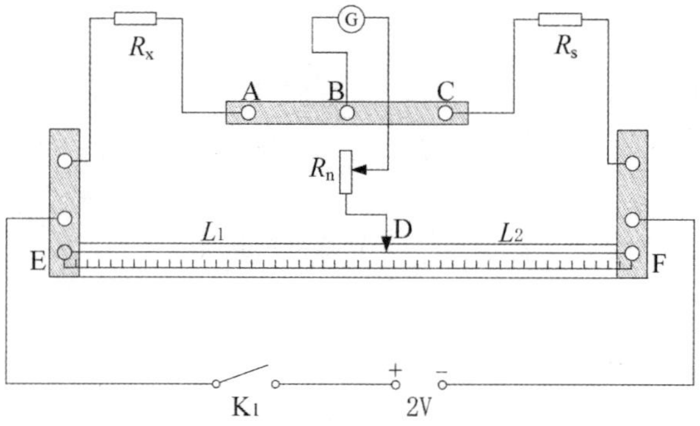

图 2.8.2　滑线式惠斯通电桥

2.箱式电桥

将原理图 2.8.1 中的所有部件固定安放在一个箱中，便构成了箱式电桥。在箱式电桥中，已将接触电阻、接线电阻及漏电阻等带来的误差减小到最低程度。图 2.8.3 是 QJ—24 型便携式直流单臂电桥面板图，内部线路如图 2.8.4 所示。倍率值有 0.001，0.01，0.1，1，10，100，1 000 七挡，由倍率旋钮调节；比较电阻 R_s 为 4 位十进制旋钮式电阻箱，最大可调电阻值为9 999 Ω，最小步进值为 1 Ω；待测电阻接在 X_1，X_2 之间。“⌒”旋钮用来调检流计机械零点，当检流计处于使用状态或在调机械零点时，应将检流计解锁，实验完毕后推上锁扣，以保护检流计（指针不受冲击）。B_0 是电源按钮开关，G_0，G_1 分别是电桥“细调”“粗调”按钮开关，这 3 个开关都必须用“跃接”的方法以保护检流计并减小热效应对测量的影响。测量时必须先跃接 B_0 和 G_1（粗调），当电桥接近平衡时，再同时按 B_0 和 G_0（细调）。B 和 G 分别为外接电源与外接检流计接线柱。

3. 检流计

检流计是检验电路中是否有电流流过的仪器，它仅允许通过微弱的电流。下面介绍 AC5 型检流计。

AC5 型检流计的面板如图 2.8.5 所示。当表针锁扣拨向“红点”时，表针被锁住；拨向“白点”时，指针可以偏转。使用检流计前，应先调节调零旋钮（此时表针锁扣应在“白点”位置），使表针指零。检流计工作时，必须按下“电计”按钮；按下“短路”按钮，可使摆动不停的指针停止摆动。检流计使用完毕后，表针锁扣应拨向“红点”，同时“电计”和“短路”按钮应松开。

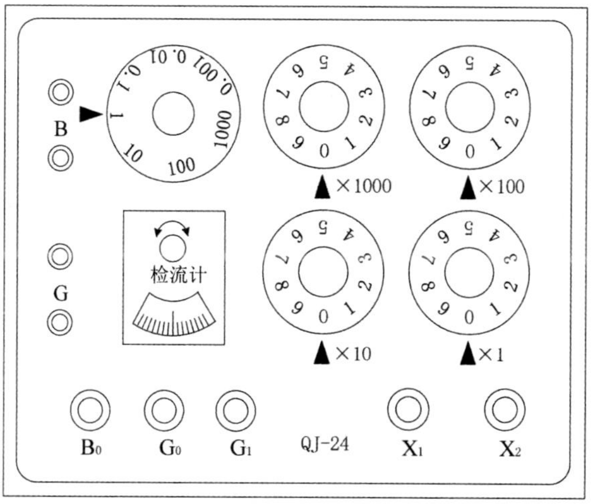

图 2.8.3　QJ — 24 型便携式直流单臂电桥面板图

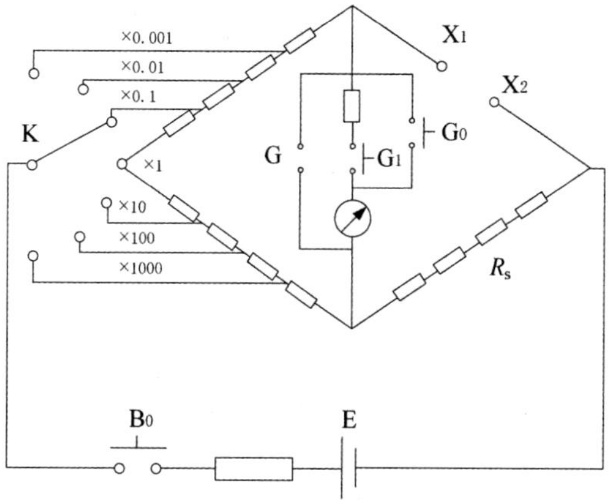

图 2.8.4　QJ—24 型直流单臂电桥内部线路图

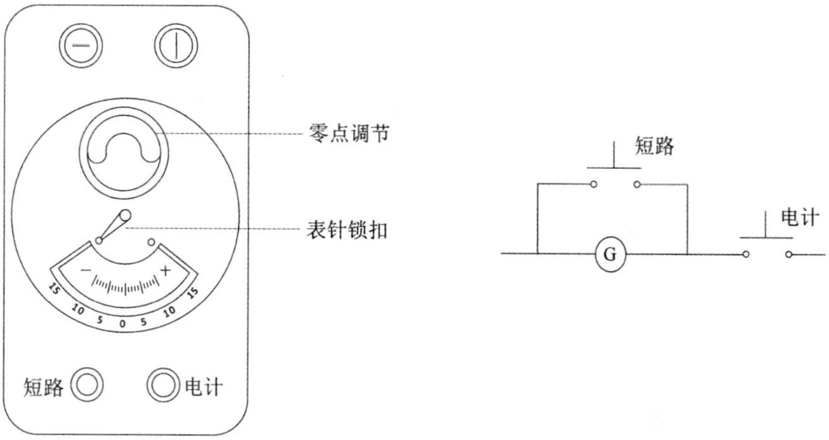

图 2.8.5　AC5 型检流计

[实验操作]

(1) 用滑线式电桥测电阻。测 R_{x1},R_{x2} 的电阻值,按图 2.8.2 所示连接好电路。开始时保护电阻 R_n 应放在最大位置,取电源电压为 $2\sim3$ V,不允许超过 3 V。任意选取 R_s 和 K,先粗测出待测电阻的阻值,然后再使倍率 K 值尽可能接近 1①,也就是使滑动触头 D 处于电阻丝的中间部位重新测量,将此时的 K 值及 R_s 填入自制的表格中。每个电阻测 $3\sim6$ 次。

(2) 在电桥平衡后,使 R_s 变为 $R_s+\Delta R_s$,观测检流计的偏转格数 Δn。根据式

$$S=\Delta n/\frac{\Delta R_s}{R_s}$$

算出电桥的灵敏度,并记录该灵敏度对应的电桥参量,如检流计挡位、待测电阻值和倍率 K 值等。

(3) 用箱式电桥分别对 R_{x1},R_{x2} 进行测量,选取合适的倍率,务必使 R_s 能有四位有效数字,自拟记录表格,记录数据。

[思考题]

(1) 试比较用伏安法和惠斯通电桥测电阻的优、缺点。

(2) 桥路上滑线变阻器 R_n 的作用是什么?

(3) 用箱式电桥测量时,选取倍率 K 的条件是什么?

(4) 在图 2.8.1 中,当电桥平衡时将检流计拿开,各电桥臂上通过的电流将发生什么变化?

---

① 实验时,调节电桥达到平衡有两种方法:一种是先选定电阻 R_s(又称比较臂)为某一值,然后调节倍率 K 值使电桥平衡;另一种是先取倍率 K 为某一定值,再调节比较臂 R_s。对于滑线式电桥来说,K 值的不同会对实验结果的误差产生影响,当选取倍率 $L_1/L_2=1$ 时,由此引起的测量误差最小,因为

$$E_r=\frac{\Delta R_x}{R_x}=\frac{\Delta R_s}{R_s}+\frac{\Delta L_1}{L_1}+\frac{\Delta L_2}{L_2}$$

式中,$\Delta R_s/R_s$ 用电阻箱的准确度等级 $\alpha(\%)$ 代入;L_1,L_2 为比率臂导线长度;ΔL_1,ΔL_2 可根据桥臂所附刻度尺精度而定;要使 E_r 最小,而 $\Delta R_s/R_s$ 一定,即要 $E_1=\dfrac{\Delta L_1}{L_1}+\dfrac{\Delta L_2}{L_2}$ 为最小。

$$E_1=\frac{\Delta L_1}{L_1}+\frac{\Delta L_2}{L_2}=\frac{L\Delta L_1}{L_1(L-L_1)},\quad \Delta L_1=\Delta L_2$$

由 $\dfrac{dE_1}{dL_1}=0$ 得

$$\frac{-L(L-2L_1)\Delta L_1}{[L_1(L-L_1)]^2}=0$$

即

$$L-2L_1=0$$

$$L_1=\frac{L}{2}$$

因为 $\dfrac{d^2E_1}{dL_1^2}>0$,所以当 $L_1=\dfrac{L}{2}$ 时,E_r 有最小值。即当滑动头 D 在滑线长度的中点附近时,其测量电阻的相对误差最小。这一点说明,实验中选择的倍率 K 值不同,测量结果的误差不同。对于滑线式电桥,上述结论对实验过程具有重要的指导意义,但不能苛求在实验中一定要使 $L_1=L_2$,否则电桥的测量范围将受到 R_s 的限制。此外,由于 K 值不变,而标准电阻 R_s 值不能连续可调,其最小改变量为 0.1 Ω,这样将影响测量的精度。

内容二　用双臂电桥测低值电阻

用惠斯通电桥测中值电阻时，忽略了导线电阻和接触电阻等附加电阻(0.01～0.001 Ω)的影响。但是对 1 Ω 以下的电阻，如电刷、开关及接点处的接触电阻，电动机、变压器绕组的电阻以及金属导体的电阻等，在测量这些低值电阻时，附加电阻的影响就不能忽略，须用直流双臂电桥测量。本实验针对用铜丝制作的小电阻，利用双臂电桥测出不同温度下电阻的大小，求出它的温度系数。

[实验目的]

(1) 了解金属电阻随温度变化的特性。

(2) 掌握双臂电桥测低电阻的原理和方法。

(3) 学习用最小二乘法对实验结果进行处理。

[实验原理]

金属电阻的阻值受温度影响比较明显，通常用电阻温度系数 α 来表征这种影响的大小。一般金属导体的电阻随温度的升高而增加(合金有例外)。当温度不太高时，金属电阻可近似地认为随温度升高而线性地增加，即

$$R_t = R_0(1+\alpha t) \tag{2.8.4}$$

式中，R_0 及 R_t 分别为金属导体在 0℃ 及 t(℃)时的电阻。电阻温度系数 α 为常量，不随温度变化，单位为 1/℃。式(2.8.4) 可改写为

$$R_t = R_0\alpha\, t + R_0 \tag{2.8.5}$$

式(2.8.5) 表明，只要测出在不同温度 t 时相应的电阻值 R_t，就可求出温度系数 α。

[实验仪器]

QJ — 44 型直流双臂电桥，恒温磁力搅拌器，待测小电阻，温度计。

1. *直流双臂电桥结构原理及平衡条件*

直流双臂电桥又称开尔文电桥，它是在单臂电桥的基础上发展而成的。测量范围是 10^{-5} ～ 10 Ω。

为消除附加电阻对低值电阻测量的影响，把低值电阻的两个接线端分成 4 个接线端，称为四端电阻，如图 2.8.6 所示。外面的两个接线端称为电流端，里面的两个接线端称为电压端。双臂电桥的原理如图 2.8.7 所示，待测低值电阻 R_x 和测量臂标准低值电阻 R_s 均做成四端电阻，R_1，R_2，R_3，R_4 阻值较大，一般为几百欧姆。

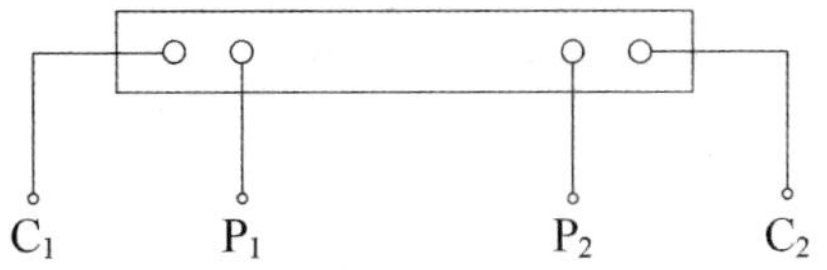

图 2.8.6　四端电阻图

下面用如图2.8.8所示的等效电路来说明双臂电桥是如何消除附加电阻影响的。R_x 和 R_s 外面电流接头 C_1 和M的接触电阻记入电源内阻中而不必考虑。另一电流接头 C_2 和S用粗而短的导线相连接，其接触电阻和连线电阻以 r 表示。R_x 和 R_s 相对应的里面电压接头 P_1 和Q处的接触电阻 r_1 和 r_2 应算作与电阻 R_1 和 R_2 分别串联，而 $R_1 \gg r_1$，$R_2 \gg r_2$，r_1 和 r_2 对测量的影响可以忽略。另一对电压接头 P_2 和N处的接触电阻 r_3 和 r_4 应算作与电阻 R_3 和 R_4 分别串联，而 $R_3 \gg r_3$，$R_4 \gg r_4$，r_3 和 r_4 对测量的影响同样可以忽略。

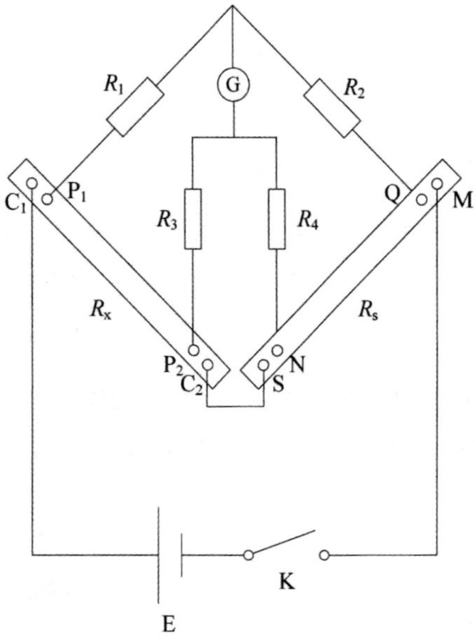

图 2.8.7　双臂电桥原理图

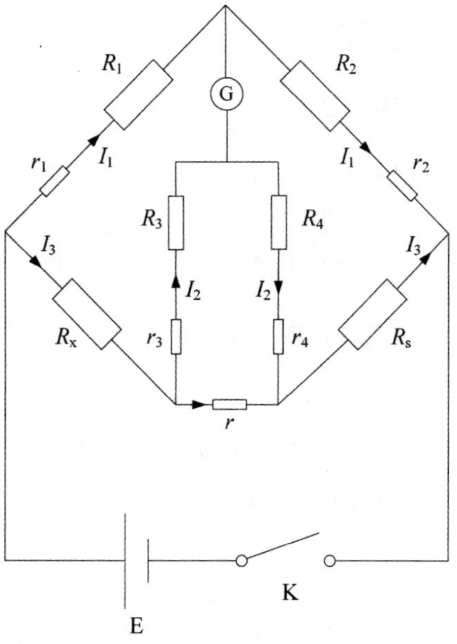

图 2.8.8　双臂电桥等效图

调节 R_1, R_2, R_3, R_4 和 R_s，当检流计中的电流 $I_g=0$ 时，电桥达到平衡。通过 R_1 和 R_2 的电流相等，设为 I_1；通过 R_3 和 R_4 的电流相等，设为 I_2；通过 R_x 和 R_s 的电流也相等，设为 I_3；而通过 r 的电流则为 I_3-I_2；而且检流计两端的电位相等。则

$$\begin{cases} I_1R_1 = I_3R_x + I_2R_3 \\ I_1R_2 = I_3R_s + I_2R_4 \\ I_2(R_3+R_4) = (I_3-I_2)r \end{cases}$$

联立求解可得

$$R_x = \frac{R_1}{R_2}R_s + \frac{rR_4}{R_3+R_4+r}\left(\frac{R_1}{R_2} - \frac{R_3}{R_4}\right)$$

只要 $\frac{R_1}{R_2}=\frac{R_3}{R_4}$，则上式等号右边第二项为零，因此得

$$R_x = \frac{R_1}{R_2}R_s \tag{2.8.6}$$

这样，当电桥平衡时，就可消除附加电阻 r 的影响。

为了保证等式 $\frac{R_1}{R_2}=\frac{R_3}{R_4}$ 在电桥使用过程中始终成立，特将两对比率臂装在同一旋钮下，使之在任意位置皆保持相等。

2. QJ — 44 型直流双臂电桥主要技术性能

实验中所用的电桥采用 1.5 V 和 9 V 直流稳压电源，电源线路板在电桥的箱体内，交流开关在箱体的背面。其内部接线如图 2.8.9 所示。

QJ — 44 型直流双臂电桥的面板如图 2.8.10 所示。该电桥由倍率读数盘、步进读数盘、滑线读数盘、检流计和电源等部件组成。电桥附有外接检流计插座，并有检流计灵敏度调节旋钮。

在图 2.8.10 中，C_1，C_2 和 P_1，P_2 为待测电阻的电流接头和电压接头的接线柱。“调零”旋钮为检流计的零点调节器，“灵敏度”调节旋钮用来改变检流计的灵敏度。B 为接通电源的按钮，G 为接通电桥检流计的按钮，它是在桥路中给检流计串接的一个开关。

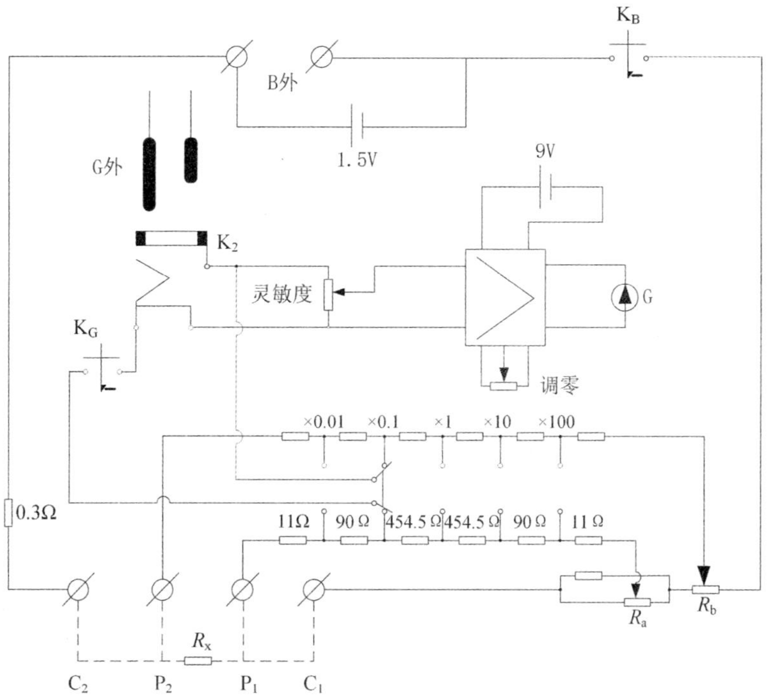

图 2.8.9　QJ — 44 型直流双臂电桥内部接线图

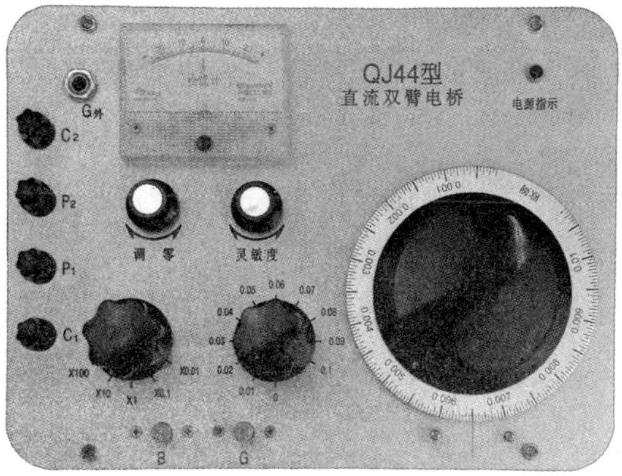

图 2.8.10　QJ — 44 型双臂电桥面板图

电桥平衡时,待测电阻

$$R_x = \text{倍率读数} \times (\text{步进读数} + \text{滑线读数}) \tag{2.8.7}$$

电桥主要技术性能:

(1) 总有效量程:0.000 1 ~ 11 Ω,分为五个量程挡。

(2) 电桥的参考温度为(20 ± 1.5)℃,参考相对湿度为 40% ~ 60%。

(3) 电桥的标称使用温度为(20 ± 1.5)℃,标称使用相对湿度为 25% ~ 80%。

(4) 在参考温度和参考相对湿度的条件下,电桥各量程的允许误差极限为

$$\Delta E_{\text{lim}} = \frac{\beta}{100}\left(R_x + \frac{R_n}{10}\right)$$

式中,ΔE_{lim} 为允许误差极限,Ω;β 为等级指数;R_x 为待测电阻标度盘示值;R_n 为基准值。

(5) 电桥各有效量程的等级指数和基准值见表 2.8.1。

(6) 电桥的工作电源为 1.5 V,晶体管检流计工作电源为 9 V。

(7) 内附晶体管指零仪,灵敏度可以调节。灵敏度不要过高,否则不易平衡。

表 2.8.1　电桥各有效量程的等级指数和基准值

比率	有效量程 /Ω	等级指数 β	基准值 R_n/Ω
×100	1 ~ 11	0.2	10
×10	0.1 ~ 1.1	0.2	1
×1	0.01 ~ 0.11	0.2	0.1
×0.1	0.001 ~ 0.011	0.5	0.01
×0.01	0.0001 ~ 0.0011	1	0.001

[实验操作]

(1) 接通电桥背部交流开关,预热约 5 min,调节"调零"旋钮使检流计指零。

(2) 将灵敏度旋钮旋至灵敏度较低位置。

(3) 将被测电阻按四端连接法,接在电桥相应的 C_1,P_1,P_2,C_2 接线柱上。

(4) 把被测电阻放在加热搅拌器上的水杯中,水杯中的水应淹没电阻及温度计端头。

(5) 选择适当的倍率,先按下"B"按钮,再按下"G"按钮,调节步进读数(为粗调)和滑线读数(为细调),使检流计指针指零。若检流计灵敏度不够,应适当提高,此时应注意每次调节灵敏度时都应重新对检流计调零。

(6) 在不同温度下测量待测电阻阻值,温度间隔 4 ~ 6℃,电阻的温度以温度计指示为准,测出水温 t 和相应的电阻 R_t,共测 10 个点。

(7) 用最小二乘法对实验数据进行处理,求出 α,并求出 t 与 R_t 之间的相关系数 γ,说明 t 与 R_t 的相关性。

(8) 注意事项。

1) 连线各接头必须清洁,并要接牢,防止接触不良。

2) 测量时应先按"B"按钮,再按"G"按钮。

3) 不使用仪器时，应将所有开关断开。

[思考题]

(1) 双臂电桥怎样避免附加电阻的影响？

(2) 待测电阻为什么要有 4 个接线端？

内容三　交流电桥

交流电桥在电测技术中占有重要地位，常用于精确测量电容、电感及它们的介质损耗特性。在物理实验教学中是一种必须了解的基本仪器。常见的交流电桥分为阻抗比电桥和变压器电桥两大类，本实验中交流电桥指的是阻抗比电桥。

【实验目的】

(1) 了解交流电桥的平衡条件和测量原理。

(2) 掌握用交流电桥测定电容的方法。

(3) 掌握用交流电桥测定电感的方法。

【实验原理】

交流电桥的原理线路与直流单臂电桥有相同的结构形式，但它的桥臂不只由电阻组成，还由电容、电感等阻抗元件组成，因此它的平衡条件、线路组成以及实现平衡的调整过程要比直流电桥复杂。此外，交流电桥中的电源常采用正弦交流电源。交流电桥的平衡指示仪应适用于不同频率的交流电。本实验采用高灵敏度的电子放大式指零仪，具有足够高的灵敏度。

1. 交流电桥的平衡条件

如图 2.8.11 所示，在交流电桥中，4 个桥臂由阻抗元件组成，对角线 cd 上接入交流指零仪，对角线 ab 上接入正弦交流电源。适当调节电桥参数，使交流指零仪中无电流通过时(即 $I_0=0$)，c 和 d 两点的电位相等，电桥达到平衡，这时有

$$\boldsymbol{Z}_1\boldsymbol{Z}_3=\boldsymbol{Z}_2\boldsymbol{Z}_4 \tag{2.8.8}$$

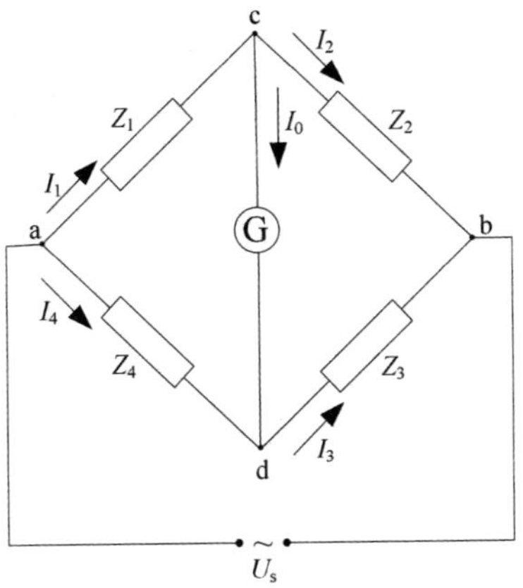

图 2.8.11　交流电桥原理图

式(2.8.8) 是交流电桥的平衡条件，它和直流电桥的平衡条件形式上完全相同，但式(2.8.8) 是复数形式，所以两种电桥平衡条件的物理意义完全不同。在正弦交流情况下，桥臂阻抗可以写成复数的指数形式，为

$$\boldsymbol{Z}=Z\mathrm{e}^{\mathrm{j}\varphi} \tag{2.8.9}$$

式(2.8.8) 变为

$$Z_1\mathrm{e}^{\mathrm{j}\varphi_1}\cdot Z_3\mathrm{e}^{\mathrm{j}\varphi_3}=Z_2\mathrm{e}^{\mathrm{j}\varphi_2}\cdot Z_4\mathrm{e}^{\mathrm{j}\varphi_4}$$

根据复数相等的条件，等式两边的模和幅角对应相等，有

$$Z_1Z_3=Z_2Z_4$$
$$\varphi_1+\varphi_3=\varphi_2+\varphi_4 \tag{2.8.10}$$

可见，交流电桥平衡时不仅相对臂阻抗模的乘积要相等，幅角之和也要相等，两个条件缺一不可。因此，首先交流电桥必须按照一定的方式配置桥臂阻抗，其次交流电桥平衡必须反复调节两个桥臂的参数。

2. 常见的交流电桥形式

(1) 电容电桥。电容电桥主要用来测量电容量及损耗角，在介绍电容电桥的典型线路前，有必要先对被测电容的等效电路进行分析。

1) 被测电容的等效电路。电容器实际上并不是理想元件，而是存在着介质损耗，通过电容器C的电流和它两端电压的相位差并不是90°，而比90°要小一个δ角，δ称为介质损耗角。可用两种形式的等效电路来表示具有损耗的电容，一种是理想电容和一个电阻相串联的等效电路，如图2.8.13(a) 所示；另一种是理想电容与一个电阻相并联的等效电路，如图2.8.12(a) 所示。等效电路中，理想电容表示实际电容器的等效电容，串联(或并联) 等效电阻则表示实际电容器的发热损耗。用电容器损耗角δ的正切$\tan\delta$表示它的介质损耗特性，称为损耗因数，用D表示，在等效串联电路中

$$D=\tan\delta=\frac{U_{\mathrm{R}}}{U_{\mathrm{C}}}=\frac{IR}{\dfrac{I}{\omega C}}=\omega CR$$

在等效并联电路中

$$D=\tan\delta=\frac{I_{\mathrm{R}}}{I_{\mathrm{C}}}=\frac{U/R'}{\omega C'U}=\frac{1}{\omega C'R'}$$

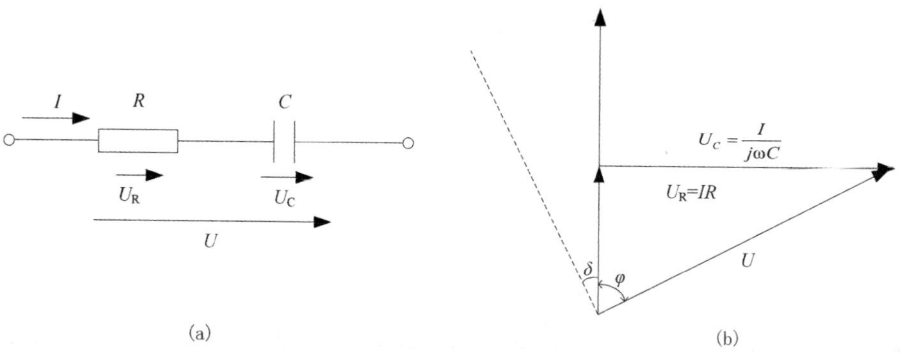

图 2.8.12

(a) 有损耗电容器的串联等效电路图；(b) 矢量图

图 2.8.12(b) 和图 2.8.13(b) 分别画出了相应电压、电流的矢量图。$\delta=90°-\varphi$ 对两种等效电路都是适合的，无论用哪种等效电路，求出的损耗因数是一致的。

2) 串联电阻式电容电桥。如图 2.8.14 所示，这种电桥主要用来测量损耗小的电容，被测电容 C_x 等效为电容 C'_x 和电阻 R'_x 串联，R'_x 表示它的损耗；C_n 为标准电容，给 C_n 串联一个电阻 R_n，R_a 和 R_b 均为纯电阻。当电桥调到平衡时，有

$$\left(R'_x+\frac{1}{j\omega C'_x}\right)R_a=\left(R_n+\frac{1}{j\omega C_n}\right)R_b$$

令上式实数部分和虚数部分分别相等，可求得

$$R'_x=\frac{R_b}{R_a}R_n \tag{2.8.11}$$

$$C'_x=\frac{R_a}{R_b}C_n \tag{2.8.12}$$

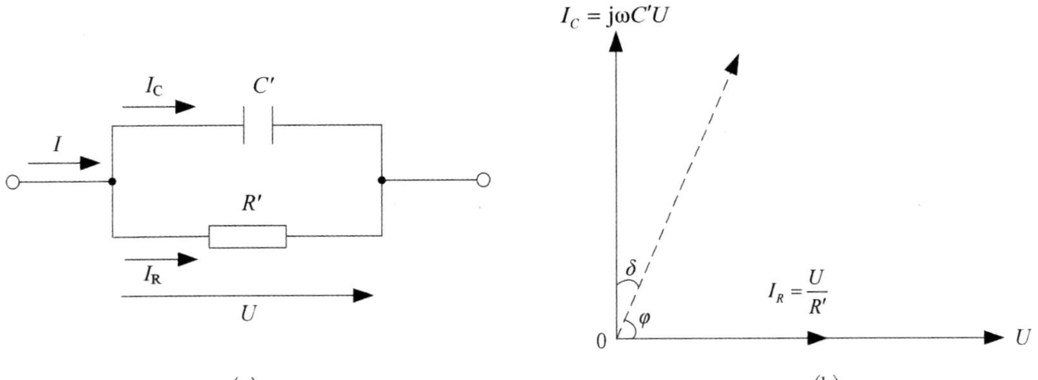

图　2.8.13
(a) 有损耗电容器的并联等效电路图；(b) 矢量图

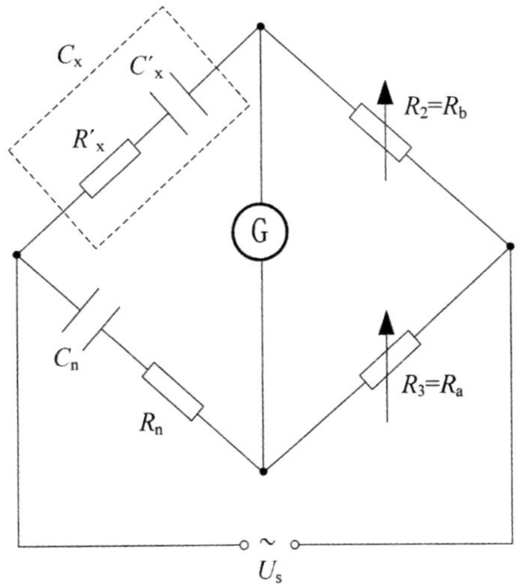

图 2.8.14　串联电阻式电容电桥图

由式(2.8.11) 和式(2.8.12) 可知,如果改变 R_n 和 C_n,可以单独调节互不影响地使电容电桥达到平衡。但通常标准电容 C_n 都是固定的,可通过调节 R_a/R_b 比值使式(2.8.12) 得到满足,但调节 R_a/R_b 的比值又影响到式(2.8.11) 的平衡。因此要使电桥同时满足两个平衡条件,必须对 R_n 和 R_a/R_b 等参数反复调节才能实现。平衡后,C'_x和 R'_x值可按式(2.8.11) 和式(2.8.12) 计算,被测电容的损耗因数 D 为

$$D=\tan\delta=\omega C'_x R'_x=\omega C_n R_n \tag{2.8.13}$$

3) 并联电阻式电容电桥。如果被测电容的损耗较大时,串联电阻式电容电桥不再适合这种电容测量,宜采用图 2.8.15 所示的并联电容电桥来测量,电桥的平衡条件可以写成

$$R_b\left(\frac{1}{\dfrac{1}{R_n}+j\omega C_n}\right)=R_a\left(\frac{1}{\dfrac{1}{R'_x}+j\omega C'_x}\right)$$

整理后可得

$$C'_x=C_n\frac{R_a}{R_b} \tag{2.8.14}$$

$$R'_x=R_n\frac{R_b}{R_a} \tag{2.8.15}$$

同样,在该电路调平时,需要对 R_n 和$\dfrac{R_b}{R_a}$ 反复调节才能使电桥达到平衡。

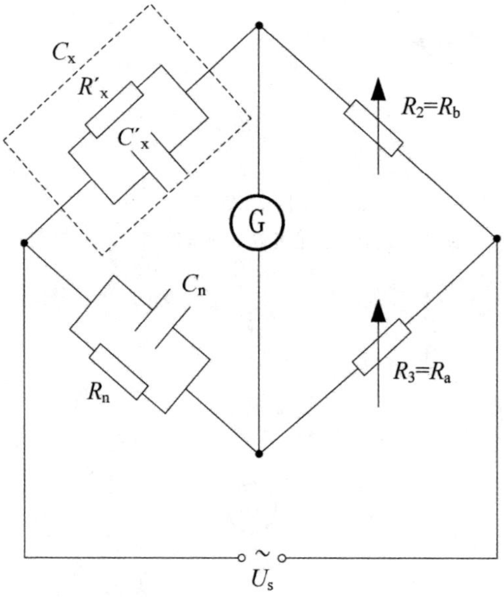

图 2.8.15　并联电阻式电容电桥

被测电容的损耗因数为

$$D=\tan\delta=\frac{1}{\omega C'_x R'_x}=\frac{1}{\omega C_n R_n} \tag{2.8.16}$$

(2) 电感电桥。一般情况下,实际的电感线圈都不是纯电感,除了感抗 $X_L=\omega L$ 外,还有线圈的损耗电阻 R,两者之比称为电感线圈的品质因数 Q,即

$$Q=\frac{\omega L}{R}$$

通常采用标准电容作为与被测电感相比较的标准元件,进而实现对电感的测量。由交流电桥平衡的条件可知,标准电容要安置在与被测电感相对的桥臂中。电感电桥的线路有很多种,这里重点介绍一下低 Q 值电感的电感电桥,该电桥又称为麦克斯韦电桥,原理线路如图 2.8.16 所示。

电桥平衡时,有

$$(R_x+j\omega L_x)\left(\frac{1}{\frac{1}{R_n}+j\omega C_n}\right)=R_aR_b$$

整理后得

$$\left.\begin{aligned}L_x&=R_bR_aC_n\\R_x&=\frac{R_b}{R_n}R_a\end{aligned}\right\}\tag{2.8.17}$$

被测电感的品质因数 Q 为

$$Q=\frac{\omega L_x}{R_x}=\omega R_nC_n\tag{2.8.18}$$

式(2.8.17) 表明,麦克斯韦电桥的平衡与电源的频率无关。由于其实际可测量的 Q 值范围较大,所以该电桥的应用范围较广。

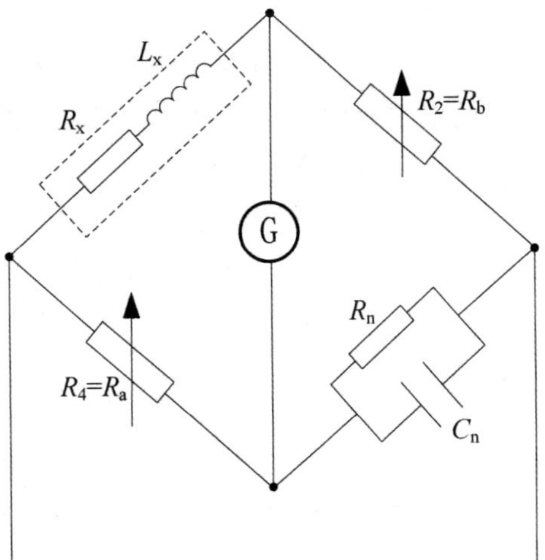

图 2.8.16　低 Q 值电感的电桥原理图

(3) 电阻电桥。交流电桥也可以实现电阻的测量,但用交流电桥,测量一些残余电抗较大的电阻时不易平衡,可改用直流电桥进行电阻测量,这里不再详述。

[实验仪器]

DH4518 型交流电桥实验仪。

[实验操作]

交流电桥采用的是交流指零仪，电桥平衡时指针位于左侧零位。

实验时，指零仪的灵敏度应先调到适当位置，以指针位置处于满刻度的 30% ～ 80% 为好，待基本平衡时再调高灵敏度，重新调节桥路，直至最终平衡。

1.交流电桥测量电容

用串联电阻式电容电桥测量两个损耗不同的电容 C_x；用并联电阻式电容电桥测量两个损耗不同的电容。计算电容值和其损耗电阻、损耗因数。

2.交流电桥测量电感

用并联电阻式电感电桥测量两个 Q 值不同的电感 L_x。计算电感值和其损耗电阻、Q 值。

3.交流电桥测量电阻

用交流电桥测量不同阻值的电阻，并与其他直流电桥的测量结果相比较。

说明：在电桥的平衡过程中，有时指针不能完全调到零位，这对于交流电桥是完全可能的，一般来说有以下原因：

(1) 测量电阻时，被测电阻的分布电容或电感太大。

(2) 测量电容和电感时，损耗平衡(R_n) 的调节精度受到限制，尤其是低 Q 值的电感或高损耗的电容测量时更为明显。另外，电感线圈极易感应外界的干扰，也会影响电桥的平衡，这时可以试着变换电感的位置来减小这种影响。

(3)用不合适的桥路形式测量，可能使指针不能完全回到零位。

(4)由于桥臂元件并非理想的电抗元件，也存在损耗，如果被测元件的损耗很小甚至小于桥臂元件的损耗，也会造成电桥难以完全平衡。

(5)选择的测量量程不当，以及被测元件的电抗值太小或太大，也会造成电桥难以平衡。

(6)在保证精度的情况下，灵敏度不要调得太高，灵敏度太高会引入一定的干扰，形成一定的指针偏转。

[思考题]

(1)交流电桥在设置桥臂元件时应满足什么条件？

(2)为什么在交流电桥中至少需要选择两个可调参数？怎样调节才能使电桥趋于平衡？

(3)交流电桥对使用的电源有何要求？交流电源对测量结果有无影响？

2.9 RLC 串联电路的暂态过程

当阶跃电压作用在 RC，RL 和 RLC 串联电路上时，由于电容上的电压和电感中的电流均不能突变，电路将从一个稳态过渡到另一个稳态，该过程称为电路的暂态过程。电路的暂态特性在电子技术中有着广泛的应用。本实验利用示波器观察暂态过程中电容上的电压或电感中的电流随时间的变化情况来研究相关电路暂态过程的特性。

［实验目的］

(1)学习使用数字示波器。

(2)用实验的方法研究 RC 和 RL 串联电路的暂态过程,测量时间常数 τ。

(3)研究 RLC 串联电路在三种阻尼状态下的暂态特性。

［实验仪器］

DH4503 型 RLC 电路实验仪,DS1022 数字示波器等。

［实验原理］

1.RC 串联电路的暂态过程

(1)RC 串联电路的充电过程。图 2.9.1 中开关 K 合到“1”处,这时直流电源 E 通过电阻 R 对电容 C 充电,电路方程为

$$iR+\frac{q}{C}=E \tag{2.9.1}$$

式中,i 为充电电流;q 为电容 C 上的电荷。将 $i=\frac{\mathrm{d}q}{\mathrm{d}t}$ 代入式(2.9.1),得

$$R\frac{\mathrm{d}q}{\mathrm{d}t}+\frac{q}{C}=E \tag{2.9.2}$$

考虑到初始条件为 $t=0$ 时,$q(0)=0$,式(2.9.2) 的解为

$$q(t)=CE(1-\mathrm{e}^{-\frac{t}{RC}}) \tag{2.9.3}$$

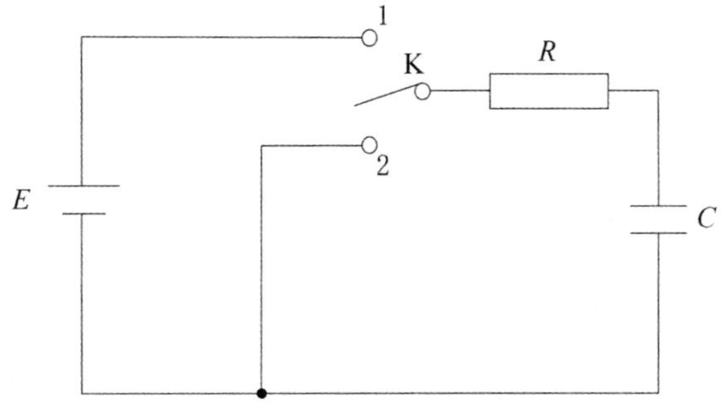

图 2.9.1　RC 串联电路

由于

$$u_C(t)=\frac{q(t)}{C}$$

因此,电容两端电压为

$$u_C(t)=E(1-\mathrm{e}^{-\frac{t}{RC}}) \tag{2.9.4}$$

(2)RC 串联电路的放电过程。在 RC 串联电路经充电达到稳定之后,将开关 K 拨向“2”,这时,电容 C 通过电阻 R 放电,电路方程为

$$R\frac{\mathrm{d}q}{\mathrm{d}t}+\frac{q}{C}=0 \tag{2.9.5}$$

考虑到初始条件为 $t=0$ 时,$q=CE$,解上式得

$$q=CE\mathrm{e}^{-t/RC} \tag{2.9.6}$$

相应得到电容两端电压为

$$u_C(t)=E\mathrm{e}^{-t/RC} \tag{2.9.7}$$

式(2.9.4) 与式(2.9.7) 的函数关系可分别用图 2.9.2(a)(b) 表示。

在 RC 串联电路充、放电过程中,$u_C(t)$ 均按指数规律变化。充放电的快慢由电阻和电容的乘积 RC 决定,通常把 $\tau=RC$ 的值称为 RC 电路的时间常数,即

$$\tau = RC \tag{2.9.8}$$

由式(2.9.4) 可以看出，当 $t=\tau$ 时，

$$u_C(\tau) = E(1-e^{-1}) = 0.632E \tag{2.9.9}$$

当 $t=5\tau$ 时，$u_C=0.994E$，也就是说，经过 5τ 这段时间后，可以认为充电过程已基本结束。

对于放电过程而言，时间常数仍为 RC。从式(2.9.7) 可知，当 $t=\tau$ 时，$u_C=0.368E$。

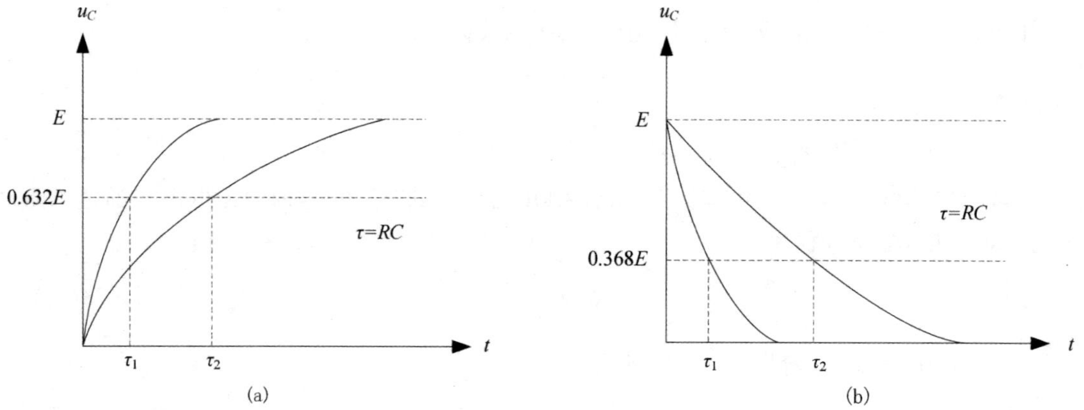

图 2.9.2　RC 电路的暂态曲线

(a) 充电过程；(b) 放电过程

2. RL 串联电路暂态过程

在图 2.9.3 电路中，将开关 K 合到“1”处，电路将会有电流 i 流过，但由于电感中电流不能突变，电流 i 的增长有个相应的过程。接通电源时电路方程为

$$L\frac{\mathrm{d}i}{\mathrm{d}t} + iR = E \tag{2.9.10}$$

初始条件为 $t=0$ 时 $i=0$，得到方程(2.9.10)的解，也就是电流增长过程所服从的规律为

$$i = \frac{E}{R}(1-e^{-\frac{Rt}{L}}) \tag{2.9.11}$$

当开关 K 合到“2”处，i 也不会骤降至零，只会逐渐消失。电流 i 所满足的微分方程为

$$L\frac{\mathrm{d}i}{\mathrm{d}t} + iR = 0 \tag{2.9.12}$$

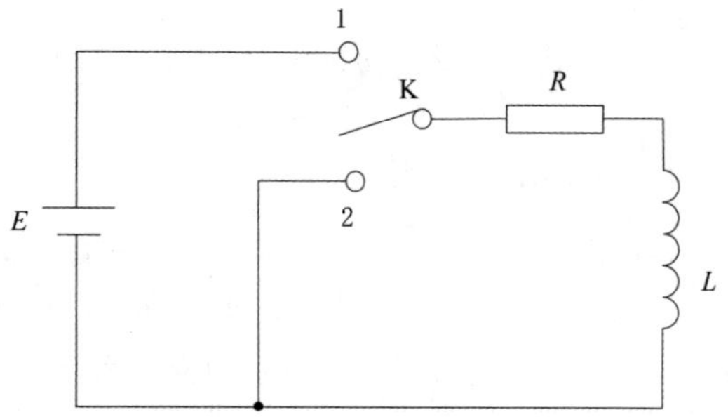

图 2.9.3　RL 串联电路

则电流消失过程所服从的规律为

$$i = \frac{E}{R}e^{-\frac{R}{L}t} \tag{2.9.13}$$

RL 电路的时间常数是$\frac{L}{R}$。图 2.9.4(a)，(b) 分别给出电流增长过程和电流消失过程的 $i-t$ 曲线，并给出相应于不同 τ 的曲线。

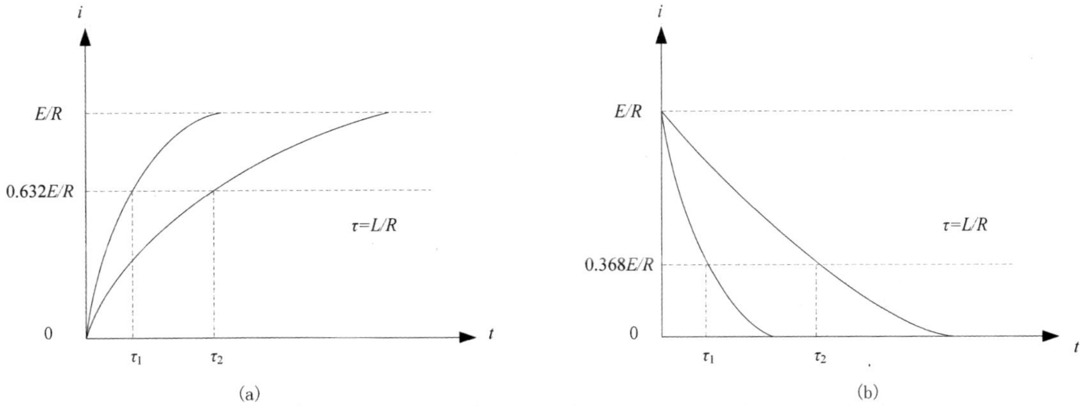

图 2.9.4　RL 电路的暂态曲线

(a) 电流增长过程；(b) 电流消失过程

3. RLC 串联电路暂态过程

在图 2.9.5 电路中，先将开关 K 合到“1”处，电源向 RLC 电路充电，待稳定后再将开关 K 合到“2”。自开关 K 合到“2”处开始至电路达到稳定状态的这一过程称为 RLC 串联电路的放电过程。放电时，电路的微分方程为

$$LC\frac{\mathrm{d}^2u_C}{\mathrm{d}t^2}+RC\frac{\mathrm{d}u_C}{\mathrm{d}t}+u_C=0 \tag{2.9.14}$$

当初始条件为 $t=0, u_C=E, \frac{\mathrm{d}u_C}{\mathrm{d}t}=0$ 时，方程(2.9.14)的解一般按 R 值的大小可分为以下三种情况。

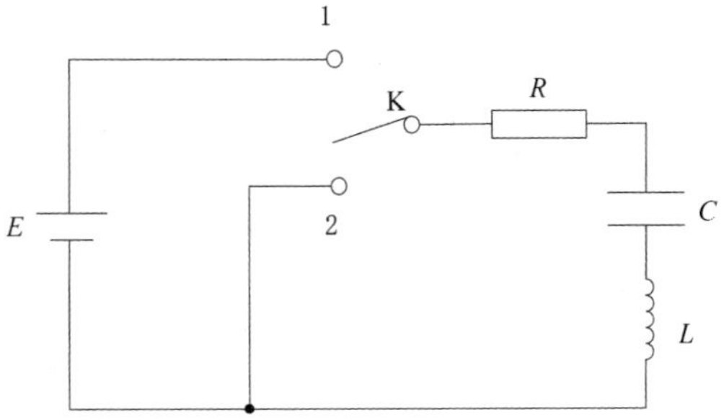

图 2.9.5　RLC 串联电路

(1) $R<2\sqrt{\frac{L}{C}}$ 时，为欠阻尼，有

$$u_C=\frac{1}{\sqrt{1-\frac{C}{4L}R^2}}E\mathrm{e}^{-\frac{t}{\tau}}\cos(\omega t+\varphi) \tag{2.9.15}$$

其中 $$\tau=\frac{2L}{R},\quad \omega=\sqrt{\frac{1}{LC}-\frac{R^2}{4L^2}}$$

(2) $R>2\sqrt{\frac{L}{C}}$ 时，为过阻尼，有

$$u_C=\frac{1}{\sqrt{\frac{C}{4L}R^2-1}}E\mathrm{e}^{-\frac{t}{\tau}}\mathrm{sh}(\omega t+\alpha) \tag{2.9.16}$$

其中 $$\tau=\frac{2L}{R},\quad \omega=\sqrt{\frac{R^2}{4L^2}-\frac{1}{LC}}$$

(3)$R=2\sqrt{\frac{L}{C}}$ 时，为临界阻尼，有

$$u_C=(1+\frac{t}{\tau})Ee^{-\frac{t}{\tau}} \tag{2.9.17}$$

图 2.9.6 所示为这三种情况下的 u_C 变化曲线。

如果 $R\ll 2\sqrt{\frac{L}{C}}$ 时，则欠阻尼曲线的振幅衰减很慢，能量的损耗较小，能够在 L 和 C 之间不断交换，可近似为 LC 电路的自由振荡。这时 $\omega\approx\frac{1}{\sqrt{LC}}\approx\omega_0$，$\omega_0$ 为 $R=0$ 时 LC 回路的固有频率。

对于充电过程，与放电过程相类似，只是初始条件和最终条件不同。

图 2.9.7 给出了充电时不同阻尼下 u_C 随时间的变化曲线图。

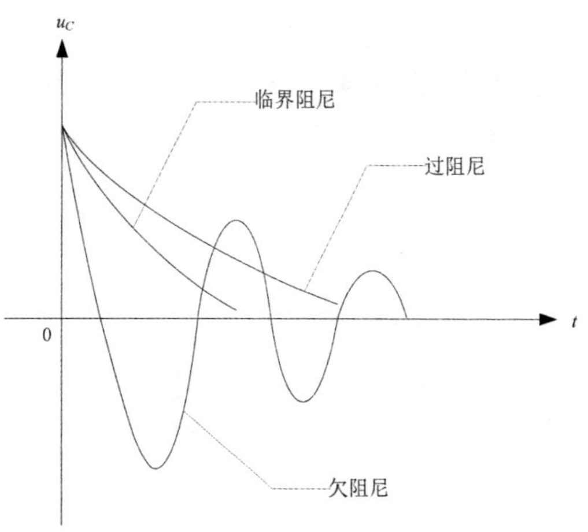

图 2.9.6　放电时的 u_C 曲线

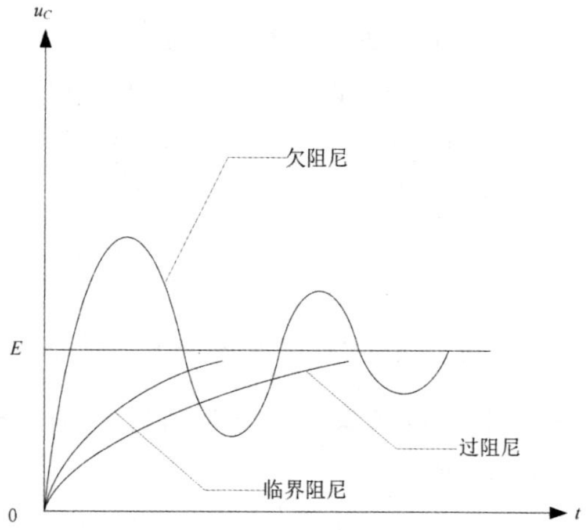

图 2.9.7　充电时的 u_C 曲线

［实验内容］

用方波发生器代替 RC 和 RL 串联电路中的直流电源 E 和开关 K。在方波的前半周，即高电平期间有一个恒定电压加在 RC 和 RL 两端，相当于开关 K 合到“1”的位置；在方波的后半周，即低电平期间，RC 及 RL 两端电压为零，相当于开关 K 合到“2”的位置。在周期性方波的作用下，不断交替对电路进行充电和放电。在方波信号的周期足够长的情况下，RC 和 RL 串联电路的暂态过程就可以用示波器方便地进行观察。

1. 用示波器观测 RC 串联电路的充电和放电曲线

(1) 连接示波器至信号源，调节频率为 1 kHz，占空比为 50%，电压幅度为 5 V。

(2) 将信号发生器接到 RC 串联电路中，取 $R=1\ \text{k}\Omega$，$C=0.1\ \mu\text{F}$，观察电压波形 u_C，并解释波形。

(3) 按压 DS1022 数字示波器常用菜单中的光标测量(Cursor) 按键，在屏幕上显示相应的菜单，并将测量模式设为追踪，光标 A 选择 CH_1，光标 B 设为无光标。

(4) 用数字示波器测量 RC 电路的时间常数 τ 并与理论值进行比较。

2. 用示波器观测 RL 串联电路的充电和放电曲线

(1) 将电容更换为电感，取 $R=10\ \Omega$，$L=1\ \text{mH}$，观察暂态过程电流的变化曲线，测量 RL 电路的时间常数，并与理论值比较。

(2) 分别改变电感值和电阻值，观察充、放电过程中电流波形的变化情况。

3. 用示波器观测 RLC 串联电路暂态过程

(1) 观测三种阻尼状态。方波信号频率取 500 Hz、电感 0.01 H、电容 0.02 μF，改变电阻，使 R 分别为 300 Ω，1 200 Ω 和 10 000 Ω，在示波器上观察三种阻尼状态波形。

实验时电阻 R 由小到大逐渐增大，最初出现欠阻尼状态。当数值增大到某一数值(R_0)时，波形刚好不出现振荡，电路处于临界阻尼状态，记下临界电阻 R_0。继续增大电阻，便出现过阻尼状态。

绘出三种阻尼状态波形。

(2) 测量欠阻尼振荡周期 T 和时间常数 τ。选一欠阻尼状态波形，测量其几个周期时间 t，求出周期 T，记下 R，L，C 的值。

对于 τ 值的测量，从最大幅度衰减到 0.368 倍的最大幅度处的时间 t，即为 τ 值。

4. 注意事项

(1) 接电路时信号源与示波器应共地，以免损坏信号发生器。

(2) 实验连线应按照电路图连接，检查无误后方可接通电源。

[思考题]

(1)RL 及 RC 电路的时间常数 τ 的物理意义是什么？ 如何用实验的方法测量 τ 值？

(2)RC 电路中，若时间常数 τ 远大于方波周期 T，用示波器观察 u_C 的波形时会有什么影响？

(3) 写出充放电过程中 RC 电路中电流的表达式，并说明如何用示波器进行观察。

(4)示波器有直流输入和交流输入两种方式，为什么用交流输入观察本实验的现象不如用直流输入好？

2.10　电位差计的原理及其应用

电位差计是根据补偿原理制成的具有高灵敏度和高准确度的比较式电测仪器，主要用来测电池的电动势和电压，也可以测电流和电阻。在一些非电量(如压力、温度和位移等)的测量和控制系统中也常用到，而且准确度很高。

电位差计相当于利用了电压补偿原理做成了内阻无穷大的电压表。除了电压补偿外，还有电流补偿，这部分内容将在阅读材料中给予简单介绍。

[实验目的]

(1)了解电位差计的工作原理。

(2)掌握测量电池电动势和内阻的方法。

[实验原理]

1.补偿原理

日常所使用的指针式直读仪表在进行测量时,由于进入被测系统而引入"系统误差",使被测系统的状态发生了改变,从而得不到被测量的客观值。如果采用补偿法测量,就可以消除这种系统误差。如图 2.10.1 所示,E_0 是电动势可调的电源,E_x 是待测电动势电源,G 是检流计。调节 E_0 的大小,使检流计指针为零,即该回路中无电流流过,E_0 和 E_x 大小相等,互为补偿,知道 E_0,E_x 的大小也就确定了,这种测量电源电动势的方法就称为补偿法。

2.电位差计原理

根据补偿原理制成的测量电动势或电位差的仪器称为电位差计,其原理如图 2.10.2 所示。构成电位差计需要一个电压已知的电源 E_0,而且它必须满足:① 其大小易于调节,并能够和 E_x 补偿;② 它的电压很稳定,并能读出准确的数值。

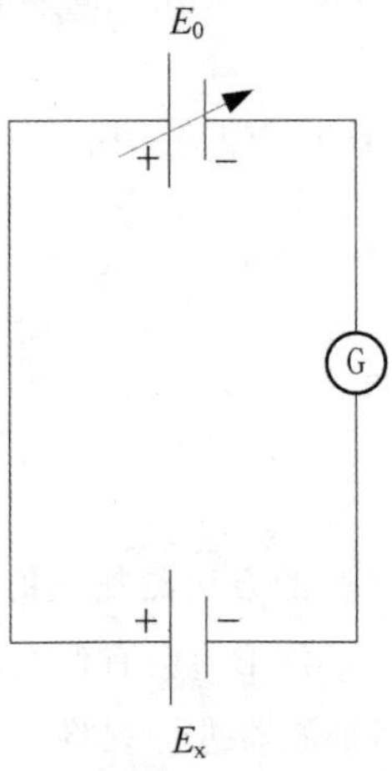

图 2.10.1　补偿原理图

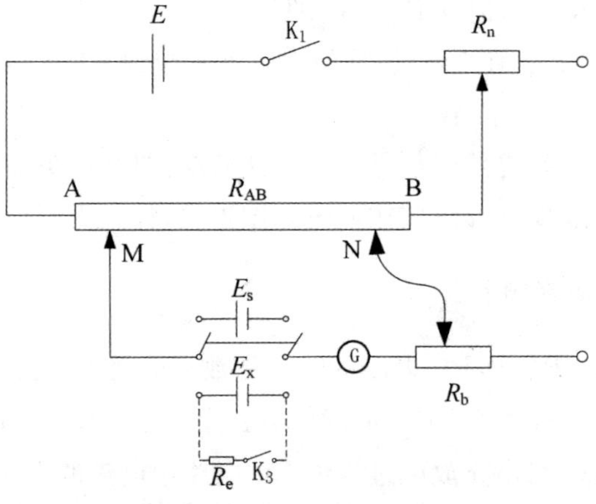

图 2.10.2　电位差计原理图

在实际中,标准电池的电压稳定而且准确,但其大小不能调节,实验时 E_0 通过下述方法得到。

在图 2.10.2 中的电源 E、限流电阻 R_n 和精密 R_{AB} 串联成一闭合回路,称为辅助回路。当有一恒定的电流 I_0(称为工作电流)通过 R_{AB} 时,改变滑动触头 M,N 的位置,就可改变 M,N 间的电位差 U_{MN} 的大小,U_{MN} 正比于电阻 R_{AB} 上 M,N 之间的阻值。U_{MN} 相当于上面所要求的 E_0,它实现了电压可调的要求。U_{MN} 的准确数值通过"校准"获得。测量时,把滑动头 M,N 两端的电压 U_{MN} 引出与未知电动势 E_x 进行比较。ME_xGR_bN(或 ME_sGR_bN)支路称为补偿回路。注意,在电路中 E 和 E_x(或 E_s)必须同极性相接,即 E_x(或 E_s)的正极要接在 AB 线上电位较高的一端,而 E_x(或 E_s)的负极经检流计后要接在电位较低的一端。

3.测电池电动势

为了对 U_{MN} 进行标度,在测量之前,首先要用标准电池 E_s 对电位差计进行校准,也就是获得 U_{MN} 的准确值,把 K_2 掷向 E_s,调节 R_n 使检流计指零,则有

$$I_0 R_{MN} = E_s \tag{2.10.1}$$

在保持 I_0 不变的情况下，把 K_2 掷向 E_x，只要 $E_x \leqslant I_0 R_{AB}$，调节 M，N 到 M′，N′ 时检流计指针指零，则有

$$I_0 R_{M'N'} = E_x \tag{2.10.2}$$

由式(2.10.1) 和式(2.10.2) 可得

$$E_x = \frac{R_{M'N'}}{R_{MN}} E_s \tag{2.10.3}$$

从式(2.10.3) 可以看出，用电位差计测电动势的实质是用标准电池与待测电池进行比较，因而它也是一种比较法。

在本实验中，AB 是一根均匀的电阻丝，设 R_{MN} 对应的电阻丝的长度为 L_s，$R_{M'N'}$ 对应的电阻丝的长度为 L_x，则有

$$\frac{R_{M'N'}}{R_{MN}} = \frac{L_x}{L_s} \tag{2.10.4}$$

所以

$$E_x = \frac{L_x}{L_s} E_s \tag{2.10.5}$$

4.测电池内阻

在图 2.10.2 中，设辅助回路中的工作电流为 I_0，当 K_3 断开时，调 M，N 触点的位置，使 MN 间的电压与 E_x 相补偿。此时，MN 间的长度记为 L_E。当 K_3 闭合时，改变 M，N 的位置，使其间的电压与 E_x 两端的端电压 U_x 相补偿，并设此时 MN 间的长度为 L_U。则当 K_3 断开时

$$E_x = \rho \frac{L_E}{S} I_0 \tag{2.10.6}$$

当 K_3 闭合时

$$U_x = \rho \frac{L_U}{S} I_0 \tag{2.10.7}$$

式中，ρ，S 分别为电阻丝 AB 的电阻率和截面积。由式(2.10.6) 和式(2.10.7) 可得

$$\frac{E_x}{U_x} = \frac{L_E}{L_U} \tag{2.10.8}$$

设 E_x 的内阻为 r，并设流过 E_x 和 R_e 的电流为 I_x，依据全电路欧姆定律得

$$U_x = E_x - I_x r \tag{2.10.9}$$

依据部分电路欧姆定律有

$$I_x = \frac{U_x}{R_e} \tag{2.10.10}$$

由式(2.10.9) 和式(2.10.10) 可得

$$r = \frac{E_x - U_x}{U_x} R_e \tag{2.10.11}$$

将式(2.10.8) 代入式(2.10.11) 得

$$r = \frac{L_E - L_U}{L_U} R_e \tag{2.10.12}$$

式中，R_e 为一已知的标准电阻。

[实验仪器]

十一线电位差计，检流计，稳压电源，标准电池，待测电池，电阻箱和开关等。

1.十一线电位差计

十一线电位差计结构如图 2.10.3 所示，AB 间为长度为 11 m 的均匀电阻丝，以 1 m 为一段，往复绕在木板的接线柱上，在木板上装有米尺，M 点和 N 点可调。M 点每改变一次位置，则 M，N 间的长度改变 1 m 的整数倍，称之为“粗调”；N 点只能在米尺上滑动，其范围在 0 ～ 1 m 之间，称之为“细调”。R_n 为限流电阻，R_b 为保护电阻。

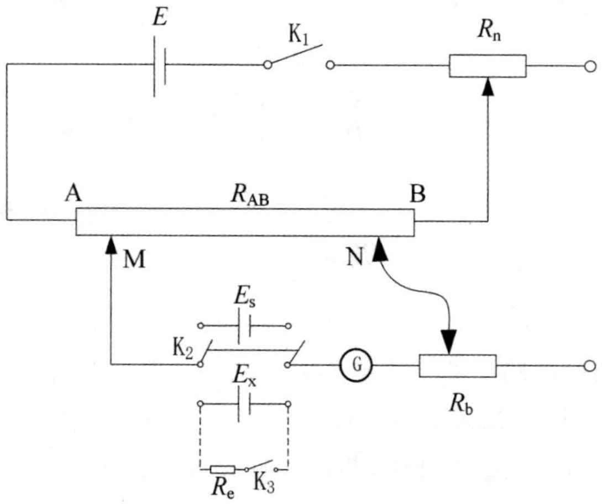

图 2.10.3　十一线电位差计的结构图

2.标准电池

标准电池是一种汞镉电池，当温度恒定时，其电动势稳定。当 $t=20$℃ 时，$E_s=1.018\,6$ V，当温度每变化 10℃ 时，其电动势约变化 0.4 mV。使用标准电池时应注意不能使电池短路，也不能用电压表测标准电池两端的电压值，更不能将它作为电源用。此外，还应当避免摇晃标准电池。

3.直流稳压电源

直流稳压电源是将 220 V 交流电通过调压、整流、滤波和稳压后输出直流电压的一种仪器。实验中使用的 WYJ—30 型直流稳压电源，其最大输出电压为 30 V，最大电流为 2 A，分度值为1 V，输出电压可通过“粗调” 和“细调” 进行调节。

[实验操作]

1.测电池电动势

(1) 按图 2.10.3 所示连接电路，在测电动势时应断开开关 K_3(或暂时不接 R_e)。注意电源 E、标准电池 E_s、待测电池 E_x 的正负极性接法。

(2) 打开电源，合上 K_1，调节 R_n(直流稳压电源上的“粗调” 和“细调”)，使 U_{AB} 略大于待测电池的电动势 E_x。

(3) 将 K_2 掷向 E_s 一边，校准电位差计，调节 M，N 位置，使检流计指零，并读出 M，N 间的长度 L_s。

(4) 保持辅助回路工作电流不变，将 K_2 掷向 E_x 一边，调节 M，N 点的位置，使检流计指零，并读出 M，N 间的长度 L_x。

(5) 重复(3)(4) 步骤 3 ～ 5 次，读出相应的 L_s 和 L_x，依式(2.10.5) 求出 E_x 的平均值。

2.测电池内阻

(1) 依照图 2.10.3 连线，将 K_3 断开，让电阻丝 AB上 M，N 间的电压降与 E_x 相补偿，测出电阻丝长度 L_E。

(2) 保持辅助回路电流值不变，将 K_3 闭合，改变 M，N 点的位置，使该段电阻丝的电压降与 E_x 的端电压 U_x 相补偿，读出电阻丝长度 L_U。

(3) 重复(1)(2) 步骤 3 ～ 5 次，依式(2.10.12) 求出 r 的平均值。

[思考题]

(1) 用电位差计为什么能够准确测量电源的电动势?

(2) 实验中如果发现检流计指针总往一边偏，试分析原因。

(3) 使用电位差计时，校准和测量两过程中通过辅助回路的电流应满足什么条件?

电流补偿原理

补偿法测电流的原理如图 2.10.4 所示。

假设现在要测电动势为 E 的电池与电阻 R 串联电路的输出短路电流，如果用普通电流表直接去测，电流表的内阻会对测量结果产生影响，测出的电流值比实际值偏小。这个问题可以用电流补偿的方法解决. 图 2.10.4 所示右侧虚线框部分为电流补偿电路，其中 E' 为另一外加电源，R' 为电阻箱。测量时调节 R'，使得检流计 G 指零，即 $I_g=0$ 时，电流表的示值 I' 即为被测电流 I。下面利用基尔霍夫方程组对该电路的三个问题分别予以说明：

(1) 根据基尔霍夫第一方程组，针对节点 A 有 $-I+I'+I_g=0$，在 $I_g=0$ 的状态下，必有 $I'=I$，这说明电流表的示值等于待测电流。

(2) 根据基尔霍夫第二方程组，针对“ERGE” 回路，假设电阻 R 包含了电源 E 的内阻，有 $E-IR-I_gR_g=0$，其中 R_g 为检流计的阻值，考虑到 $I_g=0$，则有 $I=E/R$。这说明在 A，B 两点间增加了虚线框中的两端网络后，在 $I_g=0$ 的状态下，I 的大小仍然是原来的待测值。

(3) 与 2 同理可得，在回路“$E'R'GE'$” 中有 $I'=E'/(R'+R_{\mu A})$，其中 $R_{\mu A}$ 为微安表的内阻，R' 包含了 E' 的内阻。这告诉我们影响 I' 大小的因素及调整 I' 的方法。

上述分析还可以理解为：在 $I'=I$ 的情况下，电流 I 仅在回路“$ERGE$”中流动，I' 仅在回路“$E'R'GE'$” 中流动，而在支路“AGB” 上电流的大小相等而方向相反，该支路上总体呈现电流为零，实现了电流补偿。

从总体效果上看，由于虚线框中的电路实现了对电流 I 的测量又没有改变待测电流的大小，因此 A，B 两点接入的这个补偿电路相当于一个电阻为零的电流表。

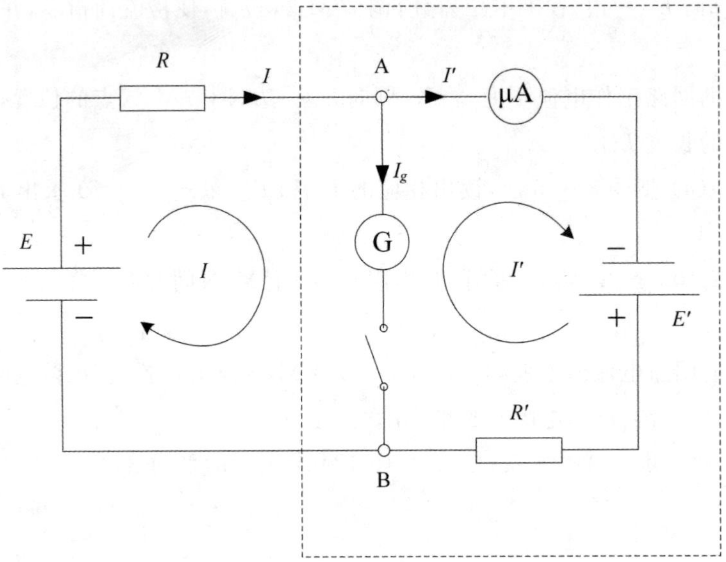

图 2.10.4　补偿法测电流原理图

2.11　用落球法测液体的黏度

在稳定流体中，如果平行于流动方向的各液层的流速不同，即任意两液层之间产生相对运动，流动较快流层对较慢流层施以沿切面向前的“拉力”，而较慢流层对较快流层施以向后的“阻力”，这一对力相当于固体间的动摩擦力，因其为流体内部不同液层之间的摩擦力，所以称为内摩擦力，又称为黏滞力。黏滞力的大小与两液层的接触面积 S 和垂直于流速方向的速度梯度 $\frac{dv}{dx}$ 成正比，即

$$f=\eta S\,\frac{dv}{dx} \tag{2.11.1}$$

式中，η 称为液体的黏度，单位为牛顿·秒／米^2，即“帕斯卡·秒”(Pa·s)，它与流体的性质和温度有关，随温度的升高而减小。测定流体的黏度在生产和科研中有着非常重要的意义。在物理实验中，常采用的方法有转筒法、毛细管法、落球法和落针法。本节介绍落球法，该方法一般用来测量黏性较大并有一定透明度的液体的黏度。实验中利用外推法以获得理想实验条件的方法非常值得借鉴。

[实验目的]

(1) 掌握用落球法测定液体的黏度。
(2) 学习用外推法获得理想实验条件的思想方法。
(3) 学习用作图法处理实验数据。

[实验原理]

当一小球在液体中竖直下落时，黏附在小球表面的液层与相邻液层之间产生摩擦力，即黏滞阻力。因此，通过研究小球在液体中的落体运动，可以研究液体的黏滞性。斯托克斯定律指出，线度较小的物体，在无限广沿的、黏性较大的流体中运动时，若运动速度不大，运动过程中又不产生涡旋，则运动物体在液体内所受到的黏滞阻力为

$$f = 6\pi\eta rv \tag{2.11.2}$$

式中，η 为液体的黏度；r 为小球的半径；v 为小球的运动速度。

下面对小球在液体中下落时的受力和运动情况进行分析。小球在液体中下落时将会受到如图 2.11.1 所示的 3 个力的作用，即

$$\left.\begin{aligned} F_{浮} &= \frac{4}{3}\pi r^3 \rho_0 g \\ mg &= \frac{4}{3}\pi r^3 \rho g \\ f_{阻} &= 6\pi\eta rv \end{aligned}\right\} \tag{2.11.3}$$

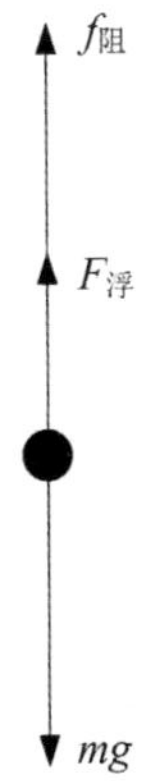

图 2.11.1　小球受力分析

式中，ρ_0 为液体的密度；ρ 为小球的密度。浮力 $F_{浮}$、重力 mg 始终保持不变，而黏滞阻力随速度的增大而增大。也就是说，小球在液体中下落，最初为加速运动，当 $mg = f_{阻} + F_{浮}$ 时，小球将作匀速运动，这时的速度称为收尾速度，通常以 v_0 表示。因此，当小球作匀速直线运动时，有

$$\frac{4}{3}\pi r^3 \rho g - \frac{4}{3}\pi r^3 \rho_0 g - 6\pi\eta rv_0 = 0 \tag{2.11.4}$$

解得

$$\eta = \frac{4r^2(\rho - \rho_0)g}{18v_0} = \frac{(\rho - \rho_0)gd^2}{18v_0} \tag{2.11.5}$$

式中，d 为小球的直径。测得 ρ，ρ_0，d 和 v_0，即可根据式(2.11.5)计算出液体的黏度。

从斯托克斯定律可知，式(2.11.2)和式(2.11.5)是在无限广沿的液体中成立的，但在实验条件下要直接获得无限广沿的液体是不可能的。此时，通常采用外推法来满足该理想条件。

[实验仪器]

黏度测定仪，物理天平，比重瓶，游标卡尺，读数显微镜，秒表，温度计，镊子，磁钢等。

黏度测定仪如图 2.11.2 所示。图中有内径不同的一组圆管，垂直安装在底板上，借助底板调节螺钉和圆水准器可以使底板水平，即各圆管处于竖直状态。每个圆管上均有两条刻线 A，B，设其距离为 l。上刻线 A 距液体顶面的高度不小于 5 cm，以保证小球($d < 3$ mm)落至 A 面时达到匀速状态。

设 D 为圆管直径，t 为小球经过距离 l 的时间。通过测量小球经过 A，B 两液面间的时间间隔，即可求得小球的收尾速度。这样可获得一组(D_i，t_i)值。实验结果表明，t 与 $\frac{1}{D}$ 成线性关系，可通过作 t-$\frac{d}{D}$ 图，求得 $\frac{d}{D} = 0$，即 $D \to \infty$ 时的 t_0，从而获得小球在无限广沿的液体中的收尾速度为

$$v_0 = \frac{l}{t_0} \tag{2.11.6}$$

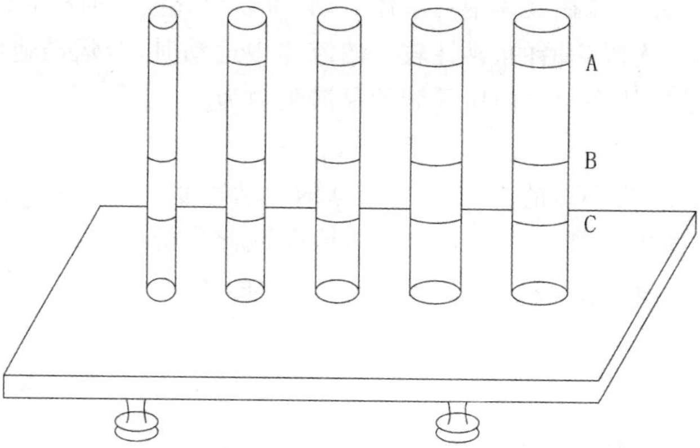

图 2.11.2　黏度测定仪

[实验操作]

(1) 调节黏度测定仪，使底板水平。

(2) 用读数显微镜在不同方位测量小球的直径 d，并取平均值。

(3) 用直尺测 A，B 间的距离 l。

(4) 用物理天平和比重瓶测液体的密度 ρ_0，小球密度 ρ 可由实验室给出。

(5) 先在液体中使小球湿润，然后依次将其放入各圆管中，分别测得小球在各管中匀速通过 A，B 间的时间 t。

(6) 自拟测量小球直径 d 和下落时间 t 的数据记录表格。

(7) 用作图法求出对应于 $D \to \infty$ 时的收尾速度 v_0，并计算出液体的黏度 η。

[思考题]

(1) 用一直径较大的圆桶测量液体的黏度，常用 $v_0 = v(1 + K\dfrac{d}{D})$ 对测量速度 v 进行修正，试用实验数据确定修正公式中的 K 值。

(2) 查阅资料，给出另外一种测量液体黏度的方法。

2.12　等厚干涉

光的干涉是非常重要的光学现象，在光的本质的研究过程中，它为光的波动理论提供了有力的实验依据。利用光的干涉原理可对长度、厚度及角度等量进行精确测量，这一技术在现实中有着广泛的应用。等厚干涉现象是英国物理学家罗伯特·胡克(Robert Hooke)于 1665 年在其著作中首次提出的，他观察到在肥皂泡、云母薄片、两块压在一起的平玻璃片上所产生的彩色条纹。其后 1675 年，牛顿在胡克的基础上进一步研究了肥皂泡薄膜表面的彩色条纹，通过自制仪器，对产生的干涉条纹进行了精密测量，并找到了干涉条纹环直径和透镜曲率半径间的关系。由于牛顿的重大贡献，该实验仪器被命名为“牛顿环”。本实验项目通过对等厚干涉中的两个典型现象的研究来学习干涉测量技术。

［实验目的］

(1) 观察等厚干涉现象。

(2) 用牛顿环仪来测量透镜的曲率半径。

(3) 用劈尖测量微小直径或微小厚度。

(4) 进一步学习读数显微镜的使用方法，用逐差法处理数据。

［实验原理］

1.牛顿环

将一块曲率半径很大的平凸透镜置于一块光学平板玻璃上(凸面朝下)，如图 2.12.1 所示，在透镜的凸面与平板玻璃之间就形成以点 O 为中心向四周逐渐增加厚度的空气膜。当以波长为 λ 的平行单色光垂直照射时，入射光将在空气膜的上、下两表面发生反射，这两束反射光将在上表面处相互干涉。因此，牛顿环仪形成的干涉条纹是以点 O 为中心的一系列明暗相间的同心圆环，其中心为一暗斑，离中心越远则环越密，如图 2.12.2 所示。这种干涉图样称为牛顿环。每一条圆环上各点所对应的空气层厚度相同，因此牛顿环属于等厚干涉条纹。

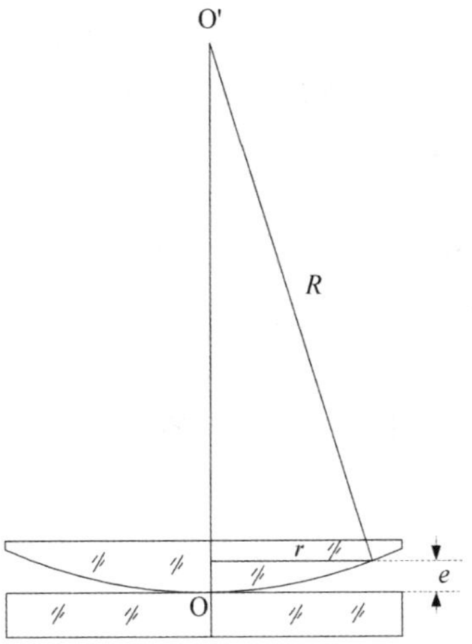

图 2.12.1　牛顿环仪结构

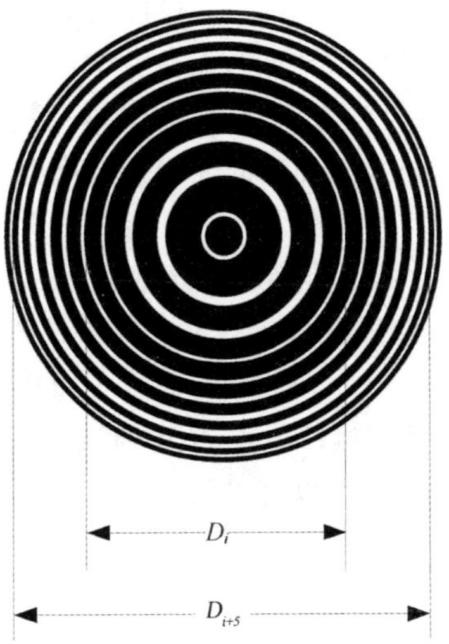

图 2.12.2　牛顿环

当平行单色光垂直入射时，在空气层厚度为 e 处，由上、下两表面反射的光线的光程差

$$\delta = 2e + \frac{\lambda}{2} \tag{2.12.1}$$

式中，$\frac{\lambda}{2}$ 项的加入是由于光线在空气层上表面反射后无半波损失，而在空气层下表面反射后有半波损失，故使光程差增加了半个波长。

设透镜凸面的曲率半径为 R，距 OO′ 水平距离为 r 处的空气膜厚度为 e，由图 2.12.1 中的直角三角形可知

$$r^2 = R^2 - (R - e)^2 = 2Re - e^2$$

由于 $R \gg e$，则略去 e^2 项，即得

$$e = \frac{r^2}{2R}$$

代入式(2.12.1)，得

$$\delta = \frac{r^2}{R} + \frac{\lambda}{2} \tag{2.12.2}$$

根据明暗纹的干涉条件

$$\delta = \begin{cases} 2K\dfrac{\lambda}{2}, & K = 1,2,3,\cdots \text{ 亮条纹} \\ (2K+1)\dfrac{\lambda}{2}, & K = 0,1,2,\cdots \text{ 暗条纹} \end{cases}$$

可得第 K 级暗环半径应满足

$$r_K^2 = KR\lambda \tag{2.12.3}$$

其直径应满足

$$D_K^2 = 4KR\lambda \tag{2.12.4}$$

那么，在波长 λ 已知的情况下，测得第 K 级暗环的半径 r_K 或直径 D_K，就可求得平凸透镜的曲率半径 R。由于半径 r_K 不易测量，通常选择测量环的直径 D_K。在理想情况下，牛顿环中心为一暗点，空气膜的中心厚度为零，使得光程差满足 $\delta = \lambda/2$。而实际观测时会发现，牛顿环的中心并不是一个“点”，而是一个不很清晰的暗斑或亮斑。原因是透镜与平板玻璃接触时，压力引起的弹性形变，使接触“点”变为接触“圆面”。另外，因接触面间还可能有微小灰尘存在，使接触不紧密，从而引起光程差，使“暗斑”可能变为“亮斑”，以至于难以准确判断干涉级数 K。所以，实际情况下并不可能使用式(2.12.3)或式(2.12.4)来直接测量 R。

设第 K 级干涉条纹的序数为 N，并设 $K = N + j$，其中 j 为由于非理想情况而形成的干涉级数的修正值，将 $K = N + j$ 代入式(2.12.4)，并以 D_N^2 代替 D_K^2，整理后可得

$$D_N^2 = (4R\lambda)N + 4jR\lambda$$

式中，λ 为已知量；D_N^2 与 N 可通过实验测得。因而上式属于 $y = ax + b$ 的线性形式。由于 N 按自然数变化，所以可采用逐差法处理数据，从而求得系数 $4R\lambda$。根据逐差法，若采取隔 m 项逐差，则有

$$4R\lambda = \frac{\overline{D_{i+m}^2 - D_i^2}}{m}$$

2.劈尖

如图 2.12.3 所示，在两块光学平板玻璃 G_1 和 G_2 之间放置一厚度为 d 的纸条，就形成一空气劈尖。当用平行单色光照射玻璃板时，就出现一组明暗相间、互相平行且间隔相等的干涉花样。劈尖干涉明暗条纹的条件如下：

$$\delta = 2e + \frac{\lambda}{2} = \begin{cases} 2K\dfrac{\lambda}{2}, & K = 1,2,3,\cdots \quad \text{明条纹} \\ (2K+1)\dfrac{\lambda}{2}, & K = 0,1,2,\cdots \quad \text{暗条纹} \end{cases}$$

式中，e 为劈尖某处的空气层厚度。K 级暗条纹对应的厚度为

$$e_K = K\frac{\lambda}{2} \tag{2.12.5}$$

由此式可知，相邻两暗条纹所在位置的厚度差为$\frac{\lambda}{2}$。

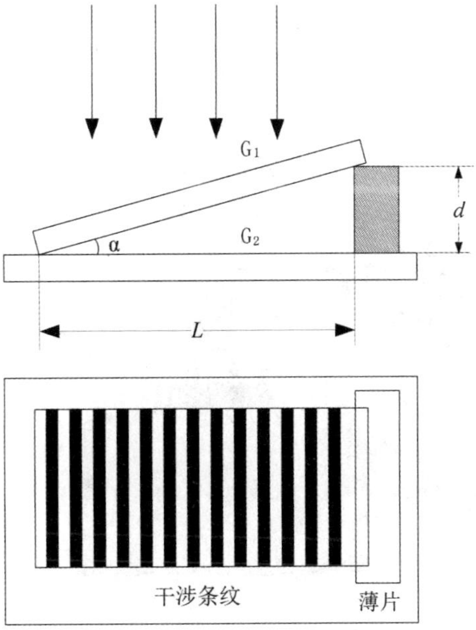

图 2.12.3　劈尖及干涉图样

实验中测量纸片的厚度有以下两种方法：

第一，用读数显微镜读取纸条内侧所在位置干涉花样的级数 K_d，则纸条厚度为 $d = K_d \times \frac{\lambda}{2}$；如果 K_d 级暗条纹与纸条内沿还有不足一个条纹宽度的距离，还应该对 K_d 估读一位小数。

第二，测出劈尖的夹角及劈尖长度，从而计算出 d。劈尖夹角的测量可通过测 5 个或 10 个条纹间距来计算，例如测 10 个条纹间距的总长为 S，则

$$\tan\alpha = \frac{10 \times \lambda/2}{S} = \frac{d}{L}, \quad d = \frac{L}{S} \times \frac{\lambda}{2} \times 10$$

利用劈尖，也可以测细丝或毛发的直径。

[实验仪器]

牛顿环仪，读数显微镜，钠光灯。

这里主要介绍读数显微镜的结构和使用方法：读数显微镜是由显微镜和测微螺旋装置组成的仪器，它是用来测量微小长度的仪器，其结构如图 2.12.4 所示。显微镜目镜装在镜套筒上端，内装有“十”字叉丝。测量前旋转目镜，使“十”字叉丝清楚，然后固定不动。被测物放在工件台上，转动调焦旋钮对待测物体进行聚焦。显微镜系统与套在测微螺杆上的螺母套筒相连接，旋转测微鼓轮可带动显微镜筒左右移动，移动距离可以从标尺刻度和测微鼓轮上的刻度值读出。

丝杆螺距是 1 mm，标尺量程为 50 mm，鼓轮被等分为 100 分格，其分度值为 0.01 mm，精度就为 0.01 mm。测量时，让叉丝的竖线与被测物一边相切，由标尺上读出毫米的整数部分，毫米以下的读数从鼓轮上读出。转动测微鼓轮移动显微镜，让叉丝竖线与待测物的另一边沿

相切，并读数，两次读数之差就是所测物体的长度。

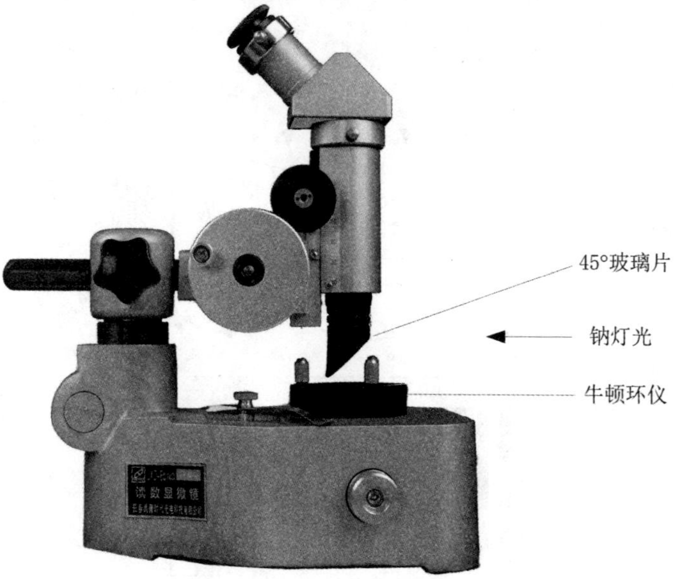

图 2.12.4　读数显微镜

读数显微镜为精密仪器，使用中应注意：目镜与物镜不得用手或硬纸片触摸；调节焦距时应缓慢进行，防止显微镜往下移动时，物镜与被测物或工作台表面相接触而损坏仪器。

[实验操作]

1. 测透镜曲率半径

如图 2.12.4 所示，把牛顿环仪放在显微镜平台上，其中心处于物镜正下方。将钠光灯放在合适的位置，让它发出的光射向显微镜物镜下方的 45° 玻璃片上，然后近乎垂直地反射到牛顿环仪上。

(1) 对牛顿环仪的调整要求及调整方法。调整要求：使牛顿环图样的中心圆斑处于牛顿环仪的中心；螺丝的松紧要适度，干涉花样要圆。调整方法：调节牛顿环仪的三个螺钉，如果调其中的一个螺钉时比较紧，但仍达不到要求，应适当松开另外的两个螺钉再进行调整。这一点应特别注意。

(2) 读数显微镜的调整。先将显微镜的镜筒调到标尺中心位置附近，移动牛顿环仪位于镜筒正下方，且应避免牛顿环仪上的螺钉遮挡光线。调节显微镜物镜筒上的 45° 玻璃片的方向或转动整个读数显微镜，使目镜中视场达到最亮。调节读数显微镜的目镜焦距和物镜焦距，以便在目镜中看到清晰的干涉图样。在调整物镜焦距时，应从镜筒外部观察，让显微镜物镜下的 45° 玻璃片与牛顿环将接触而未接触，然后从下向上移动镜筒进行物镜焦距的调节。

(3) 测量。调节目镜中“十”字叉丝的方向，使其中一根与显微镜的移动方向一致。本实验选择环序数分别为 30，29，28，27，26，25，15，14，13，12，11，10 的 12 个暗环进行直径测量。旋转读数鼓轮，使“十”字叉丝向左移动并超过 30 个暗环，然后再反转向右移动“十”字叉丝，使叉丝中心与环线的某一侧对齐，依次记录 30，29，28，27，26，25，15，14，13，12，11，10 各暗环的左侧读数;继续向右移动“十”字叉丝,再依次记录 10,11,12,13,14,15,25,26,27,28,29,30 各暗环的左侧读数。需要注意的是,为了避免螺纹间隙产生的测量误差,在实验操作时,测微鼓轮只能朝一个方向转动,中途不可倒转。在表 2.12.1 中填写测量数据。

表 2.12.1　数据记录

环序读数 N	左侧读数	右侧读数	直径 D_N	D_N^2	$D_{i+15}^2 - D_i^2$
30					
29					
28					
27					
26					
25					
⋮					
15					
14					
13					
12					$\bar{R} = \dfrac{\overline{D_{i+15}^2 - D_i^2}}{4 \times 15\lambda}$
11					
10					

2. *用劈尖测量薄纸条的厚度*

实验步骤可参考“牛顿环”实验内容的相应部分。

[思考题]

(1) 如果观察到的牛顿环图样的中心不是“点”,而是“斑”,并且是“亮斑”,这种现象如何解释?

(2) 牛顿环干涉条纹距中心越远,条纹越细、越密,这是为什么?

(3) 牛顿环实验中如果移动“十”字叉丝交点,测得的是环的弦长而不是直径,试分析所得实验数据对透镜曲率半径的测量结果有无影响。

(4) 牛顿环实验中,如何体现“等厚”特性?

2.13　静电场的模拟

静电场的分布由带电体电荷分布和周围介质所决定。如果给出一定区域内的电荷分布、电介质分布和边界条件,除了少数规则带电体的电场分布可以用数学解析形式表达外,大多数情况下没有解析解,只能依靠数值解法或者实验方法去解决。通常对于静电场的测量会遇到很大困难,因为放入静电场的仪表总会使被测量的静电场发生一定的变化。对于这种实验难于测量、理论难于计算的物理量,常采用模拟法来解决。

模拟法是物理实验基本测量方法之一,通常可分为物理模拟和数学模拟。

如果只改变被测实物的线度，即按一定的比例将实物缩小或放大，但仍保持其原有的属性来制成模型。在相应的条件下对该模型进行测试，再按比例计算原件的结果，这称为物理模拟。模型与原型按一定比例缩小或放大，并严格保持性质、形状及过程的相似，物理模拟才能成立，这就是所谓的模型相似定律。它是物理模拟的理论依据。

如果有一个被测物理量，可以找到另一个物理量，它们具有相似的数学表达式和相似的边界条件，就可以用该物理量及其函数关系相似地表征被测量，这称为数学模拟。本实验用稳恒电流场模拟静电场就属于数学模拟。

［实验目的］

(1) 了解模拟法的特点和适用条件。

(2) 用模拟法绘制静电场的等位线和电力线。

［实验原理］

稳恒电流场指电流场不随时间变化。用稳恒电流场模拟静电场，需要满足以下条件。

1.具有相似的数学表达式

电磁理论指出，在不包含电源的稳恒电流场中，电流密度矢量 $\boldsymbol{j}$ 满足

$$\oiint_S \boldsymbol{j} \cdot \mathrm{d}\boldsymbol{S} = 0$$

$$\oint_L \boldsymbol{j} \cdot \mathrm{d}\boldsymbol{L} = 0$$

同样，在不包含电荷的静电场中，电场强度矢量 $\boldsymbol{E}$ 满足

$$\oiint_S \boldsymbol{E} \cdot \mathrm{d}\boldsymbol{S} = 0$$

$$\oint_L \boldsymbol{E} \cdot \mathrm{d}\boldsymbol{L} = 0$$

2.具有相似的边界条件

如果静电场中的介质是均匀分布的空气(近似真空)，那么相应的电流场的导电介质也应是均匀的；若被模拟的带电体表面是等位面，则稳恒电流场中的电极应是良导体，其导电率应远大于导电介质，此时电极近似可看作等位体。这样，电流场与静电场的分布就完全一样了。也就是说，如果这两种不同的场在相似的场源分布和相似的边界条件下，它们的解也具有相同的数学形式。

在静电场中，一般用电场强度矢量 $\boldsymbol{E}$ 来描述它的性质，与之相应的有电力线；在稳恒电流场中，其性质可以通过电流密度矢量 $\boldsymbol{j}$ 来描述，与之相应的有电流线；电场是产生电流的必要条件，因此只要找出产生电流的电场中的等位面，即可画出这一稳恒电场中的电力线。在各向均匀的导电介质中的电力线与电流线的分布是相同的，因而测出了电流场中的等势面就知道了电流密度的分布情况。用这一电流密度矢量 $\boldsymbol{j}$ 的分布情况，就可以相对应地描述静电场中的电场强度矢量 $\boldsymbol{E}$ 的分布情况，并用稳恒电流场中的电势分布情况描述静电场中的电势分布。

由上面分析可以看出，虽然电流场和静电场是两种不同性质的场，但都可以引入电势，在满足一定的模拟条件时，就可以用稳恒电流场中的电势分布来描述静电场中的电势分布。

例如，同轴电缆内电场的分布，同轴电缆可看作由两个无限长的同轴圆柱面构成。

(1) 定性分析。先构造一个与原静电场分布相似的电流场。在内、外半径分别为 a,b 的无限长同轴圆柱面间充以电导率很小的导电介质，使内圆柱相对于外圆柱的电位差为 U_a，并使 $U_b = 0$,此时有稳恒电流通过导电介质。可借助该导电介质中的电流场来模拟电缆内的静电场。

由于该电场的分布与 Z 轴无关，只需在垂直于 Z 轴的平面内描绘出电场的分布，因而可把对空间场的研究方便地转化为对平面场的研究，也就是说，只要研究在某一均匀导电介质平面上电流线的分布就可以了。

电场既可通过电场强度矢量 $\boldsymbol{E}$ 描述，也可通过电位 U(标量) 描述。由于标量无论在测量上还是在计算上都比矢量方便，因而人们总是先通过对一系列等位线 U 的测定，再根据 $\boldsymbol{E}$ 与 U 间的关系形象地描述电场。

$$\boldsymbol{E} = -\mathbf{grad}U$$

(2) 定量描述。如图 2.13.1 所示为同轴电缆的横截面图，其电场分布规律为

$$E_r = \begin{cases} K/r, & a < r < b \\ 0, & \text{其他} \end{cases}$$

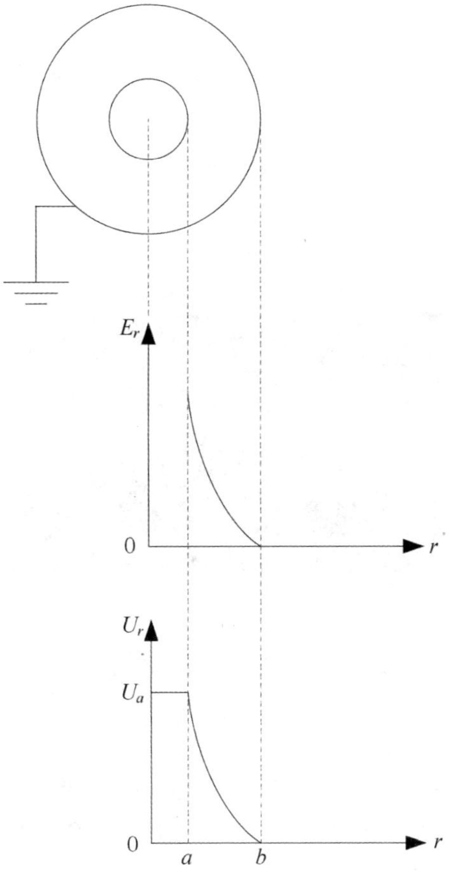

图 2.13.1 “同轴电缆”中电场及电位的分布

由定义得距轴心距离为 r 的点的电位

$$U_r=\int_r^b K\frac{\mathrm{d}r}{r}=K\ln\frac{b}{r}$$

内电极电位

$$U_a=K\ln\frac{b}{a}$$

因而上式变为

$$U_r=\frac{U_a}{\ln\dfrac{b}{a}}\ln\frac{b}{r}$$

则同轴电缆电位分布为

$$U_r=\begin{cases}U_a, & r\leqslant a\\ \dfrac{U_a}{\ln\dfrac{b}{a}}\ln\dfrac{b}{r}, & a<r<b\\ 0, & r\geqslant b\end{cases}$$

[实验仪器]

QE－2 型静电场模拟描迹仪，全套仪器包括电极架、同步探针、电极板和电源等。

1. 电极架及同步探针

如图 2.13.2 所示为电极架及同步探针，上层放记录纸，下层放待测电极板。移动同步探针并使用下探针紧贴导电纸移动寻找等位点，此时按下上探针，便在记录纸上记下了等位点的位置。

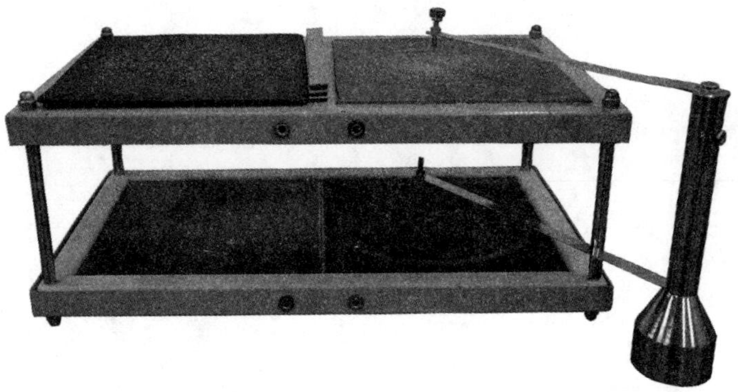

图 2.13.2　电极架及同步探针

2. 电极板

如图 2.13.3 所示是实验室配备的 4 种不同形状的电极，各电极被固定在铺有导电纸的绝缘板上。若将电极板插入电极架下层插口，则使两电极与接线柱相通。图2.13.3(b) 所示即为同轴电缆。

3. QE—2 型静电场模拟描迹仪

其外形如图 2.13.4 所示，其输出范围为 0 ～ 20 V。该描迹仪附带的电压表不仅可监测电源的输出电压，还可单独做电压表来测外部电压。“电表指示”若打向“内”，则表上测出的是电源的输出电压;若拨向“外”,则电表指示的是探针与外电极(0 电势)间的电位差。其电路原理如图 2.13.5 所示。

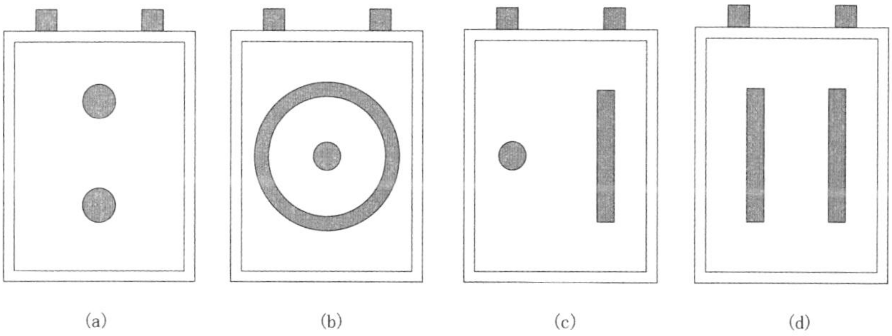

图 2.13.3　模拟电极板

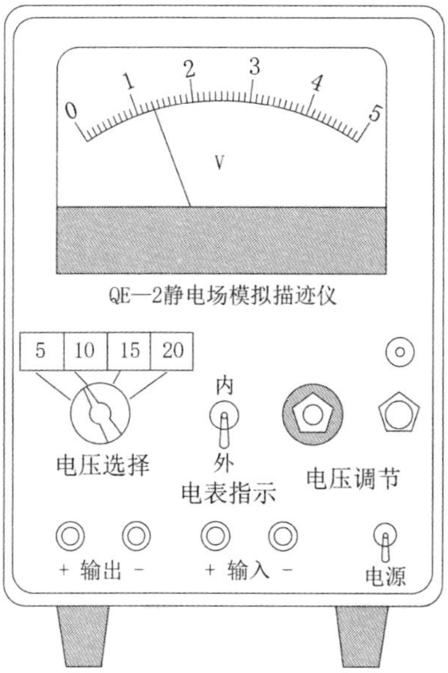

图 2.13.4　QE—2 型静电场模拟描迹仪

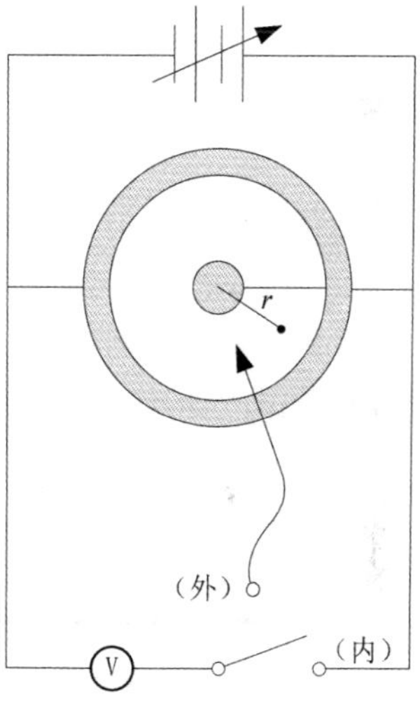

图 2.13.5　“同轴电缆”接线图

[实验操作]

1.测绘同轴电缆电极板上的电场分布

(1) 连线。将待测电极板[见图 2.13.3(b)]插入电极架,并将自备的 15 cm × 25 cm 坐标纸放在压纸板下,按图 2.13.5 接线。先用同步探针在坐标纸上确定同轴电缆的中心位置,再调$U_{ab}=6$ V。

(2) 描绘等位线。描等位线,使得每相邻两条等位线间的电位差 $\Delta V_i=V_i-V_{i-1}=1$ V,其中 $i=1,2,\cdots,6$。用虚线画出等位线并标明各条等位线的电位值。再根据 $\boldsymbol{E}=-\mathbf{grad}U$,用实线有规律地画出电力线。

2.观察其他模拟电极板的电场分布

其方法同上。

3. 注意事项

(1)坐标纸朝上放置,用磁条固定、不能移动。

(2)电源负极与电压表负极"共接"。

[思考题]

1. 用稳恒电流场模拟静电场应满足哪些条件?

2. 用所得电流场的"等势线"如何描述对应静电场的分布?

2.14 霍尔效应

在磁场中放一导体,当电流垂直于外磁场方向流过导体时,在垂直于磁场和电流的方向上,导体的两侧产生一个电势差,这一现象称为霍尔效应。霍尔效应(Hall effect)作为一种磁电效应,它是1879年由美国物理学家霍尔(E.H.Hall)发现并以此命名的。利用霍尔效应原理可以测量磁场、半导体中载流子的浓度及判别材料的导电类型;此外,还可利用霍尔效应制成多种测量器件,称为霍尔器件,例如测量磁感应强度的特斯拉计、测量电流的电流计、测量电功率的瓦特计和测量磁场方向的磁罗盘等。根据霍尔效应原理制成的传感器在非电量的测量中也有广泛的应用。

[实验目的]

(1)了解霍尔效应产生的物理过程。

(2)掌握用霍尔效应法测量磁场的基本原理和方法。

(3)分析测量中产生系统误差的原因及消除方法。

[实验原理]

1.霍尔效应的基本原理

图2.14.1(a)是N型半导体薄片上所加的电流以及周围磁场的关系图。半导体高度为b,宽度为d,电流沿OY方向流动,磁场沿OX方向,半导体上、下两面的两个电极1,2对称设置,也就是处在与Z轴平行的直线上,N型半导体中的自由电子在电场力作用下,沿YO方向运动而形成的电流I_Y与自由电子的平均速度有如下关系:

$$I_Y = nevbd \tag{2.14.1}$$

式中,n为N型半导体的自由电子的浓度。在磁场的作用下,运动的电子要受到洛仑兹力f_B的作用:

$$f_B = evB_X \tag{2.14.2}$$

在f_B的作用下电子将发生偏转,使正、负电荷分别在半导体薄片的上、下端面上形成积聚,从而形成霍尔电压U_H。同时在上、下端面间将产生电场E_H,这一电场同样要对电子产生一个电场力

$$f_e = e\frac{U_H}{b} \tag{2.14.3}$$

当$f_e = f_B$时,电子将沿原来的YO方向移动,如图2.14.1(b)所示,这一平衡状态的建立是在很短时间内完成的。

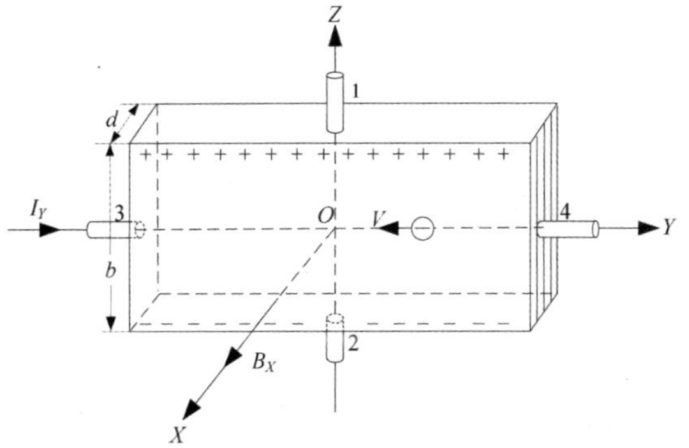

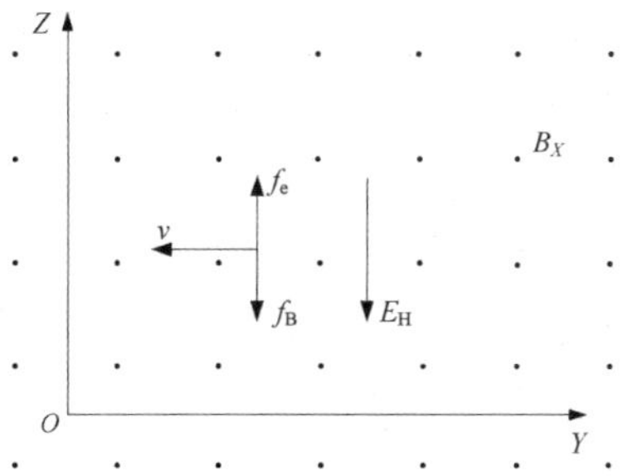

图 2.14.1　霍尔效应原理图

(a) 磁场中的通电半导体；(b) 电子受力分析

根据式(2.14.1) ～ 式(2.14.3) 有

$$U_H = \frac{1}{end} I_Y B_X = K_H I_Y B_X \tag{2.14.4}$$

式中，$K_H = \frac{1}{end}$ 称为霍尔元件的灵敏度(通常还定义 $R_H = \frac{1}{en}$ 为霍尔系数)。从上述灵敏度的定义可以看出，当载流子的浓度 n 和薄片 d 较小时，则 K_H 比较大。因此常选载流子浓度小于金属的半导体为霍尔元件的材料，而且霍尔元件一般都很薄，通常在 2 mm 左右。

由式(2.14.4) 可见，若已知 I_Y 和 K_H，只要测出 U_H，就可算出磁场 B_X 的大小；若已知载流子的类型(N 型半导体的多数载流子为电子，P 型半导体的多数载流子为空穴)，则由 U_H 的正负，即可定出待测磁场的方向。反过来，若已知磁场的方向，则可判断载流子的类型。

2. *磁场的测量*

根据式(2.14.4)，由于灵敏度 K_H 对于一个确定的霍尔元件来说其值是确定的，在已知的情况下，通过测量工作电流 I_Y 和霍尔电压 U_H，便可以计算出磁感应强度

$$B_X = \frac{U_H}{K_H I_Y}$$

然而在实际测量中，1，2 两端测出的电压 $U_{1,2}$ 不仅包含霍尔电压 U_H，还包含其他原因产生的附加电势差，形成了测量中的系统误差。产生这些附加电势差的原因如下：

(1) 爱廷豪森效应。霍尔元件内每个载流子的实际定向漂移速度是不同的，有的大于平均速度，有的小于平均速度。在霍尔电场建立以后，速度大的载流子将向下偏转，速度小的载流子将向上偏转。速度大的载流子与晶格碰撞而使下方温度较高，速度小的载流子与晶格碰撞而使上方温度较低，出现了 1，2 方向上的温度梯度。由于温度梯度的存在，在 1，2 极间便产生了温差电动势 U_E，这种现象被称为爱廷豪森效应。U_E 随 I_X 和 B_X 的换向而换向。

(2) 能斯特效应。由于两个电流引线 3，4 焊点处的电阻不同，通电后在两电极处发热程度不同，因而在 3，4 间形成温度差，从而产生热扩散电流。这个电流在磁场作用下，也会在 U_H 方向产生电势差 U_N。U_N 与 I_Y 的方向无关，随 B_X 的换向而换向。

(3) 里纪-勒杜克效应。上述热扩散电流的各个载流子的速度不相同，根据爱廷豪森效应所述的原理，此时也将出现一个在 1，2 方向上的温度梯度，这种现象被称为里纪-勒杜克效

应。于是1,2极间又产生了附加的温差电动势 U_{RL}，U_{RL} 随 B_X 的换向而换向，与 I_Y 的换向无关。

(4) 不等势电势差。如图2.14.2所示，由于霍尔元件材料本身分布的不均匀，霍尔电极位置不对称。当霍尔元件通电时，即使没有磁场存在，1,2两极也会处在不同的等势面上。在电极1,2间往往存在一定电势差 U_0，此电势差称为不等势电势差。U_0 随 I_Y 的换向而换向，与 B_X 的换向无关。

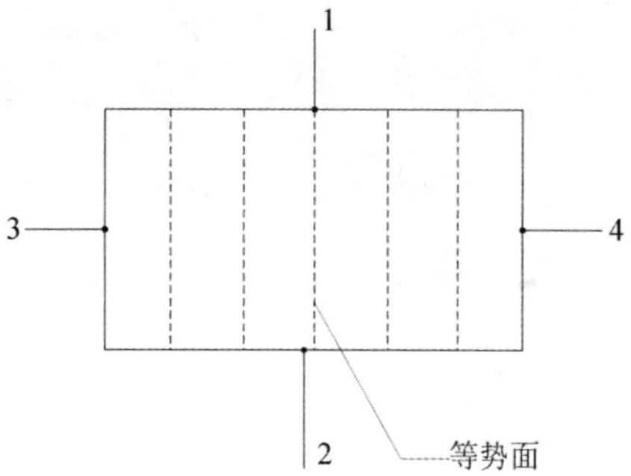

图 2.14.2　不等势电势差

上述4种附加电势差给 U_H 的测量带来了系统误差，为了消除这些附加电势差的影响，通常用改变工作电流 I_Y 和磁场 B_X 的方向，取测量平均值的方法来消除，如表2.14.1所示。

表 2.14.1　消除系统误差

测量条件	$U_{1,2}$ 值
B_X，I_Y 方向不变	$U_1=U_H+U_0+U_E+U_N+U_{RL}$
B_X 方向不变，I_Y 换向	$U_2=-U_H-U_0-U_E+U_N+U_{RL}$
B_X 换向，I_Y 方向不变	$U_3=-U_H+U_0-U_E-U_N-U_{RL}$
B_X，I_Y 同时换向	$U_4=U_H-U_0+U_E-U_N-U_{RL}$

取平均值

$$U_H=\frac{1}{4}(U_1-U_2-U_3+U_4)-U_E$$

考虑到 U_2，U_3 与 B，I 方向均不变时的 $U_{1,2}$ 的方向相反，即为负值，而且 $U_E \ll U_H$，所以

$$U_H\approx\frac{1}{4}(|U_1|+|U_2|+|U_3|+|U_4|)$$

这样就基本消除了系统误差的影响。

[实验仪器]

霍尔效应仪，直流数字毫伏表，直流电源，安培表，毫安表，滑线变阻器等。

1. HL—4型霍尔效应仪

如图2.14.3所示为HL—4型霍尔效应仪，接线板上有3个电键开关 K_1，K_2，K_3。K_1 接提供励磁电流的稳压电源 E_1；K_2 接提供工作电流的稳压电源 E_2；K_3 接测量霍尔电压的直流数字毫伏表。

K_1，K_2，K_3 这3个电键均可换向以满足测量的需要。在霍尔片与磁场保持垂直的情况下，调节霍尔片支架上的两个螺钉，可以使霍尔片在磁场中沿 Z 轴及 Y 轴两个方向移动。

HL—4型霍尔效应仪上的励磁线圈的额定电流为0.60 A，霍尔元件的额定工作电流为10.0 mA，其灵敏度由实验室给出，工作电流和励磁电流分别通过毫安表和安培表读取。

2.电源

本实验中使用的电源有三路输出，其中两路为固定6 V，一路为可变电压输出。实验时将可变的一路作为图2.14.3中的 E_1 使用，而在两路固定6 V输出中选一路作为 E_2 使用。

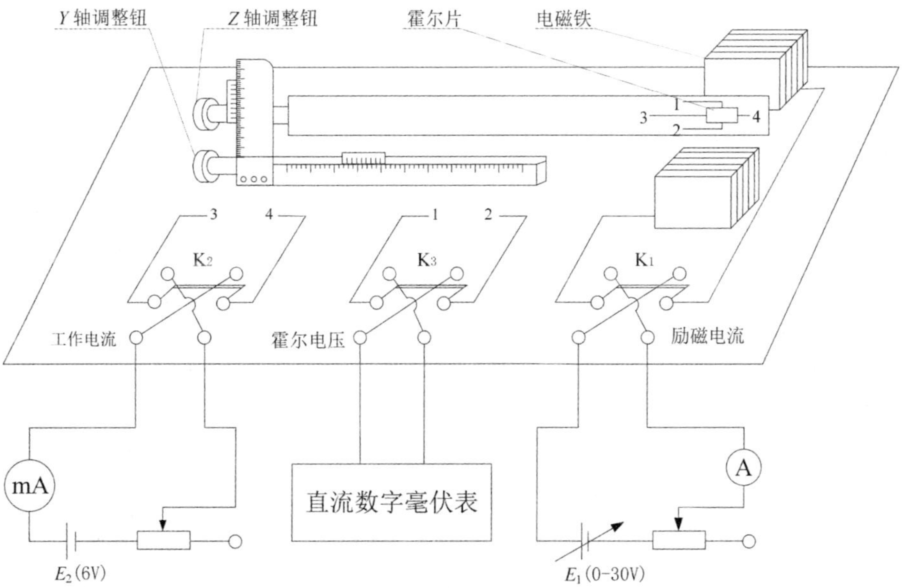

图 2.14.3　HL—4 型霍尔效应仪连线图

［实验操作］

(1) 按图 2.14.3 连接线路，接好线路后，应对各回路进行仔细检查，无误后方可通电。

(2) 调节电源电压或滑线变阻器，使励磁电流为 0.60 A，工作电流为 10.0 mA。在测量过程中应确保励磁电流和工作电流不变，并在每次测量后及时断开 K_1，K_2 开关，防止励磁线圈和霍尔片过热。

(3) 保持工作电流和励磁电流的大小不变，仅改变其方向，分别测量霍尔片在磁场某一确定高度处，沿 Y 轴不同位置的磁场大小。并注意在磁场边沿部分加密测试点，将数据记入表 2.14.2 中。

(4) 在毫米坐标纸上作 $Y-B$ 曲线。

表 2.14.2　数据记录

$I_{工作}$ =　　　　$I_{励磁}$ =　　　　K_H =

磁场横向位置 Y/cm ＼ 被测电压 $U_{1,2}$/mV ＼ 测量条件										
I_Y 和 B_X 方向不变										
仅 I_Y 换向										
仅 B_X 换向										
I_Y 和 B_X 均换向										
霍尔电压 U_H/mV										
磁感应强度 B/T										

[思考题]

(1) 霍尔元件的灵敏度与哪些因素有关?

(2) 图 2.14.3 中的换向开关 K_3 在实验中有何用途?

(3) 霍尔元件一般用半导体材料制作而不是金属材料,为什么?

2.15 液体表面张力系数的测定

液体的表面类似于张紧的弹性薄膜,有收缩的趋势。这种使液体表面收缩的力称为表面张力。液体表面张力在生活中有很多常见现象和应用场景。比如,叶片上的雨滴和露珠总是球形;许多昆虫可以在池塘的水面上行走而不被淹没;自来水笔的原理;应用于手机等终端的液态镜头等。表面张力的形成是由于液体表面处分子力作用的结果。在液体表面层中取一垂直于液面的截面 dA,理论分析表明,dA 两边分子间的引力大于斥力,也就是说,表面层中存在着张力。表面张力的大小通常用表面张力系数来描述,它表示单位长度线段两旁液面间的相互拉力。表面张力的方向恒与线段垂直。表面张力系数的大小与液体的成分、液体的温度以及液体所含杂质的情况有关。本实验主要介绍测定液体表面张力系数的拉脱法,而另一种测定液体表面张力系数的毛细管法作为阅读材料在本实验之后予以简单介绍。

[实验目的]

(1) 学习用焦利秤测量微小力的原理和方法。

(2) 用拉脱法测定水的表面张力系数。

(3) 进一步熟悉用逐差法处理数据。

[实验原理]

将一个洁净的Ⅱ型金属框浸入水中,然后缓慢提出水面。随着金属框不断上升,附着在金属框上的液膜逐渐趋于垂直,在液膜被拉断的前一瞬间,将金属框和液膜一起作为研究对象,在如图 2.15.1 所示诸力的作用下处于平衡状态,即

$$F=(M+m)g+f \tag{2.15.1}$$

式中,F 为作用于金属框上将它拉升的外力;M 和 m 分别是金属框和液膜的质量;f 为下部液膜对上部液膜的拉力,也就是液体的表面张力。这个方法称为“拉脱法”。

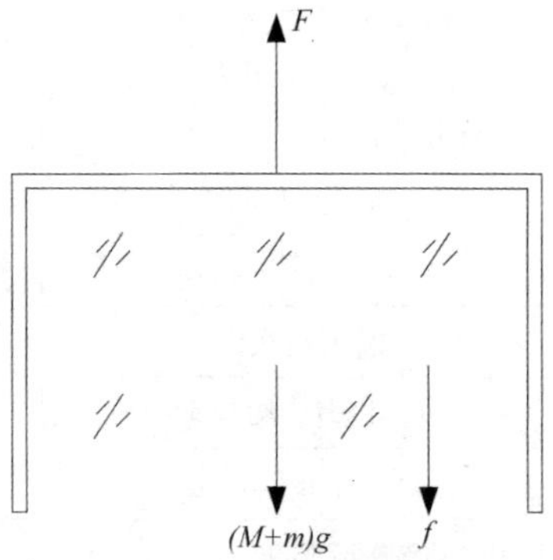

图 2.15.1 金属框受力分析

设Ⅱ型框的长度为 l,宽度为 d(也就是制作Ⅱ型框的金属丝的直径),根据表面张力系数 α 的定义有

$$2(l+d)\alpha=f \tag{2.15.2}$$

对于实验中所使用的金属框而言,$d\leqslant l$,因此有

$$\alpha=\frac{f}{2l} \tag{2.15.3}$$

下面讨论如何测量 f 的问题。通常测力的方法是根据胡克定律用弹簧秤来测量，此处仍然采用这种方法。但所用的弹簧秤应满足对微小力的分辨，这就要求弹簧的劲度系数很小，本实验使用的焦利秤正是这样一种弹簧秤。设焦利秤弹簧的劲度系数为 K，在表面张力作用下弹簧的伸长量为 ΔS，则

$$f = K\Delta S \tag{2.15.4}$$

由式(2.15.3) 和式(2.15.4) 可得

$$\alpha = \frac{K\Delta S}{2l} \tag{2.15.5}$$

只要测出了 $l, K, \Delta S$，即可求得液体表面张力系数 α。

［实验仪器］

焦利秤，砝码，Π 型金属框，烧杯。

用焦利秤测力时，弹簧秤的伸长量不是由弹簧下端的位移来确定，而是由弹簧上端的上升距离来确定。

焦利秤的结构如图 2.15.2 所示，在竖直的可以上下移动的金属杆 1 的横梁 2 上挂一个塔形弹簧 3，弹簧的下端挂一面刻有水平线的小镜 4，小镜下端有一只钩，可以用来悬挂砝码盘 6，砝码盘的下端有一小钩，可以悬挂 Π 型金属框。小镜 4 悬于刻有水平线的玻璃管 5 的中间，带有毫米刻度尺的金属杆 1 被套在金属管 10 中，管 10 上边开口处附有“10 分度”的游标 11，管 10 上还装有可以上下调节的平台 7。转动旋钮 9 可使金属杆 1 上下移动，从而调节弹簧的升降。弹簧升降的距离，由主尺刻度(在金属杆 1 上) 及游标刻度读出。

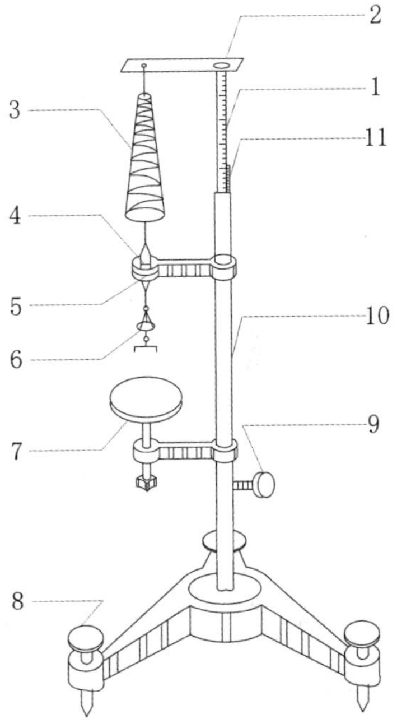

图 2.15.2　焦利秤结构图

为了用弹簧上端的移动距离反映弹簧的伸长量，弹簧下端就必须相对“固定”。这就要求小平面反射镜上的水平刻线，玻璃管上的水平刻线，以及玻璃管上的水平刻线在平面反射镜中的虚像这三条线互相重合，这一点在使用焦利秤时应特别注意。

［实验操作］

1. 焦利秤的调整与校准

(1) 调支架垂直。调节图 2.15.2 中支架的底角螺钉 8(有两只)，使金属杆(1 和 10) 垂直，并确保小镜 4 在升降过程中不与玻璃管 5 相接触，以免产生摩擦而影响微小力的测量。

(2) 练习调整焦利秤，使“三线” 重合。在使用焦利秤时，每一次读数都应在下端相对固定的情况下进行，若不重合，可调整旋钮 9 使上述三线重合，这样小镜上的刻线与玻璃管上的刻线就处在同一水平面上。弹簧的伸长可通过支架上端的主尺 1 和游标 11 读出。

(3) 校准焦利秤。也就是测定焦利秤上塔形弹簧的劲度系数 K，在砝码盘 6 上每次增加

0.5 g 的砝码，依次在“三线”重合的条件下，从 10 分度游标尺上读取相应的弹簧上端的位置，将数据记入表 2.15.1 中，并用逐差法计算出劲度系数的平均值。

表 2.15.1 数据记录

<table>
<tr><td rowspan="3">数据记录</td><td>次　数</td><td>1</td><td>2</td><td>3</td><td>4</td><td>5</td><td>6</td><td>7</td><td>8</td><td>9</td><td>10</td></tr>
<tr><td>砝码质量 m/g</td><td>0</td><td>0.5</td><td>1</td><td>1.5</td><td>2</td><td>2.5</td><td>3</td><td>3.5</td><td>4</td><td>4.5</td></tr>
<tr><td>弹簧上端位置 S_i/cm</td><td></td><td></td><td></td><td></td><td></td><td></td><td></td><td></td><td></td><td></td></tr>
<tr><td rowspan="4">数据处理</td><td>每增 2.5 g 砝码弹簧的伸长量，$\Delta S_i = (S_{i+5} - S_i)$/cm</td><td colspan="2"></td><td colspan="2"></td><td colspan="2"></td><td colspan="2"></td><td colspan="2"></td></tr>
<tr><td>劲度系数 /$(\mathrm{N \cdot m^{-1}})$，$K_i = (5\Delta mg/\Delta S_i)$</td><td colspan="2"></td><td colspan="2"></td><td colspan="2"></td><td colspan="2"></td><td colspan="2"></td></tr>
<tr><td colspan="7">劲度系数的平均值 /$(\mathrm{N \cdot m^{-1}})$，　$\overline{K} = \frac{1}{5}\sum_{i=1}^{5} K_i$</td><td colspan="4"></td></tr>
<tr><td colspan="7">$\overline{K}$ 的标准偏差 /$(\mathrm{N \cdot m^{-1}})$，　$S_{\overline{K}} = \sqrt{\frac{1}{5 \times 4}\sum_{i=1}^{5}(\overline{K} - K_i)^2}$</td><td colspan="4"></td></tr>
</table>

2.测定液体的表面张力系数

在图 2.15.2 所示的情况下，即弹簧仅受线框重力 Mg 作用，调整焦利秤，使三线重合，读取弹簧上端的位置 S_M。然后在平台 7 上放置水杯，将金属框完全浸入水中，并用左手旋动平台升降螺钉，使平台 7 和盛水的玻璃杯一起下降，同时用右手小心调整手轮 9，使弹簧上端升高。在这一过程中，首先要保证“三线”始终重合，其次调节平台升降螺钉和手轮 9 的动作要协调而缓慢。当水膜破裂时，记下弹簧上端的读数 S_f，则

$$K\Delta S = K(S_f - S_M) = mg + f \tag{2.15.6}$$

由于水膜重力 mg 很小，可以忽略，因此

$$f = K\Delta S = K(S_f - S_M) \tag{2.15.7}$$

则

$$\alpha = \frac{K}{2l}(S_f - S_M) \tag{2.15.8}$$

对表面张力作用于金属框前后的弹簧长度 S_M 和 S_f 进行 6 次测量，将数据记入表 2.15.2 中，根据实验数据计算出水的表面张力系数。

表　2.15.2

名称 / 次数 n	焦利秤读数记录		数据计算	
	初位置（Mg 作用下）S_M/cm	末位置（水膜破裂时）S_f/cm	f 作用下的伸长量 ΔS/cm（$\Delta S = S_f - S_M$）	ΔS 的平均值及平均值的标准差
1				
2				$\overline{\Delta S} = \frac{1}{6}\sum_{n=1}^{6}\Delta S_n$
3				
4				
5				$S_{\Delta S} = \sqrt{\frac{1}{6\times 5}\sum_{n=1}^{6}(\Delta S_n - \overline{\Delta S})^2}$
6				

3.注意事项

(1) 焦利秤所用的塔形弹簧很细软，所加砝码不得超过 10 g，不允许用它测量较重的物体，如手表、钢笔等。

(2) 左、右手协同调节平台和弹簧升降，保持“三线”重合及动作平稳是本实验操作的重点，应在反复操作中认真体会。

(3) 实验操作中，应始终保持 Π 形金属框水平，以减小实验误差。

(4) 液体的表面张力系数与温度有关，应当用温度计测量液体的温度并记录。

[思考题]

(1) 说明用焦利秤测量微小力的思想方法。

(2) 什么是焦利秤的校准？如何校准？

(3) 在水膜破裂前，如果 Π 形金属框发生倾斜，会对实验结果产生怎样的影响？

(4) 操作焦利秤时“三线重合”的作用是什么？

[阅读材料] 用毛细管法测定液体的表面张力系数

如图 2.15.3 所示，在纯水中竖直插下一根玻璃毛细管，毛细管内的水面将会上升某一高度，这便是通常所说的毛细现象。管内的水面之所以上升，是由于表面张力作用的结果。液面与固体接触时，出现润湿和不润湿两种情况。水与玻璃近似为完全润湿，在管内，由于毛细管内径比较小，可以认为液柱顶上的液面为半球形，液柱顶面与玻璃接触的地方表面张力的方向平行于管壁，液面将受到竖直向上的作用力 f。根据流体力学的基本原理可知，管壁施于液面向上的力 f 与管内液柱的重力相等，即

$$f = \rho g \pi \left(\frac{d}{2}\right)^2 \left(h + \frac{d}{2}\right) - \frac{1}{2} \times \frac{4}{3}\pi \left(\frac{d}{2}\right)^3 \rho g = \rho g \pi \frac{d^2}{4}\left(h + \frac{d}{6}\right) \qquad (2.15.9)$$

式中，d 为毛细管直径；h 为半球形液面底部与外部液面的高差；ρ 为水的密度。由表面张力系数的定义有

$$f = \alpha \pi d \tag{2.15.10}$$

由式(2.15.9)和式(2.15.10)可得表面张力系数为

$$\alpha = \frac{1}{4}\rho g d\left(h + \frac{d}{6}\right) \tag{2.15.11}$$

因此,只要测出毛细管的直径和液柱的高度 h,即可根据式(2.15.11)计算出水的表面张力系数。

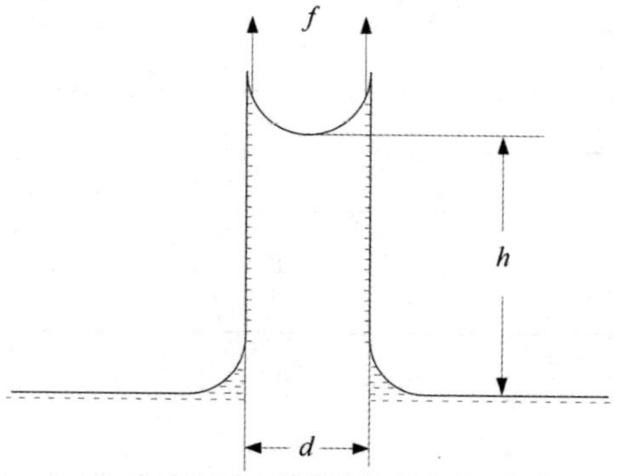

图 2.15.3 “毛细管法”原理图

2.16 空气比热容比的测定

1 mol 的物质其温度升高(或降低)1 K 时所吸收(或放出)的热量,称为摩尔热容。对于一定量的气体来讲,随着变化过程的不同,摩尔热容的数值也不同,因此同一种气体在不同的过程中有不同的摩尔热容。最常用的有摩尔定压热容和摩尔定容热容,分别以 $C_{p,\mathrm{m}}$ 和 $C_{V,\mathrm{m}}$ 表示。根据热力学第一定律,在等容过程中气体吸收的热量全部用来增加内能,而在等压过程中,气体吸收的热量只有一部分是用来增加内能的,另一部分转化为气体反抗外力做的功。所以要使气体升高一定的温度,在等压过程中吸收的热量要比等容过程中多,因此气体的摩尔定压热容比摩尔定容热容大。气体的摩尔定压热容与摩尔定容热容之比称为气体的比热容比 $\gamma = C_{p,\mathrm{m}}/C_{V,\mathrm{m}}$,也称为气体的绝热系数。

[实验目的]

(1) 用绝热膨胀法测定空气的比热容比。

(2) 了解气体状态变化过程中压力、容积和温度的变化关系及吸热放热的情况。

(3) 学习气体压力传感器和电流型集成温度传感器的原理和使用方法。

[实验原理]

如图 2.16.1 所示,储气瓶带有两个活塞,其中充气活塞 C_1 接充气球,放气活塞 C_2 与环境大气相通。

设室内大气压和温度分别为 p_0,T_0,关闭 C_2,打开 C_1,用充气球将空气压入容器中,然后关闭 C_1,此时容器内气体压强增大,温度略有升高。待气体温度下降至室温 T_0 且压力稳定时，其压强为 p_1，体积为 V_1，此时的气体处于状态 Ⅰ（p_1，V_1，T_0），如图 2.16.2 所示。然后突然打开 C_2，让瓶内气体迅速喷出，待容器中气压降到 p_0 时迅速关闭 C_2。这时原容器内空气的体积变成 V_2（包括放出去的一部分气体），温度降为 T_1，此时的气体处于状态 Ⅱ（p_0，V_2，T_1）。因为容器内的压强变化与温度变化都很快，以至于空气与容器之间来不及进行热量传递，所以从 Ⅰ 状态到 Ⅱ 状态可看成是绝热过程。

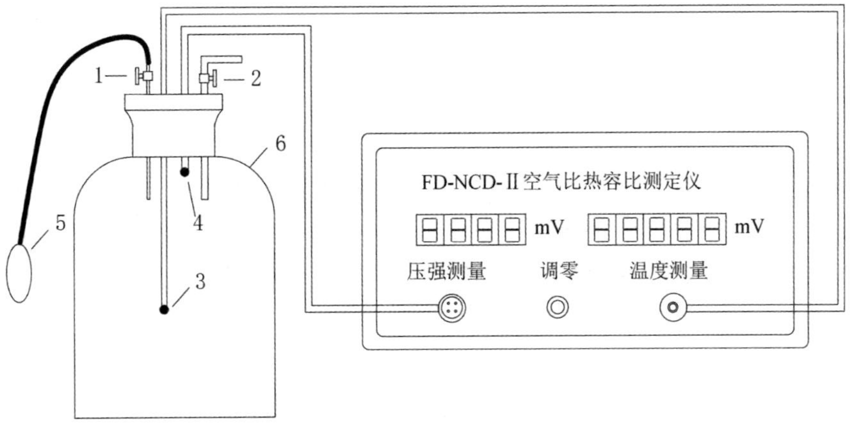

图 2.16.1　空气比热容比测定仪

1— 充气阀 C_1；2— 放气阀 C_2；3— 温度传感器 AD590；

4— 压力传感器；5— 打气球；6— 储气瓶

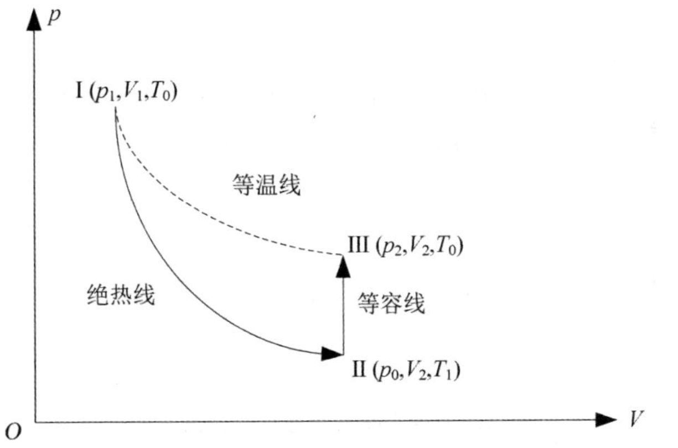

图 2.16.2　气体状态变化的 $p-V$ 图

根据绝热过程方程式有

$$p_1 V_1^{\gamma} = p_0 V_2^{\gamma} \tag{2.16.1}$$

式中，γ 为空气的比热容比。活塞 C_2 关闭后，容器内空气温度回升，当回升到环境温度 T_0 时气压变为 p_2，此时的气体处于状态 Ⅲ（p_2，V_2，T_0）。从 Ⅰ 状态到 Ⅲ 状态可看成是等温过程。

$$p_1 V_1 = p_2 V_2 \tag{2.16.2}$$

由式(2.16.1) 和式(2.16.2) 可得空气的比热容比

$$\gamma=\frac{\ln p_1-\ln p_0}{\ln p_1-\ln p_2}=\frac{\ln(p_1/p_0)}{\ln(p_1/p_2)} \tag{2.16.3}$$

可见，只要测得 p_0,p_1,p_2，由式(2.16.3)即可计算空气的比热容比 γ。

[实验仪器]

空气比热容比测定仪包括以下部件：集成温度传感器 AD590，扩散硅气体压力传感器，储气瓶一套(包括瓶、活塞两只、橡皮塞、打气球)和数字式电压表。这里主要对两种传感器进行说明。

1.集成温度传感器

AD590 为电流型集成温度传感器，它是新型半导体温度传感器，温度测量灵敏度高，线性好，测量范围为 $-50\sim+150$℃。AD590 接 6 V 直流电源后组成一个稳流源，它的测温灵敏度为 1 μA/℃。若串联 5 kΩ 电阻，则可产生 5 mV/℃ 的信号电压，用 0～1 999.9 mV 量程的四位半数字电压表，可检测到最小 0.02 ℃ 的变化，如图 2.16.3 所示。

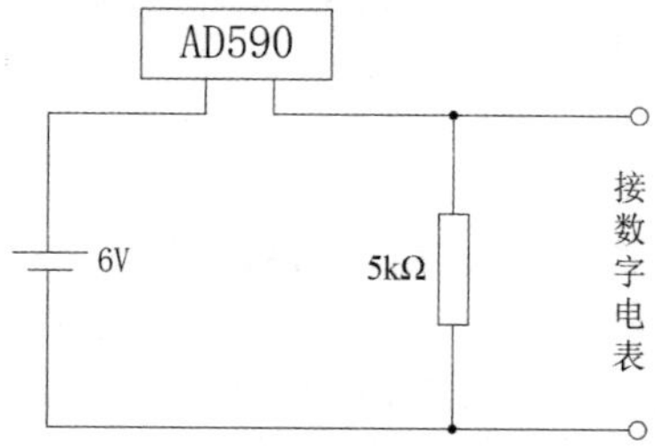

图 2.16.3　集成温度传感器原理图

2.气体压力传感器

气体压力传感器是在半导体(硅)材料的基片上采用集成电路的工艺制成扩散电阻，以使应变计与硅衬底形成同一整体的传感器。它具有应变电阻效应高，传递应变的灵敏度高等特点。它由同轴电缆线输出信号，与三位半数字电压表相接。当待测气体压强为环境大气压强 p_0 时，数字电压表显示为 0 mV；当待测气体压强为 $p_0+10.00$ kPa 时，数字电压表显示为 200 mV。仪器测量气体压强灵敏度为 20 mV/kPa，测量精度为 5 Pa。数字电压表的示值与待测气压值的换算关系为

$$p=p_0+50U \tag{2.16.4}$$

式中，p 为待测气压；p_0 为大气压；U 为数字电压表的读数。

[实验操作]

(1) 按图 2.16.1 接好仪器电路，AD590 的正、负极不要接错。

(2) 开启电压开关，用调零电位器调节零点，把三位半数字电压表的示值调到"0"。

(3) 关闭活塞 C_2，打开 C_1。用充气球把空气稳定地打进储气瓶内，然后关闭 C_1，等待到达稳定状态后，记录瓶内稳定时的压强 p_1 和温度 T_0 值(p_1，T_0 值用电压 mV 表示)。

(4) 突然打开 C_2，当储气瓶内的空气压强降低到环境大气压时(这时放气声消失)，迅速关闭 C_2。

(5) 当储气瓶内空气的气压稳定，温度上升至室温时，记下储气瓶内气体的压强 p_2。

(6) 打开 C_2 放气，当压强显示降低到“0”时关闭 C_2。

(7) 进行多次测量，计算出空气的比热容比。

［注意事项］

(1) 由于瓶内气体处于密封状态，瓶内传感器位置的温度与瓶外温度的平衡过程比较长，因此，必须要等待瓶内气体状态完全稳定后才能读数。

(2) 突然打开 C_2 放气过程中，当听到放气声结束时应迅速关闭 C_2，提早或推迟关闭都会引入实验误差。

2.17　夫兰克-赫兹实验

原子能级的存在除了用光谱研究的方法证实外，还可以用慢电子轰击稀薄气体原子的方法来证明。1914 年德国物理学家夫兰克(J.Frank) 和赫兹(G.Herz) 利用具有一定能量的电子与原子相碰撞，通过能量交换，使原子从低能级跃迁到较高能级的方法，观测到原子内部能量发生跃变时，吸收或发射的能量为某一定值，从而证明了原子能级的存在并验证了玻尔理论的正确性。

［实验目的］

(1) 了解电子与原子之间的弹性碰撞和非弹性碰撞。

(2) 观察实验现象，加深对玻尔原子理论的理解。

(3) 绘制 $I_A - U_{G2K}$ 曲线，并求出氩原子的第一激发电位。

［实验原理］

玻尔的原子理论指出：原子只能处在一系列不连续的稳定状态，称为定态；相应的定态能量称为能级。原子从一个定态跃迁到另一个定态时，吸收或发出一定频率的电磁辐射。若用 E_m 和 E_n 代表相关两定态的能级，则辐射的频率 ν 由下式决定：

$$h\nu = E_m - E_n \tag{2.17.1}$$

式中，h 为普朗克常量，$h = 6.626 \times 10^{-34}$ J·s 。

为使原子从低能级向高能级跃迁，可以利用具有一定能量的电子与原子相碰撞进行能量交换的方法来实现。设初速度为零的电子在电位差为 U_0 的加速电场中获得能量 eU_0，当具有该能量的电子与稀薄气体原子(例如氩原子) 发生碰撞时，就会进行能量交换。若以 E_0 代表氩原子的基态能量，E_1 代表氩原子的第一激发态的能量，则当氩原子获得的能量恰好为

$$eU_0 = E_1 - E_0 \tag{2.17.2}$$

时，氩原子就从基态跃迁至第一激发态，而相应的电位差 U_0 就是氩原子的第一激发电位。测出这个电位差，就可以根据式(2.17.2) 求出氩原子的基态和第一激发态之间的能量差。

电子与原子的碰撞过程可用以下方程描述：

$$\frac{1}{2}m_e v^2 + \frac{1}{2}MV^2 = \frac{1}{2}m_e v'^2 + \frac{1}{2}MV'^2 + \Delta E \tag{2.17.3}$$

式中，m_e 为电子质量；M 为原子质量；v 为电子碰撞前的速度；V 为原子碰撞前的速度；v' 为电

子碰撞后的速度；V' 为原子碰撞后的速度；ΔE 为原子碰撞后内能的变化量。

电子碰撞前的动能$\frac{1}{2}m_e v^2 < E_1 - E_0$时，电子与氩原子的碰撞为完全弹性碰撞，$\Delta E = 0$，氩原子仍停留在基态。在加速电场的作用下，当电子在碰撞前获得的动能$\frac{1}{2}m_e v^2 \geqslant E_1 - E_0$时，电子才能与氩原子发生非弹性碰撞，使氩原子获得 $E_1 - E_0$ 的能量，从基态跃迁至第一激发态。调整加速电场的电势差，从而改变电子的速度，电子与氩原子由弹性碰撞到非弹性碰撞的变化过程将通过电流的变化显现出来。

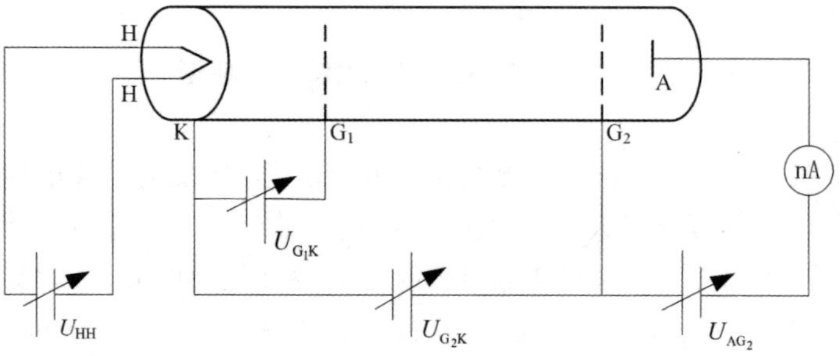

图 2.17.1　实验原理图

本实验原理如图 2.17.1 所示。第一栅极 G_1 与阴极 K 之间的电压U_{G_1K}约为 1.5 V，其作用是消除空间电荷对阴极 K 发射电子的影响，提高发射效率。当灯丝 H 加热时，热阴极 K 发射的电子在阴极 K 与第二栅极 G_2 之间形成的加速电场U_{G_2K}的作用下被加速而取得越来越大的动能，电子与 G_2－K 空间中分布的气体氩原子发生如式(2.17.3)所描述的碰撞。在起始阶段，U_{G_2K}较低，电子的动能较小，在运动过程中与氩原子的碰撞为弹性碰撞。碰撞后到达第二栅极 G_2 的电子具有动能$\frac{1}{2}m_e v'^2$，且大于 eU_{AG_2} 的电子才能到达阳极 A 形成阳极电流 I_A。这样，I_A 将随着 U_{G_2K} 的增大而增大。当 U_{G_2K} 达到氩原子的第一激发电位(U_0)时，电子与氩原子在第二栅极附近发生非弹性碰撞，电子将从加速电场中获得的全部能量传递给氩原子，使氩原子从较低能级的基态跃迁至较高能级的第一激发态。而电子本身由于把全部能量传递给了氩原子，即使它能穿过第二栅极也不能克服 U_{AG_2} 形成的减速电场的拒斥作用而被斥回到第二栅极，此时阳极电流将显著下降。随着 U_{G_2K} 的继续增大，发生非弹性碰撞的电子越来越多，直至形成 I_A 的谷值。继续增大U_{G_2K}，电子在 G_2－K 空间与氩原子发生非弹性碰撞后到达 G_2 时的动能随之增大，足以克服U_{AG_2} 的拒斥作用而到达阳极 A 形成阳极电流 I_A，且随着U_{G_2K} 的增大而显著增大。当第二栅极电压 U_{G_2K} 继续增大到 2 倍氩原子的第一激发电位($2U_0$)时，电子在 G_2－K 空间又会因第二次非弹性碰撞而失去能量，导致阳极电流 I_A 的第二次下降。依此类推，I_A 随着 U_{G_2K} 的增大呈周期性变化，如图 2.17.2 所示。曲线上相邻两峰(或两谷)对应的 U_{G_2K} 值之差即为氩原子的第一激发电位值。

在上述实验曲线中，阳极电流的下降并不是完全突然的，其峰值总有一定的宽度。这主要是因为从阴极发出的电子的初动能不完全相同，而是服从一定的统计规律。此外，由于电子与原子的碰撞也存在一定的概率，当大部分电子与氩原子发生非弹性碰撞而损失能量时，也会有一些电子逃避了碰撞，直接到达阳极，因此阳极电流并不降到零。

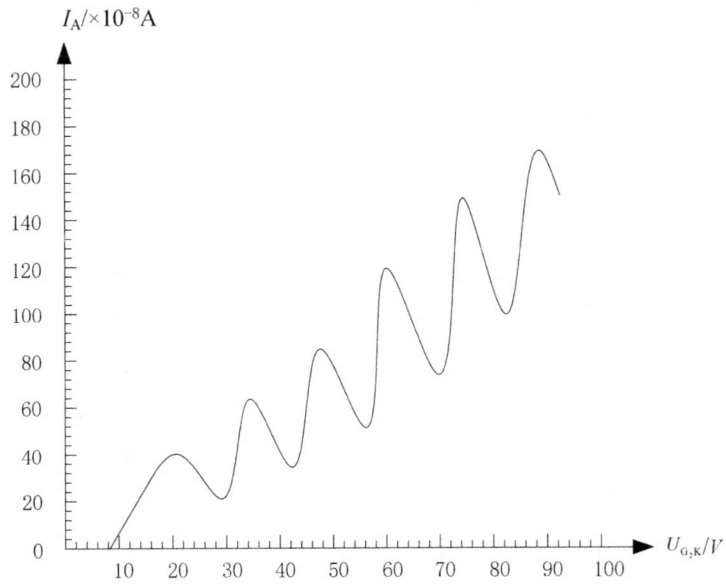

图 2.17.2　$I_A - U_{G2K}$ 曲线图

［实验仪器］

本实验采用 FH—Ⅱ 型夫兰克-赫兹实验仪，由电源和充氩气的夫兰克-赫兹管箱组成，电源部分包括四组可调的稳压电源及两挡量程的微电流测量组成。其主要技术参数如下：

(1) 灯丝加热电源 U_{HH}：1.2 ～ 3.1 V，DC。

(2) 拒斥场电源 U_{AG_2}：0 ～ 11.2 V，DC。

(3) 第一栅极与阴极之间的电源 U_{G_1K}：0 ～ 4.6 V，DC。

(4) 第二栅极与阴极之间的电源 U_{G_2K}：0 ～ 95 V，DC。

（以上四组电压通过稳压电源上的选择开关进行选择，其大小由数字电压表显示。）

(5) 微电流的量程分为 199.9×10^{-8} A 和 199.9×10^{-9} A 两挡，通过量程选择开关选择。

［实验操作］

(1) 将夫兰克-赫兹实验仪前面板上的 U_{HH} 电源调节电位器逆时针方向旋转到头。

(2) 将夫兰克-赫兹实验仪与夫兰克-赫兹管箱相连接，注意电压的正、负极不要接错。

(3) 开启电源开关，将测量选择开关置于 U_{HH} 处，慢慢顺时针旋转电位器，观察数显电压表，使其达到 3 V 左右为止。依次调节 U_{AG_2} 为 8 V 左右，U_{G_1K} 为 1.7 V 左右。U_{G_2K} 置自动挡，微电流置 10^{-8} A 处。随着 U_{G_2K} 扫描电压的升高，观察电流表，应出现如图 2.17.2 所示的周期性变化。

(4) U_{G_2K} 置手动挡，测量 $I_A - U_{G_2K}$ 对应值。

(5) 用所测数据，描绘 $I_A - U_{G_2K}$ 曲线。

(6) 数值处理：利用逐差法处理数据，得出氩原子第一激发电位的结果表达式。

(7) 分别改变 U_{HH} 和 U_{AG_2}，观察其对 $I_A - U_{G_2K}$ 实验曲线的影响（可以只记录峰值和谷值），并对实验现象进行说明。

[注意事项]

(1) 调节 U_{G_2K} 和 U_{HH} 时，应注意 U_{G_2K} 和 U_{HH} 过大会导致氩原子电离，从而使阳极电流 I_A 骤增，直至将夫兰克-赫兹管烧毁。因此，在实验过程中，一旦发现 I_A 骤增，应迅速关闭电源开关，5 min 以后重新开机。

(2) $I_A-U_{G_2K}$ 曲线的变化对调节 U_{HH} 的反应较慢，因此，调节 U_{HH} 应滞后一定时间再观察 $I_A-U_{G_2K}$ 曲线的变化。若峰谷幅度过低，应增大 U_{HH}；若出现波形上端切顶，则应减小 U_{HH}。

(3) 实验中，注意不要用坚硬物体碰撞夫兰克-赫兹管，以免破损！

[思考题]

(1) $I_A-U_{G_2K}$ 曲线电流下降并不十分陡峭，主要原因是什么？

(2) I_A 的谷值并不为零，如何解释？

(3) 第一峰值所对应的电压是否等于第一激发电位？原因是什么？

2.18 用波尔共振仪研究受迫振动

振动是一种重要而又普遍的运动形式，在声学、光学、无线电学、原子物理和各种工程技术领域中都会遇到。其中，受迫振动既有破坏作用，也有很多实用价值。许多仪器和装置的原理都是运用共振原理设计制作的，如超声发生器、交流频率计等。在微观科学研究中，共振也是一种重要的研究手段，如利用核磁共振和顺磁共振研究物质结构等。因此，研究受迫振动是一项很有意义的工作。

表征受迫振动特征的是受迫振动的振幅-频率特性和相位-频率特性（简称幅频特性和相频特性）。本实验中，采用波尔共振仪定量地测定机械受迫振动的幅频特性和相频特性。

[实验目的]

(1) 测定自由振动的固有频率。

(2) 测定阻尼振动的阻尼系数。

(3) 研究受迫振动的幅频特性和相频特性。

(4) 学习用逐差法处理实验数据。

[实验原理]

物体在周期性外力的持续作用下发生的振动称为受迫振动，这种周期性的外力称为策动力。如果外力是按简谐振动规律变化，那么稳定状态时的受迫振动也是简谐振动。当策动力频率取一定数值时，振幅获得极大值，这种现象称为位移共振。

实验采用摆轮在弹性力矩、电磁阻尼力矩及周期性外力矩共同作用下作受迫振动来研究受迫振动的特性。若策动力矩 $L=L_0\cos\omega t$，阻尼力矩为 $-b\dfrac{d\theta}{dt}$，线性回复力矩为 $-k\theta$，则摆轮运动方程为

$$J\frac{\mathrm{d}^2\theta}{\mathrm{d}t^2}=-k\theta-b\frac{\mathrm{d}\theta}{\mathrm{d}t}+L_0\cos\omega t \tag{2.18.1}$$

式中，J 是摆轮的转动惯量；θ 为角位移；L_0 为策动力矩的幅值；ω 为策动力的圆频率；k，b 为常数。令

$$\omega_0^2=\frac{k}{J},\quad 2\beta=\frac{b}{J},\quad l=\frac{L_0}{J}$$

则式(2.18.1)变为

$$\frac{\mathrm{d}^2\theta}{\mathrm{d}t^2}+2\beta\frac{\mathrm{d}\theta}{\mathrm{d}t}+\omega_0^2\theta=l\cos\omega t \tag{2.18.2}$$

当 $l\cos\omega t=0$ 时，有

$$\frac{\mathrm{d}^2\theta}{\mathrm{d}t^2}+2\beta\frac{\mathrm{d}\theta}{\mathrm{d}t}+\omega_0^2\theta=0 \tag{2.18.3}$$

式(2.18.3)称为阻尼振动方程，该方程为二阶常系数齐次微分方程，其解存在三种情况。鉴于实验中涉及的是弱阻尼运动($\beta<\omega_0$)，因此这里只给出弱阻尼情况下方程的通解

$$\theta=\theta_0\mathrm{e}^{-\beta t}\cos(\omega_f t+\alpha) \tag{2.18.4}$$

其中，$\omega_f=\sqrt{\omega_0^2-\beta^2}$。式(2.18.4)的振动曲线如图 2.18.1 所示。

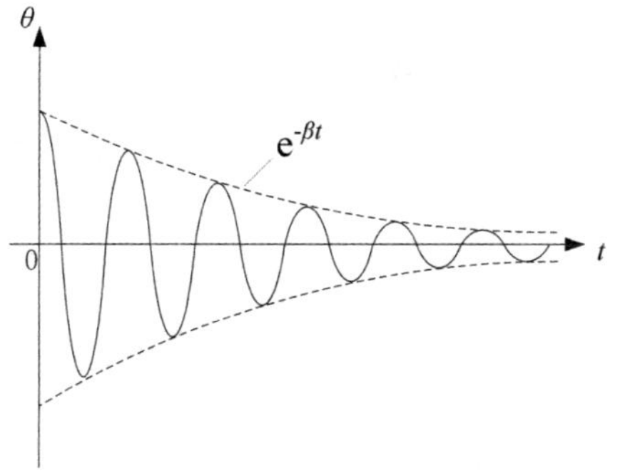

图 2.18.1　阻尼振动的衰减曲线

式(2.18.4)中的 θ_0 为常数，$\theta_0\mathrm{e}^{-\beta t}$ 表示不断随时间而衰减的振幅，其中 β 称为阻尼系数。这里给出 β 的测量表达式：

$$\theta_n=\theta_0\mathrm{e}^{-\beta(nT)}$$

由

$$\ln\frac{\theta_i}{\theta_j}=(j-i)\beta T$$

得

$$\beta=\frac{\ln\dfrac{\theta_i}{\theta_j}}{(j-i)T} \tag{2.18.5}$$

式中，θ_i，θ_j 分别为第 i 次、第 j 次振动的振幅；T 为阻尼振动周期的平均值。

受迫振动方程式(2.18.2)的通解为

$$\theta=\theta_1\mathrm{e}^{-\beta t}\cos(\omega_f t+\alpha)+\theta_2\cos(\omega t+\varphi) \tag{2.18.6}$$

等号右边第一项 $\theta_1\mathrm{e}^{-\beta t}\cos(\omega_f t+\alpha)$ 表示阻尼振动，经过一定时间后衰减消失；等号右边第二项 $\theta_2\cos(\omega t+\varphi)$ 说明策动力矩对摆轮作用，向振动体传送能量，最后达到一个稳定的振动状

态。受迫振动的稳定振动状态可表示为

$$\theta = \theta_2 \cos(\omega t + \varphi) \tag{2.18.7}$$

将式(2.18.7) 代入式(2.18.2)，解得振幅为

$$\theta_2 = \frac{l}{\sqrt{(\omega_0^2 - \omega^2)^2 + 4\beta^2\omega^2}} \tag{2.18.8}$$

稳定振动的位移与策动力矩之间的相位差 φ 为

$$\varphi = \arctan\frac{-2\beta\omega}{\omega_0^2 - \omega^2} = \arctan\frac{-\beta T_0^2 T}{\pi(T^2 - T_0^2)} \tag{2.18.9}$$

由式(2.18.8) 和式(2.18.9) 可看出，振幅 θ_2 和相位差 φ 的数值取决于策动力矩幅值 L_0 与频率 ω、系统的固有频率 ω_0 以及阻尼系数 β 这些因素，与振动初始状态无关。

由

$$\frac{\partial}{\partial\omega}[(\omega_0^2 - \omega^2)^2 + 4\beta^2\omega^2] = 0$$

的极值条件可得出，当策动力的圆频率 $\omega = \sqrt{\omega_0^2 - 2\beta^2}$ 时，产生共振，θ 有极大值。若共振时圆频率和振幅分别用 ω_r，θ_r 表示，则

$$\omega_r = \sqrt{\omega_0^2 - 2\beta^2} \tag{2.18.10}$$

$$\theta_r = \frac{l}{2\beta\sqrt{\omega_0^2 - \beta^2}} \tag{2.18.11}$$

式(2.18.10) 和式(2.18.11) 表明，阻尼系数 β 越小，位移共振时圆频率越接近固有频率，振幅 θ_r 也越大。图 2.18.2 和图 2.18.3 分别表示出了不同 β 时受迫振动的幅频特性和相频特性。

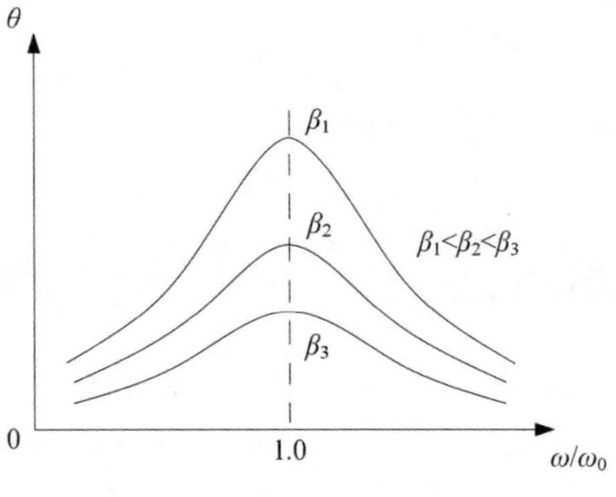

图 2.18.2　受迫振动的幅频特性曲线

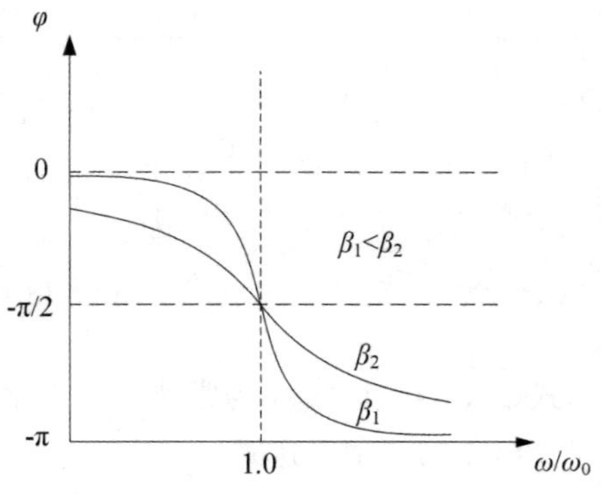

图 2.18.3　受迫振动的相频特性曲线

[实验仪器]

本实验仪由振动装置与测量主机两部分组成。

1.振动装置

如图 2.18.4 所示，振动装置主要分为下面几部分：

(1) 铜质圆形摆轮 4 安装在机架上，弹簧 6 的一端与摆轮 4 的轴相连，另一端可固定在机架支柱上。在弹簧弹性力的作用下，摆轮可绕轴往复摆动。

(2) 在摆轮的外围有一圈矩形缺口，其中一个长形凹槽 2 长出许多。在机架上对准长型缺口处有一个光电门 1，它与测量主机相连接，用来测量摆轮的振幅(角度值) 和摆轮的振动周期。

(3) 在机架下方有一对带有铁芯的线圈 8，摆轮 4 恰好嵌在铁芯的空隙。利用电磁感应原理，当线圈中通过直流电流后，摆轮受到一个电磁阻尼力的作用。改变电流的数值即可使阻尼大小相应变化。

(4) 为使摆轮 4 作受迫振动，在电动轴上装有偏心轮，通过连杆 15 带动摆轮 4，在电动机轴上装有带刻线的有机玻璃转盘 13，它随电机一起转动。调节控制箱上的电机转速调节旋钮，可以精确改变加于电机上的电压，使电机的转速在实验范围内连续可调。由于电路中采用特殊稳速装置，电动机采用惯性很小的特种电机，所以转速很稳定。与电机一起转动的有机玻璃转盘 13 上装有两个挡光片。在角度读数盘 12 中央上方也有光电门，并与测量主机相连，以测量策动力矩的周期。

图 2.18.4　波尔振动仪结构示意图

1— 光电门；2— 长凹槽；3— 短凹槽；4— 铜质摆轮；5— 摇杆；6— 蜗卷弹簧；7— 支承架；8— 阻尼线圈；9— 弹簧夹持螺钉；10— 摇杆调节螺丝；11— 光电门；12— 角度盘；13— 有机玻璃转盘；14— 底座；15— 连杆

2.测量主机

测量主机前面板如图 2.18.5 所示。

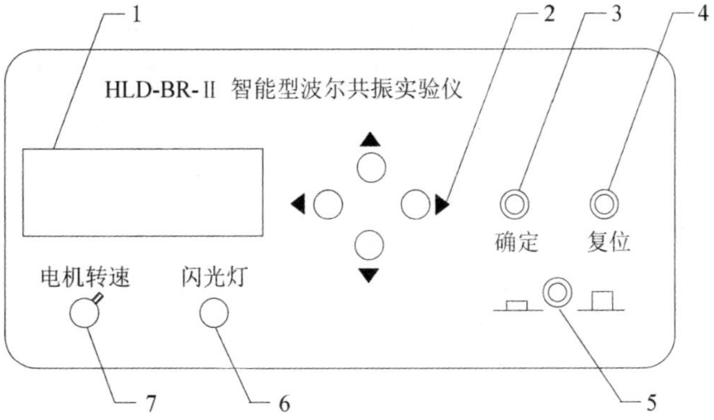

图 2.18.5　仪器前面板示意图

1— 液晶显示屏幕；2— 方向控制键；3— 确认按键；4— 复位按键；5— 电源开关；6— 闪光灯开关；7— 电机转速控制器

［实验内容］

1.测量自由振动的固有周期 T_0

(1) 仪器选择“自由振荡”，确认后屏幕显示“阻尼 1”(该状态表示无阻尼)。

(2) 用手转动摆轮130°～150°范围内，使摆轮作自由摆动。放开手后按“▶”键，测量状态由“关”变为“开”，测量主机开始记录实验数据。测量 20 组数据后，测量自动关闭，测量显示“关”，数据已保存并发送主机，通过“回查”将实验数据逐一记录到表 2.18.1 中，并计算系统的固有频率 ω_0。

表 2.18.1　自由振荡　　阻尼挡位 1

周期 /s		频率 /Hz	
T_1		ω_1	
…		…	
T_{20}		ω_{20}	
$T_0=\bar{T}=$		$\omega_0=\bar{\omega}=$	

2.测定阻尼系数 β

(1) 仪器选择“阻尼振荡”，确定“阻尼 2”状态，此时电机转速控制器刻度值应为 0，表示电机处于关闭状态。

(2) 用手转动摆轮130°～150°范围内，使摆轮摆动。放开手后按“▶”键，测量状态由“关”变为“开”，测量开始记录实验数据。测量显示“关”时，此时数据已保存并发送主机，通过“回查”将实验数据逐一记录到表 2.18.2 中，并根据式(2.18.5)用逐差法计算 β 值。

表 2.18.2　β 计算记录表　　阻尼挡位 ______

振幅 /(°)		振幅 /(°)		$\ln\frac{\theta_i}{\theta_{i+5}}$
θ_1		θ_6		
θ_2		θ_7		
θ_3		θ_8		
θ_4		θ_9		
θ_5		θ_{10}		
…		…		
平均值				

3. 幅频特性与相频特性曲线测定(此实验项目需要电机转动，所以要打开电机开关)

(1) 仪器选择“受迫振动”(阻尼系数不变)，确认后屏幕显示“阻尼 2”状态。打开电机转速开关，将电机转速设定为某一值(使电机转速刻度盘值在 800 ± 150 范围内调整)，即改变策动力矩频率。当有机玻璃转盘 13 带动铜质摆轮 4 转动并稳定后，将光标移到测量，按下“▶”键，测量由“关”变为“开”，此时摆轮周期和电机周期不断变化。当状态再次变为“关”时，摆轮周期和电机周期稳定下来，停止测量，将一组摆轮周期、振幅及电机周期对应记录到表 2.18.3 中。

(2) 通过电机转速控制器改变电机转速，重复步骤(1)，继续记录到表 2.18.3 中。

(3) 由表 2.18.1 查出 T_0 值，计算相位差 φ 和频率比。

(4) 以 $\dfrac{\omega}{\omega_0}$ 为横坐标，振幅 θ 为纵坐标，作幅频响应特性曲线。

(5) 以 $\dfrac{\omega}{\omega_0}$ 为横坐标，相位差 φ 为纵坐标，作相频响应特性曲线。

这两条曲线全面反映了该振动系统的特点。

表 2.18.3　幅频特性和相频特性测量记录　　阻尼挡位 ____

电机转速刻度盘值	策动力矩周期 /s	振幅 θ / (°)	弹簧对应固有周期 T_0 / s	φ 计算值 $\arctan\dfrac{-\beta T_0^2 T}{\pi(T^2-T_0^2)}$	$\dfrac{\omega}{\omega_0}=\dfrac{T_0}{T}$	$\dfrac{\theta}{\theta_r}$

[注意事项]

(1) 波尔共振仪各部分均是精密装配，不能随意乱动。控制箱功能与面板上旋钮、按键均较多，务必在了解其功能后，按规则操作。

(2) 在进行阻尼振动时，电动机电源必须切断。

(3) 实验时不要长时间把阻尼挡位放在“阻尼 3”上，以免线圈长时间通过大电流。

[思考题]

(1) 实验中采用什么方法来改变阻尼力矩的大小？说明其原理。

(2) 受迫振动的振幅和相位差与哪些因素有关？

参考文献

[1] 丁慎训,等. 物理实验教程[M]. 2版. 北京:清华大学出版社,2002.

[2] 朱鹤年.波耳共振仪受迫振动的运动方程[J].大学物理,2006(11):47-48.

[3] 吴百诗.大学物理基础[M]. 北京:科学出版社,2008.

[4] 邓明成.新编大学物理学[M]. 2版.北京:科学出版社,2003.

[5] 谢慧瑗,等.物理实验指导·电磁学[M]. 北京:北京大学出版社,1989.

[6] 江美福,方建光.大学物理实验教程(上册)[M].北京:高等教育出版社,2013.

第3章 综合实验

3.1 声速的测定

[实验目的]

(1)了解超声波产生和接收的原理。
(2)学习一种测量空气中声速的方法,加深对波相位的理解。

[实验原理]

1.声波在空气中的传播速度

在理想气体中,声波的传播速度为

$$v=\sqrt{\frac{\gamma RT}{M}} \tag{3.1.1}$$

式中,γ 为气体的比热容比,即气体定压比热容与定容比热容的比值;M 为气体的摩尔质量;T 为绝对温度;$R=8.3145\ \mathrm{J/(mol\cdot K)}$,为摩尔气体常数。由式(3.1.1)可见,声速与温度 T、摩尔质量 M 和比热容比 γ 三个因素有关,其中,后两个因素与气体成分有关。因此,测定声速可以推算出气体的一些参量。

在正常情况下,干燥空气成分按质量比为

$$m_{氮}:m_{氧}:m_{氩}:m_{二氧化碳}=78.084:20.946:0.934:0.033$$

它的平均摩尔质量为

$$M_a=28.964\times10^{-3}\mathrm{kg/mol}$$

在标准状态下,0℃ 干燥空气中时的声速为 $v_0=331.45\ \mathrm{m/s}$。在室温 t 时,干燥空气中的声速

$$v=v_0\sqrt{1+\frac{t}{T_0}}=v_0\sqrt{\frac{T}{T_0}} \tag{3.1.2}$$

式中,t 为摄氏温度;$T_0=273.15\ \mathrm{K}$。式(3.1.2)可作为空气中声速的理论计算公式。

2.声速的测量方法

根据波动理论,声波的传播速度 v 与声波频率 f 及波长 λ 的关系为

$$v=f\lambda \tag{3.1.3}$$

只要精确测出声波的频率和波长,就可以求出声速。由于本实验使用交流电信号来激励换能发声器产生声波,因此声波的频率就是电信号与发声器谐振时的频率。电信号的频率可由信号源直接读出,本实验的主要任务即测量声波的波长。波长可用相位法测出。

在图3.1.1中，当发声换能器S_1发出的超声波到达接收换能器S_2时，发射波与接收波之间有$\Delta\varphi$的相位差。设S_1与S_2之间距离为x，则有

$$\Delta\varphi = 2\pi\frac{x}{\lambda} \tag{3.1.4}$$

从式(3.1.4)可以看出，当x变化一个λ时，$\Delta\varphi$变化2π。因此，可以通过观测S_1处的发射波与S_2处的接收波之间的相位差变化来测定声波的波长，也就是$\Delta\varphi$每变化一个2π时，S_2移动的距离必然等于声波的一个波长λ。

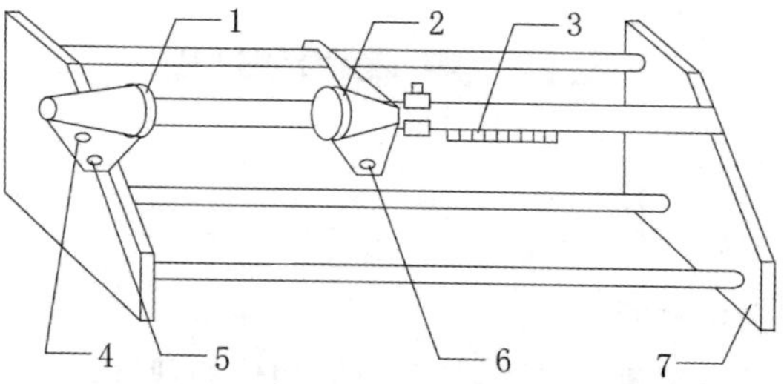

图 3.1.1　声速测定仪结构图

1— 发声换能器 S_1；2— 接收换能器 S_2；3— 游标尺；

4— 谐振指示灯；5— 信号输入插孔；6— 信号输出插孔；7— 支架

判断相位差的变化常用以下两种办法：

一种方法是利用双踪示波器直接比较发声器的激励信号和接收器的转换电信号之间的相位，同时沿传播方向移动接收器寻找同相点。在图3.1.2所示的示波器图形中，由图(a)变为图(b)时相位差变化了π；由图(a)变为图(c)时相位差变化了2π。

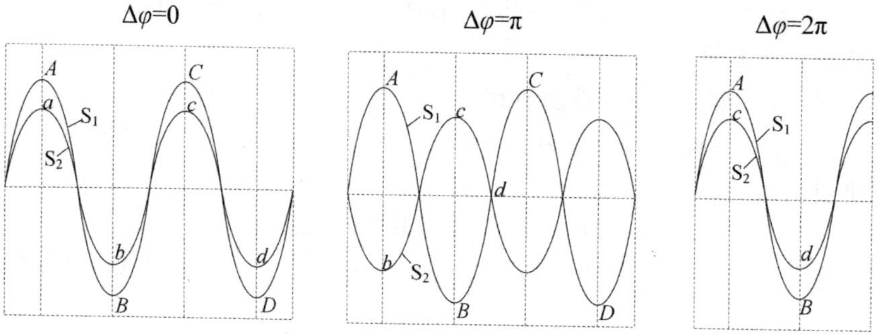

图 3.1.2　用波形比较法测相位差

另一种方法是利用李萨如图形进行测量。将S_1及S_2的电信号分别送至示波器的X,Y偏转板，在示波器上将会出现李萨如图形。该图形为椭圆，而且椭圆的长轴、短轴和方向由相位差$\Delta\varphi$决定。当$\Delta\varphi$由$0\sim2\pi$变化时，椭圆的形状也随之变化，如图3.1.3所示。每当相位差变化2π时，椭圆变为原来的形状。利用这种图形随S_1与S_2距离的周期性变化，即可测出波长λ。

以上两种方法都可用来准确地判断相位差的变化，从而准确地测量波长。

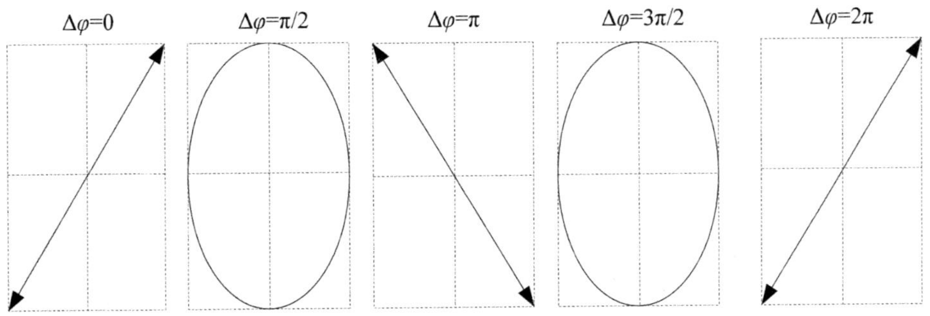

图 3.1.3　用李萨如图形测相位差

[实验仪器]

1. 声速测定仪

声速测定仪由压电陶瓷超声换能器 S_1,S_2 以及游标尺组成,如图 3.1.1 所示。压电陶瓷超声换能器用来产生和接收超声波,其外形及内部结构如图 3.1.4 所示。它是由压电陶瓷晶片、锥形辐射喇叭、底座、引线、金属外壳及金属网构成。其中压电陶瓷晶片是传感器的核心,其利用压电体的逆压电效应产生超声波,即在交变电压作用下,压电体通过机械振动在空气中激发出声波,它还能利用压电体的正压电效应接收超声波。锥形辐射喇叭使发射和接收的超声波比较集中,并使发射和接收超声波有一定的方向角。本实验中压电陶瓷晶片的振荡频率为 40 kHz 左右。

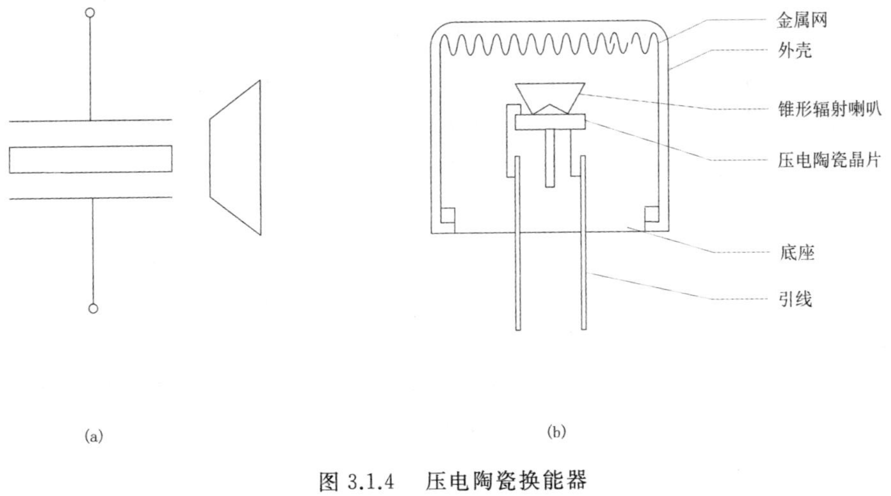

图 3.1.4　压电陶瓷换能器
(a) 电路符号;(b) 内部结构

在声速测定仪中,S_1 固定不动,S_2 可相对 S_1 移动,移动的距离(或位置)可由游标尺读出。当信号源激励信号的频率和 S_1 的固有频率(振荡频率)相同时,S_1 调谐指示灯最亮,并发出超声波。

2.信号源

信号源输出频率为 30 ～ 42 kHz 的正弦波,频率调节有粗调和细调,频率在数码管上显示。输出电压值为 13 V 左右。

3.示波器

本实验所用示波器为双踪示波器,其使用方法这里不作详细介绍,可参阅本书中的相关内容。

[实验操作]

1. 仪器调整

按图 3.1.5 连接电路,S_1,S_2 的输入和输出插口均为红色,黑色为接地插口。松开 S_2 下面的紧固螺母,调节 S_1,S_2 的两个端面稍偏离平行位置,调节信号源上的频率粗调旋钮,使 S_1 上的指示灯点亮,再调节频率微调,使 S_1 上的指示灯达到最亮。

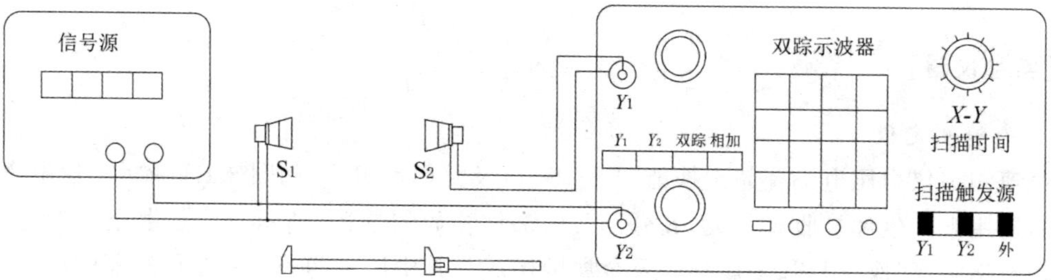

图 3.1.5　声速测量接线图

2.用双踪示波器直接测波长

在图 3.1.5 中把双踪示波器的"垂直显示模式"置于"双踪"位置,找到 S_1,S_2 超声信号的图形,调整两个图形大小适当并稳定。移动 S_2,使示波器显示的图形如图 3.1.2(a) 所示,记录 S_2 的起始位置,并记录信号源上的频率值。然后移动 S_2,使示波器上的图形如图 3.1.2(c) 所示,也就是相位差 $\Delta\varphi$ 变化了 2π。这样每变化一次,记录一次 S_2 的位置,依次连续记录 9 个 S_2 的位置,最后记录下信号源上的频率值。取开始和结束时信号源频率的平均值作为计算速度的频率值,波长的计算采用逐差法处理。数据记录表格自拟。

3.利用李萨如图形测波长

在图 3.1.5 中将示波器的"扫描速度"置于"$X-Y$"挡,"垂直显示模式"置于"Y_1"挡,"扫描触发源"置于"Y_2"挡。在示波器上调出 S_1 发射信号与 S_2 接收信号合成的李萨如图形,由于 S_1 和 S_2 两个信号的频率一样,所以合成的李萨如图形为椭圆。移动 S_2,使示波器上显示如图 3.1.3(a) 所示的图形,记录下 S_2 的位置和信号源的频率值。然后移动 S_2,使示波器上的图形如图 3.1.3(e) 所示,也就是 S_1 与 S_2 信号的相位差变化了 2π,S_2 移动的距离就必然是一个波长。这样每变化一次,记录一次 S_2 的位置,依次连续记录 9 个 S_2 的位置,最后再记录下信号源的频率值。数据处理同用双踪示波器直接测波长。

4.数据测量与处理

在测量开始和结束时,先后测量并记录室温,取平均值,通过式(3.1.2) 计算出声速理论值,并将该理论值作为参考值,计算出相对误差的估计值。

5.注意事项

在测量波长的过程中,严禁 S_1 与 S_2 前端面接触在一起,要求 S_1 与 S_2 两端面间距大于 5 cm,以避免损坏。

［思考题］

(1) 在公式 $v=\sqrt{\frac{\gamma RT}{M}}$ 中，能否通过测定比热容比 γ 来测量声速 v？

(2) 怎样用示波器观察两个互相垂直的简谐振动的叠加振动和相位差？

(3) 怎样测定声波波长？实验时只测定一次波长可以吗？为什么？

(4) 哪些因素会影响测量的准确性？

3.2　热敏电阻温度传感器的设计与调试

［实验目的］

(1) 测定负温度系数热敏电阻的电阻-温度特性，并利用直线拟合的数据处理方法求热敏电阻的材料常数。

(2) 了解以热敏电阻为测温元件的温度传感器的电路结构。

(3) 了解电路参数的设计原则，并具体设计温度传感器的电路参数。

(4) 学习运用电子线路知识分析温度传感器电压-温度特性的基本方法。

［实验原理］

具有负温度系数的热敏电阻广泛应用于温度测量和温度控制技术中。所谓负温度系数是指随着温度的增加，热敏电阻的阻值下降。理论分析指出，以半导体金属氧化物作为基本材料的热敏电阻，其电阻-温度特性的数学表达式通常可以表示为

$$R_t=R_{25}\exp\left[B_n\left(\frac{1}{T}-\frac{1}{298}\right)\right] \tag{3.2.1}$$

式中，R_{25} 和 R_t 分别表示环境温度为 25℃ 和 t℃ 时热敏电阻的阻值；$T=273+t$；B_n 为热敏电阻的材料常数，其大小随制作热敏电阻时选用的材料而异，但对于某一确定的热敏电阻而言，其材料常数 B_n 是确定的，它可根据实验中测得的电阻-温度曲线的实验数据用最小二乘法求得。

下面介绍以热敏电阻作测温元件的温度传感器的电路结构及参数设计。

1.电路结构及工作原理

用热敏电阻 R_t 作为测温元件时，温度传感器的电路结构如图 3.2.1 所示。

R_1，R_2，R_3，R_t 构成桥式电路，当温度发生变化时，热敏电阻的阻值 R_t 发生变化，从而导致电桥中 c，d 两点的电压发生变化。将此电压信号输入到运算放大器的输入端，经放大后在运算放大器的输出端即可获得与温度有关的输出电压 $U_o(t)$。下面利用电子线路知识对 $U_o(t)$ 的具体表达式进行分析。

由电路理论中的戴维南定理可知，任一线性有源单口网络可用一个电压源串联一个阻抗来代替，电压源的电压等于该网络端口的开路电压，而等效阻抗则等于该网络中全部独立源为零值时从端口看进去的阻抗。根据这一定理，对于图 3.2.1 中的电桥而言，从 db 端看去，等效电压

$$E_{e1}=\frac{R_t}{R_2+R_t}U_a \tag{3.2.2}$$

等效电阻

$$R_{e1}=\frac{R_2R_t}{R_2+R_t} \tag{3.2.3}$$

同理,从电桥线路的 cb 端口看去,等效电压

$$E_{e2}=\frac{R_3}{R_1+R_3}U_a \tag{3.2.4}$$

等效电阻

$$R_{e2}=\frac{R_1R_3}{R_1+R_3} \tag{3.2.5}$$

于是可将图 3.2.1 等效成图 3.2.2 的形式。

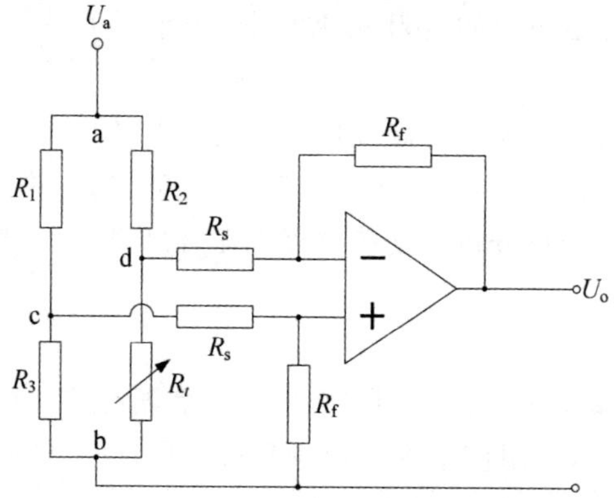

图 3.2.1　温度传感器电路图

根据电路理论中的叠加定理,差分运算放大器的输出电压 U_o 可表示为

$$U_o=U_{o-}+U_{o+} \tag{3.2.6}$$

其中 U_{o-} 和 U_{o+} 分别为图 3.2.2 所示电路中 E_{e1} 和 E_{e2} 单独作用时对输出电压的贡献。

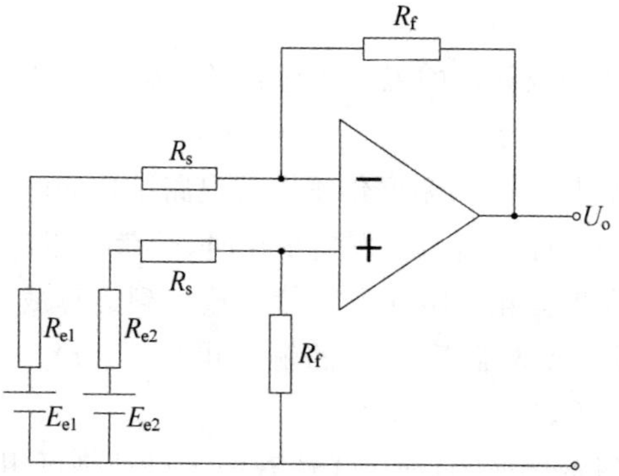

图 3.2.2　等效电路图

由电路理论可知,理想运算放大器有如下特性:电压放大倍数为 ∞;差模输入电阻为 ∞;输出电阻为零。由此可获得理想运算放大器的两个重要特点,即同相输入端电压 U_{i+} 与反相

输入端电压 U_{i-} 相等；理想运算放大器从信号源汲取的电流为零。

首先计算 U_{o-}：根据上述理论，在计算 U_{o-} 时，E_{e2} 视为短路，则运算放大器同相输入端的电压 $U_{i+}=0$，反相输入端的电压 U_{i-} 也为零。在 E_{e1} 作用下流过 R_{e1} 和 R_s 的电流为 $\dfrac{E_{e1}}{R_{e1}+R_s}$，此电流又全部流过 R_f，则有

$$U_{o-}=-\frac{R_f}{R_s+R_{e1}}E_{e1} \tag{3.2.7}$$

其次计算 U_{o+}：在计算 U_{o+} 时，E_{e1} 视为短路，由于运算放大器的输入阻抗很高，此时同相输入端电压

$$U_{i+}=\frac{R_f E_{e2}}{R_{e1}+R_s+R_f}$$

从图 3.2.2 可知，在 E_{e1} 视为短路的情况下，U_{o+} 与 U_{i-} 有如下关系：

$$U_{i-}=\frac{R_{e1}+R_s}{R_{e1}+R_s+R_f}U_{o+}$$

由于 $U_{i-}=U_{i+}$，则有

$$U_{o+}=\frac{R_{e1}+R_s+R_f}{R_{e1}+R_s+R_f}\frac{R_f}{R_s+R_{e1}}E_{e2} \tag{3.2.8}$$

将式(3.2.7) 和式(3.2.8) 代入式(3.2.6)，可得

$$U_o(t)=\frac{R_f}{R_s+R_{e1}(t)}\left[\frac{R_{e1}(t)+R_s+R_f}{R_{e2}+R_s+R_f}E_{e2}-E_{e1}(t)\right] \tag{3.2.9}$$

式中，$U_o(t)$，$R_{e1}(t)$，$E_{e1}(t)$ 表示 U_o，R_{e1} 和 E_{e1} 与温度有关，它们是温度的函数，所以该式就是温度传感器的电压-温度特性的数学表达式。只要电路参数和热敏电阻 R_t 的电阻-温度特性已知，由式(3.2.9) 就可完全确定输出电压 $U_o(t)$ 与温度 t 的函数关系。

2.电路参数的确定

(1)R_{25} 及 B_n 的确定。将式(3.2.1) 变形后，可得

$$\ln R_t=B_n\left(\frac{1}{t+273}-\frac{1}{298}\right)+\ln R_{25} \tag{3.2.10}$$

利用实验可测得(t,R_t)的实验数据，再用最小二乘法即可求得式(3.2.10) 中的斜率 B_n 和截距 $\ln R_{25}$，进而求得 R_{25}。

(2) 测量范围的确定及电压-温度特性曲线的线性化。式(3.2.9) 表达的关系是一条非线性曲线，在设计温度传感器时，总希望它能是一条近似直线。给定测温范围，并恰当选择电路参数，可以使式(3.2.9) 近似成为线性关系。当然这一近似会引起一定的误差，但该误差通常较小，在传感器设计中是允许的。这里首先给定测温范围：25 ～ 65℃；再给定线性化后直线的斜率：50 mV/℃；此外，令直线通过 $t=25$℃，$U_o(25)=0$ 这一点。由此可以获得传感器在最高温度点$t=65$℃ 时的输出电压

$$U_o(65)=(65-25)\times 50=2\ \text{V}$$

在测温范围中点 $t=45$℃ 时输出电压 $U_o(45)=\dfrac{0+2}{2}=1$ V。也就是说，(25℃，0 V)，(45℃，1 V)，(65 ℃，2 V) 这三点处在一条直线上。这里要说明的是，测温范围根据设计者要求是可以改变的。这里仅以 25 ～ 65℃ 为例来说明在线性化过程中需要给定的有关设计

参数。

(3)R_1,R_2,R_3 的确定。根据前面的有关设定,当温度 $t=25$ ℃ 时,$U_o(25)=0$,这时要求电桥工作在平衡状态,即 $R_1=R_2=R_3=R_{25}$。在式(3.2.10)的回归系数确定后,即可求得热敏电阻 R_t 在任意温度下的阻值,当然可以获得热敏电阻在测温下限 $t=25$℃ 时的阻值。确定 R_1,R_2,R_3 后,根据式(3.2.2) ~ 式(3.2.5)及式(3.2.9)可知,式(3.2.9)表达的曲线通过(25℃,0 V)这一点。

(4) 电桥工作电压 U_a 的确定。确定 U_a 的原则为:在任何时候应使 R_t 中流过的电流小于等于 1 mA,从而减小因热敏电阻中流过的电流所引起的发热对测量结果带来的影响。根据本实验所选热敏电阻的电阻-温度特性,U_a 可以取为 3 V。

(5)R_s 及 R_f 的确定。在热敏电阻材料常数 B_n 和 R_{25} 已经确定的情况下,式(3.2.9)中包含 R_1,R_2,R_3,t,R_s,R_f,U_a 和 $U_o(t)$ 各量,其中的 U_a,R_1,R_2,R_3 四个参量已经确定。在线性化过程中,测温范围的中点温度及最高温度点对应的输出电压也已确定,将这些已知参量全部代入式(3.2.9)可得

$$U_o(65)=\frac{R_f}{R_s+R_{e1}(65)}\left[\frac{R_{e1}(65)+R_s+R_f}{R_{e2}+R_s+R_f}E_{e2}-E_{e1}(65)\right] \tag{3.2.11}$$

$$U_o(45)=\frac{U_o(65)}{2}=\frac{R_f}{R_s+R_{e1}(45)}\left[\frac{R_{e1}(45)+R_s+R_f}{R_{e2}+R_s+R_f}E_{e2}-E_{e1}(45)\right] \tag{3.2.12}$$

以上两式中,除 R_s 和 R_f 外,其余各量均已确定,这样只要联立求解式(3.2.11)和式(3.2.12)两式就可求出 R_s 和 R_f 的值。然而,这两式均是以 R_s 和 R_f 为未知数的二元二次方程,其解很难用解析的方法求出,必须用数值计算技术。为此,将式(3.2.11)和式(3.2.12)改写成以下标准形式:

$$AR_s^2+BR_s+C=0 \qquad (A,B,C\text{ 中含有 }R_f) \tag{3.2.13}$$

$$A'R_f^2+B'R_f+C'=0 \qquad (A',B',C'\text{ 中含有 }R_s) \tag{3.2.14}$$

先任意给定 R_s 一个值,代入式(3.2.14)中求得一个 R_f,将此 R_f 代入式(3.2.13),即可求得 R_s。将这个新的 R_s 再代入式(3.2.14),从而求得一个新的 R_f。再将新的 R_f 代入式(3.2.14)求 R_s。如此反复,直到在一定的精度范围内认为计算出的 R_s 和 R_f 不再变化为止。这就是数值计算中的迭代法。

通过以上步骤后,式(3.2.9)中的参数 R_1,R_2,R_3,U_a,R_s,R_f,B_n,R_{25} 就已全部确定,只要给定温度 t 即可计算出 $U_o(t)$。从参数设计的过程不难看出,式(3.2.9)表达的曲线通过(25℃,0 V),(45℃,1 V),(65℃,2 V)这三点,而且此时式(3.2.9)所表达的曲线已非常接近直线 $U_o(t)=(t-25)\times 50$ (mV)。

[实验仪器]

CHY—3 型温度传感实验仪,79HW—1 型恒温磁力搅拌器,计算机,数字万用表,水银温度计(0 ~ 100℃),标准电阻箱等。

CHY—3 型温度传感实验仪面板如图 3.2.3 所示。该实验仪以热敏电阻做感温元件设计温度传感器,用来实现对温度的测量。该仪器面板上的电路图与图 3.2.1 所示的电路完全相同。不同的是如图 3.2.3 所示电路中需要调节的参数在面板上均设置了相应的调节旋钮。此外,为了参数设置的需要,在电桥线路与放大线路之间设置了一个双刀双掷电键 K,以方便对

有关参数的准确测量。电路的输出电压直接送至仪器面板上的数字直流电压表进行测量。

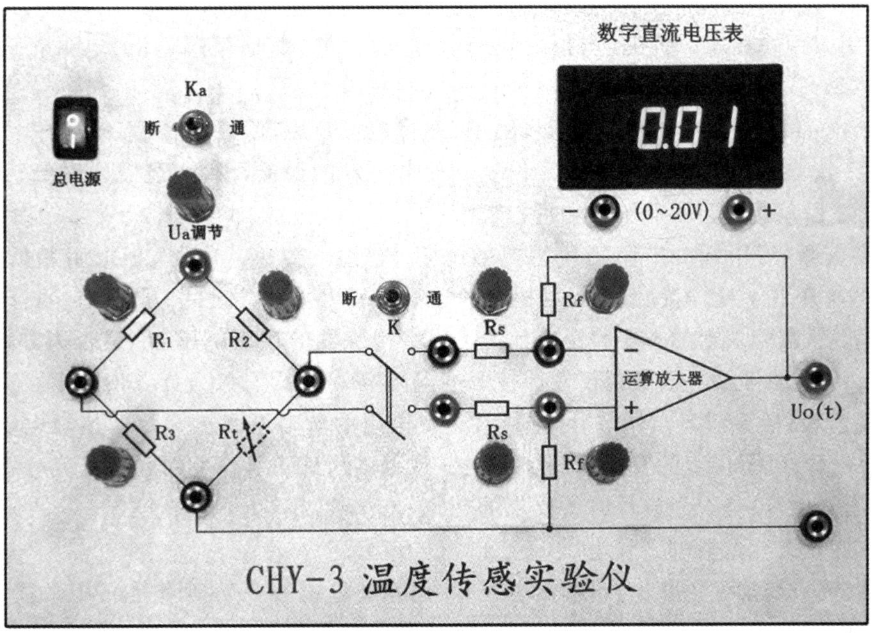

图 3.2.3　温度传感器面板图

［实验操作］

1.首先测定热敏电阻的电阻-温度特性

该项测量是设计温度传感器的基础工作，要求测量结果准确，用恒温磁力搅拌器将水加热到75℃以上，然后在降温过程中测量温度以及该温度下热敏电阻的阻值。温度值用水银温度计读出，热敏电阻的电阻值用数字万用表读出。要求读出的温度值为整数，这主要是由于给计算机输入传感器特性时要求温度值为整数。测温间隔不要求绝对相等，只要求大致相同即可，要求至少测量 6 组数据。然后用最小二乘法求出材料常数 B_n 和热敏电阻 R_t 在25℃时的阻值 R_{25}，并根据这两个回归参数计算出测温上下限及测温中点温度对应的 R_t 值。

2.电路参数的设定

在热敏电阻的 R_t-t 特性曲线测定后，先确定测温范围 $t_1 \sim t_3$（如 $t_1=25$℃，$t_3=65$℃），再确定线性化后 $U_o(t)-t$ 直线的斜率（如 50 mV/℃），由以上信息可确定出 R_1，R，R_3 及 $U_o(t_1)$，$U_o\left(\frac{t_1+t_3}{2}\right)$，$U_o(t_3)$ 的数值。再进一步根据 U_a 的选定原则确定 U_a 的大小（如 $U_a=3$V），R_s 与 R_f 的大小则由以上所有信息用迭代法求得。该仪器附带的软件 TempSensor 就是专门为此而设计的。使用方法如下：在程序中双击“TempSensor”，启动该软件后会自动产生一个新建文件界面。点击菜单中的“设置”，输入下列数据：已确定的 U_a 的大小；t_1，$U_o(t_1)$；$t_2=\frac{t_1+t_3}{2}$，$U_o(t_2)$；t_3，$U_o(t_3)$。输入结束后予以确定，返回软件界面。点击菜单中的“计算”，任意给定 R_s 一个初值 R_{s0} 即可求得 R_s 和 R_f 的值。

当温度-电压变换电路所有参数的设计值确定以后，就需要在仪器上一一进行设定。首先在电源断电(总电源和 K_a),K 断开的情况下,用万用表测量各电阻值,分别设定 R_1,R_2,R_3 及两个 R_s 和两个 R_f 的大小,使其与设计值相同。打开仪器电源开关(总电源和 K_a),旋转"U_a 调节"旋钮,用万用表在"U_a 插孔"与地之间测量 U_a 的大小,使其等于设计的电源电压值。

3.传感器的调试

对传感器线路中的 R_1,R_2,R_3,R_s,R_f 和 U_a 进行设定后,传感器的"$U_o(t)-t$"特性已基本接近设计要求,但由于以上各值在实际设定时存在一定的偏差,因此,还需要对传感器进一步调试,调试过程主要分为零点调节和量程校准。

(1) 零点调节:用标准电阻箱代替热敏电阻 R_t 接入传感器电路,把电阻箱的阻值调至 R_{t1}(即热敏电阻在 $t=t_1$ 时的阻值),接通面板上的双刀开关K,用数字万用表的直流电压20 V挡(或温度传感实验仪上的数字直流电压表)测量传感器的输出电压 U_o 是否为零,若不为零(允许 ± 0.05 V 的偏差),则微调仪器面板上的电阻"R_3 调节",使 $U_o(t_1)$ 值为零。

(2) 量程校准:完成零点调节后,把代替热敏电阻的电阻箱调至 R_{t3}(即热敏电阻在 $t=t_3$ 时的阻值),用数字万用表的直流电压 20 V 挡(或温度传感实验仪上的数字直流电压表)测量传感器输出电压 U_o 是否为设计时所要求的 $U_o(t_3)$ 值,如果不是(允许 ± 0.05 V 的偏差),微调"U_a 调节"旋钮改变电桥的工作电压,使 $U_o=U_o(t_3)$。

在零点调节和量程校准中,若输出电压 U_o 偏差超过 ± 0.05 V,则不能再用微调的办法,应该检查电路参数部分,重新设定电阻和电源电压,再对传感器进行调试。完成以上调节工作后,保持各电阻元件的阻值和"U_a 调节"旋钮位置不变。

4.传感器电压-温度特性的测定

在 $t_3\sim t_1$ 温度区间内,用降温法对传感器的电压-温度特性进行实际测量。要求测量数据在 6 ~ 12 组之间,测温间距应大致相等。用列表法将实验所测数据与按式(3.2.9)计算的理论值进行比较。

5.数据处理要求

(1) 根据实验数据在直角坐标纸上绘出热敏电阻的电阻-温度特性曲线。

(2) 在同一直角坐标系中绘出温度传感器的电压-温度特性的理论计算曲线和实验测定曲线,并与直线 $U_o(t)=(t-t_1)\times 50$ (mV/℃) 进行比较。

[思考题]

1.根据实验中测得的热敏电阻的电阻-温度特性,以热敏电阻为探头,设计一个测温范围为 0 ~ 100℃ 的温度传感器,要求给出电路中各参数的具体数值。

2.在调节温度传感器的零点和量程时,为什么先要调节零点,后调节量程?

3.当测温范围和电路参数确定以后,在同一坐标系中绘出以式(3.2.9)表示的电压-温度特性曲线和以 $U_o(t)=(t-t_1)\times 50$(mV/℃)表示的电压-温度关系直线,用作图法分析以上所述直线关系标定温度时引起的最大误差。

3.3 导热系数的测定

热量的传递有三种基本形式:导热、对流和热辐射。导热是指物体各部分之间不发生相对位移,依靠分子、原子及自由电子等微观粒子的热运动而产生的热量传递。19 世纪初,傅里叶对导热现象进行了深入系统的研究，于 1822 年发表了著名论著《热的解析理论》。他提出的“傅里叶定律”奠定了导热理论的基础。傅里叶热传导定律可以表述为单位时间单位面积上通过的热量与温度梯度成正比，其比例系数就是导热系数(又称热导率)。

导热系数是表征物质热传导性质的物理量，不同材料的导热系数不同，即使是同一种材料，导热系数还与温度等因素有关。材料的导热系数常常需要通过实验来具体测定。测量导热系数的方法可以归并为两类基本方法：一类是稳态法，另一类为动态法。用稳态法时，先用热源对测试样品进行加热，并在样品内部形成稳定的温度分布，然后进行测量。而在动态法中，待测样品中的温度分布是随时间变化的。本实验采用稳态法进行测量。

[实验目的]

(1)学习热传导的基本知识。

(2)学习用稳态法测定不良导体导热系数的基本原理和方法。

(3)学习一种测量热流量的方法。

(4) 学习用热电偶测量温度。

[实验原理]

在热传导现象中，热量从温度高的部分向温度低的部分传导，热传导的基本规律可以用傅里叶导热方程来表示

$$\frac{\mathrm{d}Q}{\mathrm{d}t}=-\lambda S\,\frac{\mathrm{d}T}{\mathrm{d}h} \tag{3.3.1}$$

式中，$\Phi=\frac{\mathrm{d}Q}{\mathrm{d}t}$ 为单位时间里流过断面 S 的热量，称为热流量；$q=\frac{\Phi}{S}$ 为单位面积上的热流量，称为热流密度；$\frac{\mathrm{d}T}{\mathrm{d}h}$ 为温度梯度，式中负号表示热流方向与温度梯度方向相反；λ 为导热系数，其物理意义为单位温度梯度影响下产生的热流密度。在 SI 制中它的单位为 W/(m·K)。

现取一圆薄板，如图 3.3.1 所示，厚度为 h、上下底面积为 S，上下底面温度分别为 T_1，$T_2(T_1>T_2)$，并作如下假设：上下两底面的温度保持不变，并且圆薄板内部的温度分布亦不随时间变化，也就是达到稳恒态；圆薄板侧面的散热可以忽略不计，热量垂直于 S 面传导，在 Δt 时间内通过面积 S 的热量为 ΔQ；圆薄板沿热量传导方向各断面上的温度梯度相同；由傅里叶导热方程可得：

$$\frac{\Delta Q}{\Delta t}=\lambda S\,\frac{(T_1-T_2)}{h} \tag{3.3.2}$$

则

$$\lambda=\frac{\Phi}{S(T_1-T_2)/h} \tag{3.3.3}$$

式(3.3.3) 成立的条件是“稳恒态”，因此测量 λ 时要保证圆薄板内部的热传导过程为稳恒状态，此外需要采取有效的方法测出热流量 Φ 。

稳恒态的建立：实验中发热盘 A、待测样品 P 和散热盘 B 三者的关系如同一个夹心饼干，

如图 3.3.2 所示。

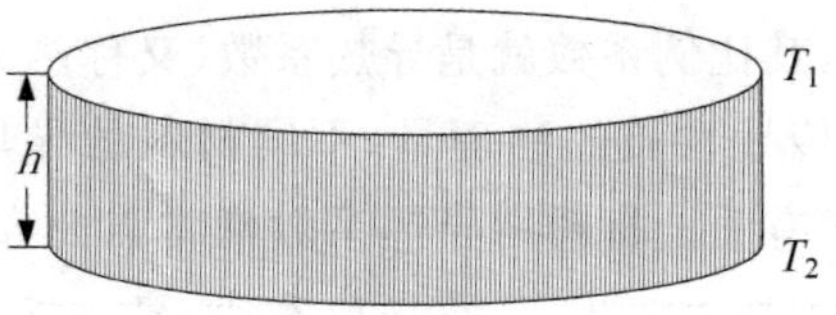

图 3.3.1

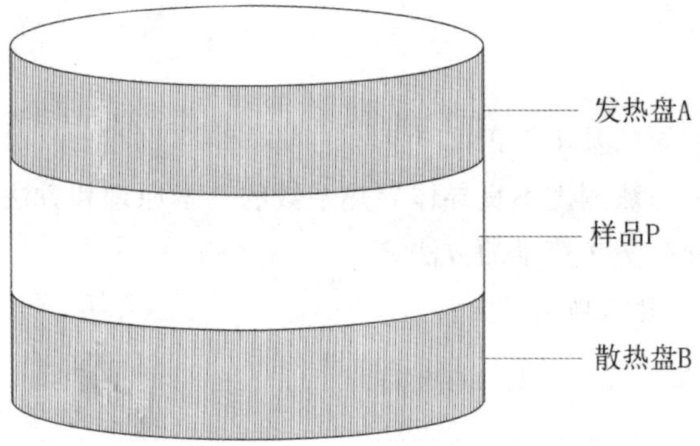

图 3.3.2

发热盘 A 采用电阻丝加热，加热电压恒定，因而在加热一段时间后其温度基本可以达到恒定状态(必要时可以采用恒温装置)。通电加热盘温度升高，热量通过样品向散热盘传递，散热盘的温度也会随之升高，当散热盘温度高于周围空气时，散热盘 B 又会向周围空气散热，一定时间后由于加热盘温度达到恒定，在散热盘 B 温度升高的过程中，一方面从 P 流向 B 的热流速率不断减小，同时 B 的散热速率不断增加，当两者达到平衡时，散热盘的温度也就稳定了。此时记录 A，B 盘的温度为 T_1，T_2，由于 A，B 盘为铜质材料，导热性能良好，可以认为从二者内部测得的温度就是样品上下面的温度。

稳恒态时热流量的测定：稳恒态时单位时间流入 B 盘的热量与它散发的热量相等，也就是说可以用 B 盘在稳定温度 T_2 时的散热速率来求热流量 Φ。

$$\Phi=\frac{\mathrm{d}Q}{\mathrm{d}t}=cm\left.\frac{\mathrm{d}T_{\mathrm{B}}}{\mathrm{d}t}\right|_{T_{\mathrm{B}}=T_2} \tag{3.3.4}$$

式中，c 为散热盘的比热容；m 为散热盘质量；$\left.\frac{\mathrm{d}T_{\mathrm{B}}}{\mathrm{d}t}\right|_{T_{\mathrm{B}}=T_2}$ 为散热盘B在温度为 T_2 时的冷却速率。

测定冷却速率的具体做法：在读得稳定时的 T_1 和 T_2 后，即可将样品 P 移去，而使发热盘 A 的底面与B盘顶面直接接触。当B的温度上升到高于稳定时的 T_2 值若干摄氏度后，再将发热盘 A 移开，让铜质散热盘 B 自然冷却。记录其温度 T_{B} 随时间 t 的变化情况，以时间 t 为横轴，以 T_{B} 为纵轴作散热盘的冷却曲线，然后由曲线求出B盘在 T_2 的冷却速率 $\left.\frac{\Delta T_{\mathrm{B}}}{\Delta t}\right|_{T_{\mathrm{B}}=T_2}$。但要注意，这样求出的 $\left.\frac{\Delta T_{\mathrm{B}}}{\Delta t}\right|_{T_{\mathrm{B}}=T_2}$ 是 B 盘的全部表面暴露于空气中的冷却速率，其散热表面积为

$2\pi R^2+2\pi R_B h_B$(其中 R_B 与 h_B 分别为 B 盘的半径与厚度)。然而,在观察测试样品的稳态传热时,B 盘的上表面是被样品覆盖着的。考虑到物体的冷却速率与它的表面积成正比,则稳态时 B 盘散热速率的表达式应作如下修正:

$$\frac{dQ}{dt}=cm\left.\frac{\Delta T_B}{\Delta t}\right|_{T_B=T_2}\frac{(\pi R_B^2+2\pi R_B h_B)}{(2\pi R_B^2+2\pi R_B h_B)} \tag{3.3.5}$$

[实验仪器]

TC—2A 型导热系数测定仪如图 3.3.3 所示。该仪器采用 36 V 电压作为加热电源。整个加热圆筒可上下升降和左右转动,发热盘和散热盘的侧面有一小孔,为放置热电偶之用。散热盘放在可以调节的三个螺旋头上,可使待测样品盘的上下两个表面与发热盘和散热盘紧密接触。散热盘 B 下方有一个轴流式风扇,用来快速散热。两个热电偶的冷端分别插在放有冰水的杜瓦瓶中的两根玻璃管中。热端分别插入发热盘和散热盘的侧面小孔内。冷、热端插入时,涂少量的硅脂,热电偶的两个接线端分别插在仪器面板上的相应插座内。利用面板上的开关可方便地直接测出两个温差电动势,温差电动势采用量程为 20 mV 的数字式电压表测量,测出温差电动势后再根据表 3.3.1 的铜-康铜分度表转换成对应的温度值。TC—2/A 型导热系数测定仪用数字计时器代替秒表手工计时,能提高计时的精度,从而提高导热系数的测量精度。数显计时表采用单片机计时,计时范围 :0～9 999 s,分辨率为 1 s。按下"计时"按钮,计时仪开始计时;需要停止计时,则再按一次"计时"按钮。按下"复位"按钮,则计时仪复位,显示"0000"。

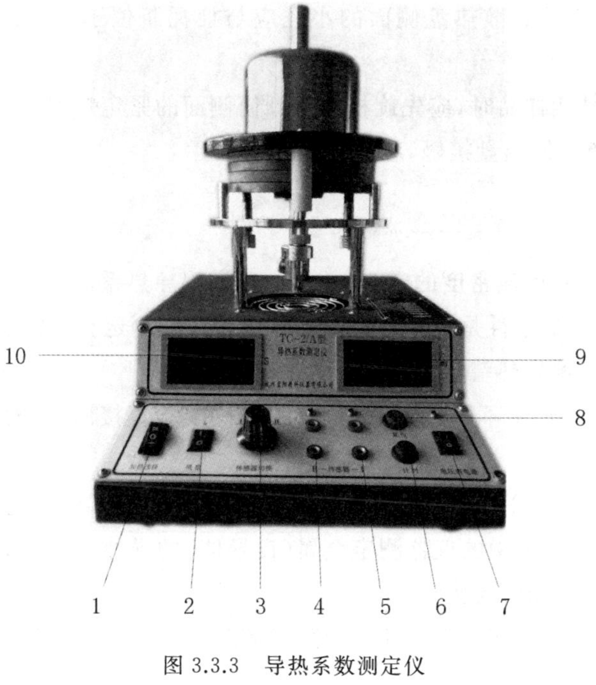

图 3.3.3　导热系数测定仪

1—加热选择;2—风扇开关;3—传感器切换;4—传感器Ⅱ插座;5—传感器Ⅰ插座;
6—计时按钮;7—电源总开关;8—计时复位按钮;9—温差电势测量毫伏表;10—数字式计时器

［实验操作］

(1)在测量导热系数前用游标卡尺对散热盘B和待测样品P的直径、厚度进行测量。

(2)用天平称出散热盘B的质量。

(3)不良导体导热系数的测量。

1)实验时，先将待测样品放在散热盘上面，然后将发热盘放在样品上方，并用固定螺母固定在机架上，再调节三个螺旋头，使样品盘的上下两个表面与发热盘和散热盘紧密接触。

2)在杜瓦瓶中放入冰水混合物，将热电偶的冷端(黑色)插入杜瓦瓶中。将热电偶的热端(红色)分别插入加热盘和散热盘侧面的小孔中，并分别将热电偶接线连接到仪器面板的传感器Ⅰ，Ⅱ上。

3)接通电源，将加热开关置于高挡，开始加热。当连接加热盘的热电偶的读数约为4.2 mV(接近100℃)时，再将加热开关置于低挡，降低加热电压，以免温度过高。

4)待传感器Ⅰ，Ⅱ的读数不再上升时，说明已达到稳态，每隔5 min记录V_{T1}和V_{T2}的值，测三次取平均值。

5)测量散热盘在稳态值T_2附近的散热速率。去掉样品，加热盘与散热盘直接接触，当散热盘的温度上升到高于稳定态时的V_{T2}值约0.2 mV后，将加热盘移开，让散热盘自然冷却，每隔30 s记录一次V_{T2}值。根据测量值计算出$\frac{\Delta T_B}{\Delta t}\Big|_{T_B=T_2}$，进而求出散热速率，即热流量$\Phi$。

(4)注意事项。

1)放置热电偶的发热和散热盘侧面的小孔应与杜瓦瓶位于同一侧，避免热电偶线相互交叉。

2)实验中，抽出被测样品时，应先旋松加热圆筒侧面的紧定螺钉。样品取出后，小心将加热圆筒降下，使发热盘与散热盘接触，应防止高温烫伤。

［思考题］

(1)比较热流密度和电流密度的定义，并进一步说明导热系数的含义。

(2)式(3.3.3)成立的条件是什么？室温对导热系数的测定有无影响？

(3)本实验中如何测定热流量？

(4)B盘的散热速率如果不用式(3.3.5)修正，而用实验直接测定，对应的实验条件应如何保证？

(5)扩展研究：如果实验室不提供散热盘的比热容c，自己如何测定？

(6)扩展研究：用本实验中的仪器测定金属(良导体)的导热系数时，相对于不良导体在实验条件、测量方法等方面如何改变？

(7)扩展研究：用稳态法测定良导体的导热系数时，除了本实验中的方法，设计出另外一种方法测量热流量。

(8)扩展研究：查阅资料说明动态法测量导热系数的基本思路和方法。

【附】铜-康铜热电偶分度表(见表 3.3.1)

表 3.3.1　铜-康铜热电偶分度表

温度/℃	热电势/mV									
	0	1	2	3	4	5	6	7	8	9
0	0.000	0.039	0.078	0.117	0.156	0.195	0.234	0.273	0.312	0.351
10	0.391	0.430	0.470	0.510	0.549	0.589	0.629	0.669	0.709	0.749
20	0.789	0.830	0.870	0.911	0.951	0.992	1.032	1.073	1.114	1.155
30	1.196	1.237	1.279	1.320	1.361	1.403	1.444	1.486	1.528	1.569
40	1.611	1.653	1.695	1.738	1.780	1.882	1.865	1.907	1.950	1.992
50	2.035	2.078	2.121	2.164	2.207	2.250	2.294	2.337	2.380	2.424
60	2.467	2.511	2.555	2.599	2.643	2.687	2.731	2.775	2.819	2.864
70	2.908	2.953	2.997	3.042	3.087	3.131	3.176	3.221	3.266	3.312
80	3.357	3.402	3.447	3.493	3.538	3.584	3.630	3.676	3.721	3.767
90	3.813	3.859	3.906	3.952	3.998	4.044	4.091	4.137	4.184	4.231
100	4.277	4.324	4.371	4.418	4.465	4.512	4.559	4.607	4.654	4.701
110	4.749	4.796	4.844	4.891	4.939	4.987	5.035	5.083	5.131	5.179
120	5.227	5.275	5.324	5.372	5.420	5.469	5.517	5.566	5.615	5.663

3.4　光学平台上的实验

科学实验需要越来越精密的计算和测量，一个能与外界环境和干扰相对隔离的设备仪器对实验测量是非常重要的，光学平台应运而生，成为科研实验中必备的产品。光学平台的台面加工至极平，再将台面置于四个联通的气囊上，以保证台面水平。台面上布满成正方形排列的工程螺纹孔，用这些孔和相应的螺丝可以固定光学元件。这样，在完成光学系统的搭建后，这个系统基本不会受外来扰动而产生变化。

GSZ—Ⅱ型光学平台由光学平台桌，各种光学元件如光源、底座、透镜架、透镜、光栅和偏振片等构成，可以完成几何光学、波动光学和信息光学中的多个实验内容。

内容一　测定空气折射率

前面已经学习了迈克尔逊干涉仪的结构和基本原理，现在可以利用光学平台来自组迈克尔逊干涉仪。激光源、两个反射镜和观察屏，这四者在空间中完全分开，两相干光束各有一段光路在空间中也是分开的。若让两相干光束的光程差发生变化，可以通过移动其中一个反射镜，或者在其中一条光路中加入待测介质(不会影响另一条光路)来实现。因此，可以利用迈克尔逊干涉仪来测量物质的折射率、厚度的变化和气压等可以转化为光程变化的物理量。

[实验目的]

(1)在光学平台上自组迈克尔逊干涉仪。

(2)测定空气折射率。

[实验原理]

迈克尔逊干涉仪是一种精密的干涉测量仪器，用它可以进行多种测量，测定空气折射率便是其应用之一。本实验的测量思想及原理图如下。

在如图 3.4.1 所示的迈克尔逊干涉仪光路中，给气室 AR 充气，其内部的气压就会发生改变。

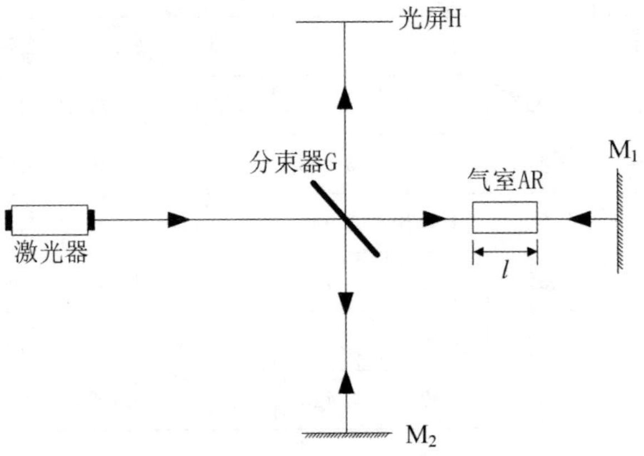

图 3.4.1　迈克尔逊干涉仪光路图

设气室内气压改变 Δp，气室内的折射率将随之改变 Δn，从而导致迈克尔逊干涉仪上参与干涉的两束光的光程差发生 $\Delta\delta$ 的改变，干涉仪观察屏上将有 N 个干涉条纹的变化。设气室内空气柱的长度为 l，则

$$\Delta\delta = 2\Delta n l = N\lambda \tag{3.4.1}$$

$$\Delta n = \frac{N\lambda}{2l} \tag{3.4.2}$$

设标准状态($T_0 = 273$ K，$p_0 = 101.325$ kPa)下空气的折射率为 n_0，密度为 ρ_0；任意状态(温度为 T，气压为 p)下折射率为 n，密度为 ρ。根据气体折射率的改变量与单位体积内粒子数改变量成正比，而单位体积内粒子数的改变量(相对于真空状态而言)又与密度成正比，因而有

$$\frac{n-1}{n_0-1} = \frac{\rho}{\rho_0} \tag{3.4.3}$$

联系理想气体的状态方程，有

$$\frac{\rho}{\rho_0} = \frac{pT_0}{p_0 T} = \frac{n-1}{n_0-1} \tag{3.4.4}$$

即

$$n=\left[\frac{T_0(n_0-1)}{p_0}\frac{1}{T}\right]p+1 \tag{3.4.5}$$

由式(3.4.5)可以看出，对空气而言，当温度 T 不变时，折射率与气压成线性关系，其比例系数 $\frac{T_0(n_0-1)}{p_0}\frac{1}{T}=\frac{\Delta n}{\Delta p}$ 可以用实验的方法求出。由式(3.4.2)可得

$$\frac{\Delta n}{\Delta p}=\frac{N\lambda}{2l\Delta p} \tag{3.4.6}$$

则有

$$\frac{T_0(n_0-1)}{p_0}\frac{1}{T}=\frac{N\lambda}{2l\Delta p} \tag{3.4.7}$$

将式(3.4.7)代入式(3.4.5)可得

$$n=\frac{N\lambda}{2l\Delta p}p+1 \tag{3.4.8}$$

这里要说明的是，在上述推导过程中，p 指气室内的气压，n 也是气室内气体的折射率，由于气室内与实验室环境中的空气成分相同，因而式(3.4.8)所表达的 n 与 p 之间的关系对气室之外的空气也适用，在其中代入实验室环境下的气压值 p_{lab}，可求得实验条件(T_{lab}，p_{lab})下空气的折射率。

[实验仪器]

He-Ne激光器，扩束器BE，分束器G，平面反射镜 M_1，M_2，气室AR，接收屏H，二维调节架(4个)，二维平移底座(7个)。

[实验操作]

(1) 将图3.4.2中各器件安装好，调整激光管的水平度，使激光光束平行于台面，调节各光学元件的高度，使其轴线等高。

(2) 按图3.4.2所示，组成迈克尔逊干涉仪光路，使 M_1 和 M_2 两平面镜距G的距离大致相等，暂不用扩束器，气室AR也暂不放入。

(3) 调节反射镜 M_1 和 M_2 的倾角，使接收屏上两组最强的光点重合。

(4) 将气室AR放入 M_1 与分束镜之间的光路中，调节气室AR的水平度，使光束垂直穿过气室。

(5) 加入扩束器，经过微调，使屏上出现一系列干涉圆环。

(6) 扭紧气球上的充气阀，向气室充气，至气压表达满量程(30 kPa)附近，记录气压表读数 p_1。缓慢松开气阀放气，同时默数干涉环变化数。当移动30个圆环时，停止放气，并当圆环变化数为30时($N=30$)，记录气压表此时的读数值 p_2。

(7) 将 Δp，$N=30$，p_{lab} 代入式(3.4.8)，计算实验环境下空气的折射率。其中激光波长 λ，气室长度 l 由实验室给出，环境气压 p_{lab} 从实验室的气压计读出。

(8) 重复步骤(6)，进行多次测量。

(9) 数据记录。将所得数据记入表3.4.1中。

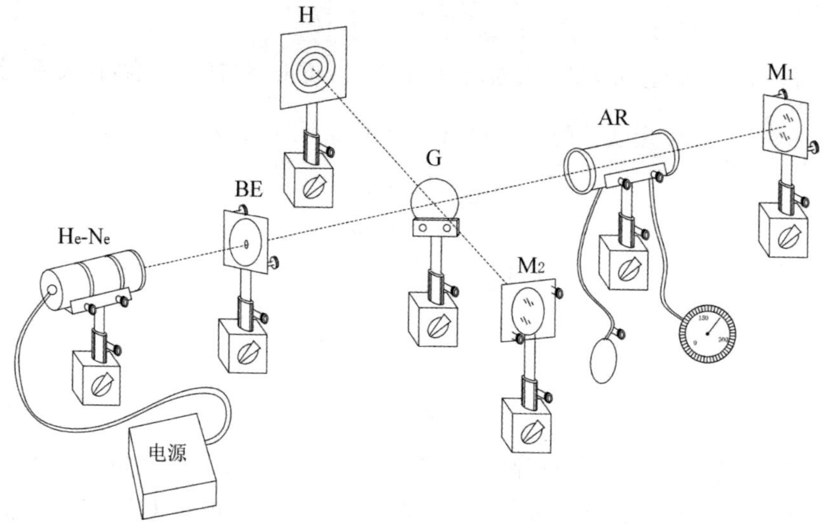

图 3.4.2　迈克尔逊干涉仪组装图

表 3.4.1　数据记录

次数	p_1/kPa	p_2/kPa	Δp/kPa
1			
2			
3			
4			
5			
6			
平均值			

室温 t = ________ ℃　　大气压 p_{lab} = ________ kPa

气室 AR 长度 l = 200 mm　　λ = 632.8 nm　　N = 30

[注意事项]

(1) 激光是强光，会灼伤眼睛，注意不要让激光直接照射眼睛。

(2) 若须清洁各光学器件时，必须要用干净的镜头纸。

(3) 气室鼓气阀门不要用力旋转，以免损坏。

[思考题]

通常迈克尔逊干涉仪光路中都有一块平行于分束镜 G 的用于光程补偿的玻璃板，而图3.4.2中并没有使用，这对测量结果有无影响？

内容二　光的偏振

光的偏振现象证明了光波是一种横波，即光的振动方向垂直于它的传播方向。对光波偏振性质的研究不仅使人们加深了对光的传播规律和光与物质相互作用规律的认识，而且光的偏振在科学技术及工业生产中有着广泛的应用。比如在化工领域，可以利用偏振光测量溶液的浓度；在机械工业中，利用偏振光的干涉分析机件内部应力分布情况；偏光干涉仪、偏光显微镜在生物学、医学和地质学等方面有着重要的应用。日常生活中偏振光也有广泛的应用，如利用偏振光眼镜观看立体电影、汽车夜晚行驶防止对面车灯晃眼、摄像镜头消除反光等。

［实验目的］

(1)观察光的偏振现象，加深对光的偏振基本规律的认识。

(2)掌握产生和检验偏振光的原理和方法。

(3)用光电转换法验证马吕斯定律。

(4)利用 1/4 波片判断光的偏振态。

［实验原理］

1.光的五种偏振态

按电磁理论，光是横波，它的振动方向和光的传播方向垂直。在垂直于光的传播方向的平面内，光矢量振动方向及光强的分布可能具有不同的状态，通常这些状态可分为五种，如图 3.4.3所示，即自然光、部分偏振光、线偏振光、椭圆偏振光和圆偏振光。

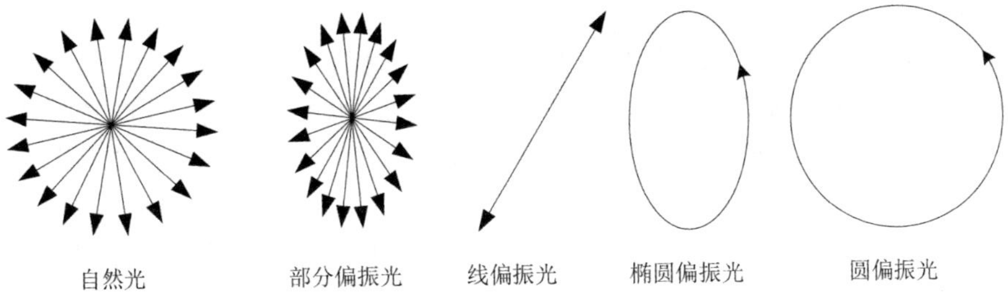

图 3.4.3　光的五种偏振态

自然光：若光矢量的取向与大小都随时间作无规则的变化，各方向取向概率相同，而且各取向上光矢量振幅的时间平均值相等，则称为自然光。

部分偏振光：若光矢量在某一确定的方向上最强，而在与其垂直的方向上最弱，且各方向的电振动无固定的位相关系，则称为部分偏振光。

线偏振光：若光矢量固定在某一平面内振动，则称为平面偏振光或线偏振光。

椭圆偏振光：若光矢量方向随时间作有规则的改变，其末端在垂直于传播方向平面上的轨迹是椭圆形，则称为椭圆偏振光。

圆偏振光：若光矢量方向随时间作有规则的改变，其末端在垂直于传播方向平面上的轨迹是圆形，则称为圆偏振光。

2.获得偏振光的方法

(1)反射产生偏振光。根据布儒斯特定律,光从折射率为 n_1 的介质射向折射率为 n_2 的介质时,当入射角满足 $\tan i_b=\frac{n_2}{n_1}$ 时反射光就变为振动方向垂直于入射面的线偏振光。而折射光为部分偏振光。这个特殊的入射角 i_b 称为布儒斯特角,如图 3.4.4 所示。

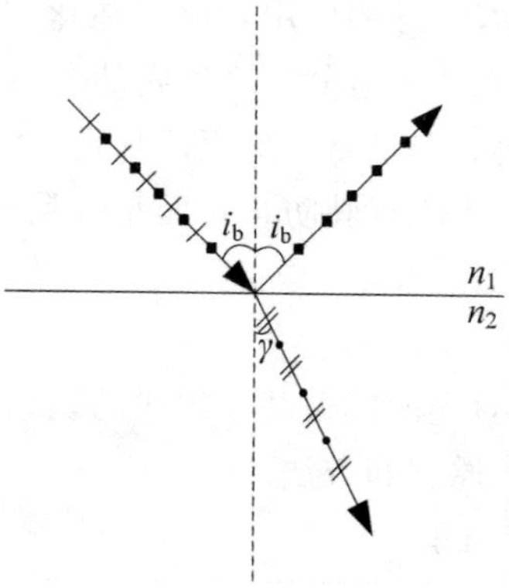

图 3.4.4　布儒斯特定律

由折射定律 $\frac{\sin i_b}{\sin\gamma}=\frac{n_2}{n_1}$ 和布儒斯特定律 $\tan i_b=\frac{n_2}{n_1}$,可以证明:当入射角等于 i_b 时,反射光和折射光相互垂直,即 $i_b+\gamma=\frac{\pi}{2}$。

从空气($n_1=1$)入射另一种媒质时,布儒斯特角一般在 $53^\circ\sim58^\circ$ 之间,对于 $n_2=1.54$ 的玻璃板,$i_b=57.0^\circ$。

(2) 偏振片产生偏振光。实验发现有些材料对不同偏振状态的光有选择吸收的性质,例如,天然的电气石晶体和硫酸碘奎宁晶体。当光矢量与晶体的光轴平行时,光被晶体吸收较少,而光矢量与晶体的光轴垂直时,光被吸收的较多。这种性质叫作晶体的二向色性。偏振片就是利用某些具有二向色性的晶体制成的偏振元件。它让某一振动方向的光通过,而与此垂直的光振动被吸收。我们把偏振片上能透过的振动方向叫作偏振片的偏振化方向,并在偏振片上以记号 ↑ 表示。

3.偏振光的检定

鉴别光偏振状态的过程称为“检偏”,使用的器件称为“检偏器”。检偏器可用于检验光波在不同振动方向的强度分量,旋转检偏器,改变其偏振化透光方向,可以观察到出射光线的强度变化。用于起偏的器件称为起偏器,实际上起偏器和检偏器是通用的,只是作用不同而已。

(1) 偏振片对线偏振光的作用。马吕斯定律定量描述了线偏振光经过检偏器前后的强度关系,它表述:当入射到检偏器的线偏振光强度为 I_0,经过检偏器后的出射光强度为 I,若入射线偏振光的振动方向和检偏器的偏振化方向夹角为 θ,则有 $I=I_0\cos^2\theta$(不考虑检偏器的吸收),如图 3.4.5 所示。

由公式可知,当 $\theta=0,\pi$ 时,即入射和出射光的振动方向平行,$I=I_0$,光强不变。当 $\theta=\frac{\pi}{2}$ 时,即入射和出射光的振动方向垂直,$I=0$,即出射光出现“消光”现象。

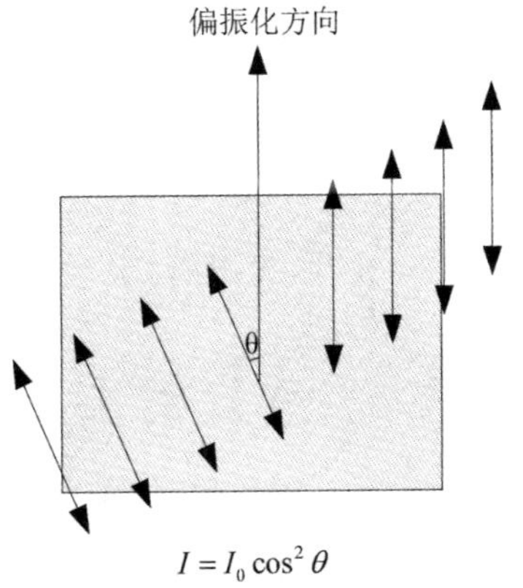

图 3.4.5　马吕斯定律

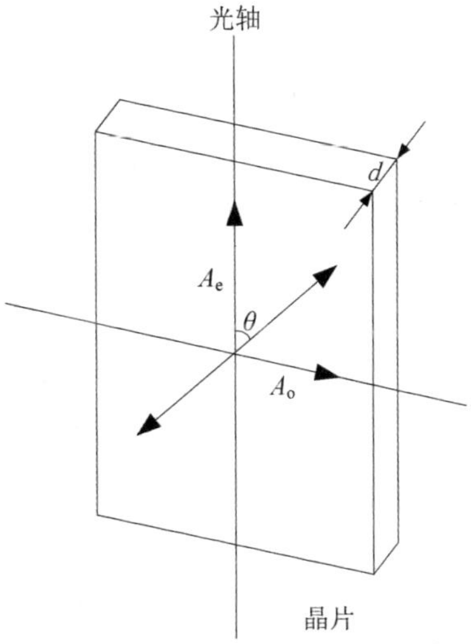

图 3.4.6　波片

(2)1/2 波片、1/4 波片对线偏振光的作用。当一束线偏振光垂直入射到表面平行于光轴的双折射晶片时，将分解成振动方向垂直于光轴的 O 光（寻常光）和平行于光轴的 e 光（非常光）两个分量，二者振幅不同，在晶片内的传播速度不同，但 O 光与 e 光沿同一方向传播，如图 3.4.6 所示。

O 光与 e 光的振幅关系为

$$A_O=A\sin\theta,\quad A_e=A\cos\theta$$

O 光与 e 光穿出晶片后的相位差为

$$\varphi=\frac{2\pi}{\lambda}(n_O-n_e)d$$

式中，d 为晶片厚度；n_O 和 n_e 分别为 O 光和 e 光的折射率。

当 d 的选取使 φ 等于 π 的奇数倍时，该晶片称为半波片或 1/2 波片；当 d 的选取使 φ 等于 $\frac{\pi}{2}$ 的奇数倍时，该晶片称为 1/4 波片。

在 θ 不为 0 或 $\frac{\pi}{2}$ 时，线偏振光透过半波片后仍为线偏振光，但偏振方向发生了 2θ 的旋转，而且出射光和入射光的偏振方向对称于光轴。

线偏振光透过 1/4 波片后则可能产生线偏振光、圆偏振光和椭圆偏振光（其长轴与光轴垂直或平行），这取决于 θ 的取值。

圆偏振光透过 1/4 波片后变成线偏振光；当入射的椭圆偏振光的长轴或短轴与 1/4 波片的光轴平行时，经过 1/4 波片后变成线偏振光。

(3) 偏振光的鉴定思路。线偏振光：通过偏振片后，旋转检偏器一周，若出现两次消光现象，则必为线偏振光。

自然光与圆偏振光：只使用一个检偏器，把它旋转一周，透射光强度将无变化。此时，先让入射光通过一个 1/4 波片，若成为线偏振光，说明入射光就是圆偏振光；若通过 1/4 波片后旋转检偏器一周光强仍然没有变化，则为自然光。

部分偏振光与椭圆偏振光：二者在通过旋转的检偏器后将出现光强两次极大和两次极小的现象。如果是椭圆偏振光，先让入射光通过 1/4 波片，并使 1/4 波片的光轴与椭圆偏振光的短轴或长轴方向平行，则从 1/4 波片出射的将是振动方向与椭圆长、短轴组成的矩形对角线方向相重合的线偏振光；此时，把检偏器旋转一周，将会出现两次消光现象。如果是部分偏振光则不会出现两次消光现象。

［实验仪器］

钠光灯，He－Ne 激光器，圆孔光栏，偏振片两个，光屏，1/4 波片，光电管，灵敏电流计，冰洲石晶体，二维调节架，平移底座等。

［实验操作］

1.验证马吕斯定律

(1)按图 3.4.7 所示设置光路，在光学平台上依次放置各元件，打开钠光灯 S，使圆孔光栏 D 靠近钠光灯，并调至与钠光灯发光最强的部位等高。从光栏 D 出射的光为单色自然光。再将偏振片 P_1，P_2 逐个放于平台上并调至与圆孔光栏 D 同轴等高，并使 P_1 有刻度的盘面对着光栏。P_1 为起偏器，P_2 为检偏器。将光电管、灵敏电流计等接成光电检测电路。光电管在透射光照射下，电路中产生的光电流与透射光强成正比，故通过对光电流的测量可反映透射光强的变化。

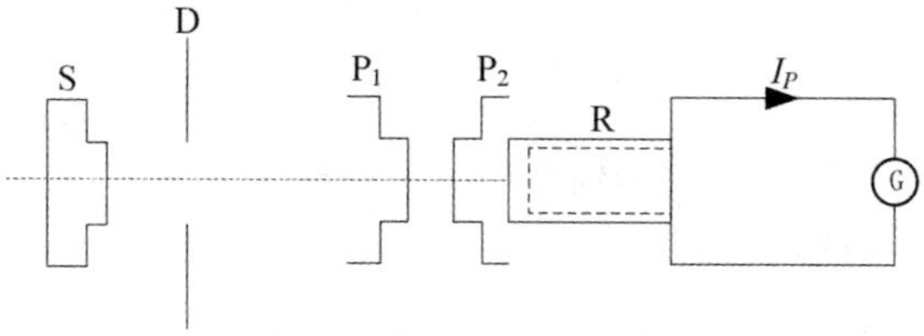

图 3.4.7 验证马吕斯定律

(2)将检偏器 P_2 转至 90°位置后，转动起偏器 P_1 到消光位置，固定 P_1（$\theta=0$）。实验时，P_1 和 P_2 要尽量靠近，光电管套筒要贴近 P_2，以减小杂散光线对实验结果的影响。

(3)将 P_2 转到 0°（光电流为最大值）时开始测量，P_2 每转动过 15°测量一次光电流的数值。将测量结果记入数据表 3.4.2。

表 3.4.2 数据记录

θ	0°	15°	30°	45°	60°	75°	90°
I							
$\cos^2\theta$							

2.自然光和平面偏振光的检验

(1)按图 3.4.8 所示放置各器件，S 为钠光灯，并使 P_1 有刻度的盘面对着光栏。

(2)取下 P_2，以 P_1 为起偏器使透射光直接射到光屏 E 上，旋转 P_1，观察并描述光屏上光斑强度的变化情况。

(3)在 P_1 的后面放入检偏器 P_2，P_1 不动，旋转 P_2，观察并描述光屏 E 上光斑强度变化情况，然后与第(2)步作比较，并做出解释。

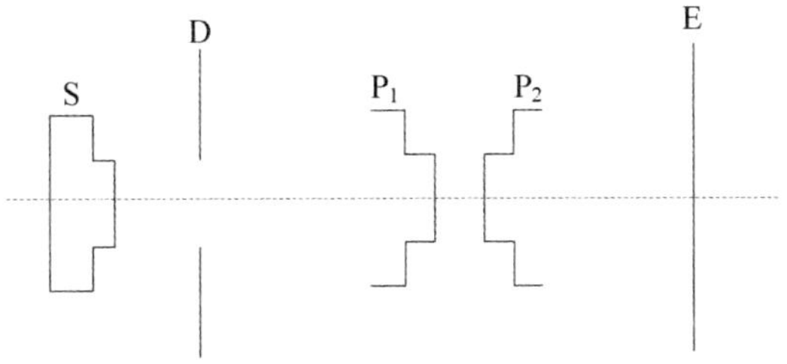

图 3.4.8　起偏与检偏

3.圆偏振光和椭圆偏振光的产生与检验

(1)在图 3.4.8 中，转动 P_2，使光屏上的光斑最暗(这时 P_1 和 P_2 透光方向垂直)。

(2)保持 P_1 和 P_2 不动，在 P_1 和 P_2 间插入 1/4 波片。转动波片，再使光斑最暗。以此时波片光轴位置为起点，转动 1/4 波片；使其光轴与起始位置的夹角依次为 0°，15°，30°，45°，60°，75°，90°，分别将 P_2 转动一周，根据所看到的光斑明暗变化情况，记入表 3.4.3 中，并对入射 P_2 的光的偏振态分别做出判断。

表 3.4.3　数据记录

1/4 波片转角	P_2 转一周透射光强是否有变化	P_2 转一周是否出现消光	P_2 入射光的偏振态
0°			
15°			
30°			
45°			
60°			
75°			
90°			

4.观察冰洲石晶体的双折射现象

用激光照射在冰洲石晶体上，在晶体后加一个凸透镜，即可看见该晶体的双折射现象。

[思考题]

(1)偏振片、波片有什么不同？

(2)产生线偏振光的方法有哪些？起偏器和检偏器有什么区别？

(3)实验中如何判断线偏振光、圆偏振光和椭圆偏振光？将线偏振光变成圆偏振光或椭圆偏振光要用何种器件？在什么状态下产生？

(4)实验中采用了钠黄光，如果光源变成绿光，实验中使用的 1/2 波片、1/4 波片是否还可以使用？

3.5 用超声光栅测液体中的声速

光波通过被超声波扰动的介质时发生衍射的现象，称为超声致光衍射（亦称声光效应）。超声波作为一种纵波在液体中传播时，其声压使液体分子产生周期性的变化，促使液体的折射率也相应地做周期性变化，形成疏密波。此时，如有平行单色光沿垂直于超声波传播方向通过这疏密呈周期性变化的液体时，就会被衍射，这一作用类似光栅，所以称为超声光栅。

［实验目的］

（1）了解超声光栅形成原理。
（2）用超声光栅测定液体中的声速。

［实验原理］

1. 驻波超声光栅的形成原理

图 3.5.1 所示是本实验所用超声池，给超声换能器加 8 MHz 以上的交变电信号，它就会产生超声波。当超声波在液体中传播时会被液槽的一个侧面反射，当反射面与波源的距离为超声波 1/4 波长的奇数倍时，前进波与反射波叠加而形成纵向振动驻波。由于反射面处的液体没有位移，所以该处为驻波的波节，而超声换能器的表面产生振动，此处为波腹。若选择超声换能器右表面的平衡位置处为 x 轴的坐标原点，超声换能器振动位移处于某最大值的时刻为计时起点，则驻波的方程可用下式表示：

$$y = 2A\cos\frac{2\pi t}{T_s}\cos\frac{2\pi x}{\lambda_s} \tag{3.5.1}$$

式中，y 表示质点沿 x 方向偏离平衡位置的位移；A 表示振源发出的超声行波的振幅；λ_s 表示超声波的波长；T_s 表示超声波的周期。

在 t 时刻（这里选取各液体质元处于最大位移时），纵驻波的某一波节两边的质点都涌向这个节点，使该节点附近成为质点密集区，而相邻两侧的两个波节处质点向两侧散开成为质点稀疏区，而任一“质点稀疏”波节的两侧是“质点密集”波节，这样波节的密集与稀疏就成相间排列，液体的折射率则发生周期性的变化。任意两个相邻同性质波节之间的间距为 λ_s。这就相当于形成了一个光栅常数为 λ_s 的平面光栅，如图 3.5.2(a) 所示。

半个周期后，即 $t + T_s/2$ 时刻，原来的“质点密集”波节变成了“质点稀疏”波节，所有波节的性质发生了改变，这相当于光栅在 x 方向移动了半个波长。也就是说这种驻波光栅的位置不是静止不变的，如图 3.5.2(b) 所示。

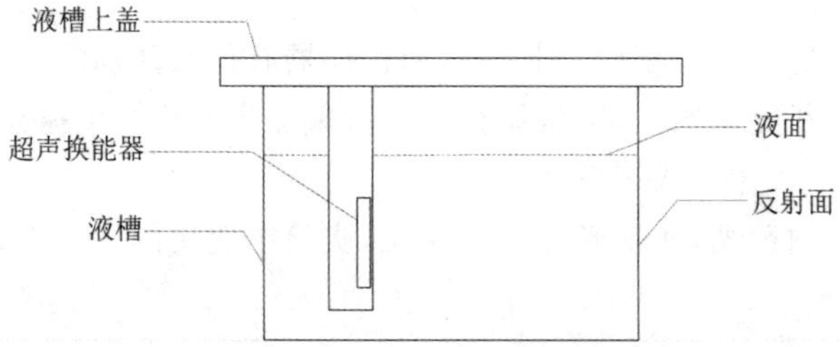

图 3.5.1 超声池结构图

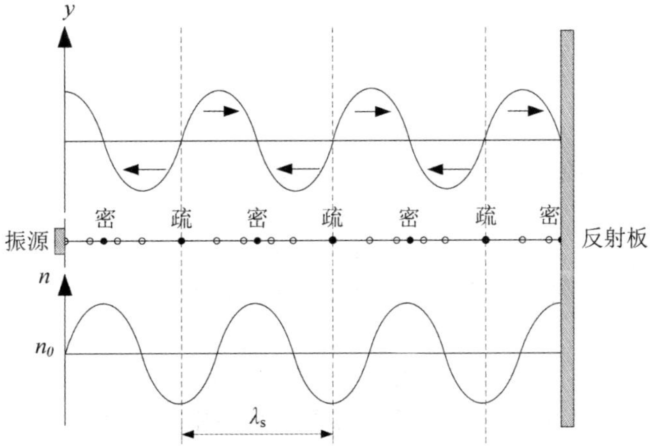

(a)

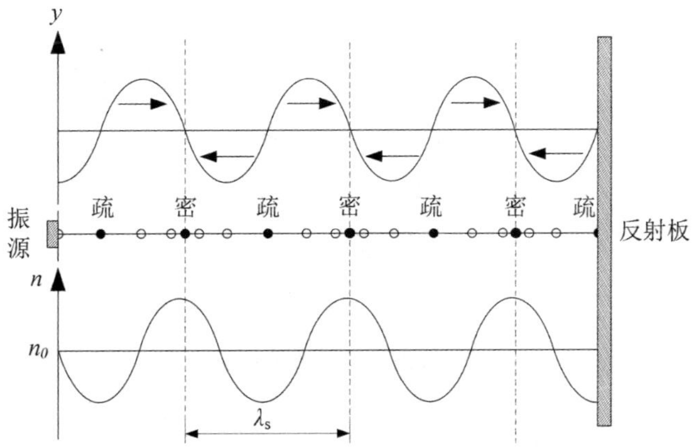

(b)

图 3.5.2　超声光栅原理图

(a) t 时刻；(b) $t+T_s/2$ 时刻

当单色平行光沿着垂直于超声波传播方向通过上述液体时，因光速远大于液体中的声速，可以认为光波的一波阵面通过液体的过程中液体中的疏密及其折射率的周期变化情况没有明显改变，相对稳定。对衍射角即衍射条纹位置没有影响。如图 3.5.3 所示为超声光栅衍射。

2. 行波超声光栅的形成原理

如果给水槽反射面的前边放置一块吸声材料如泡沫，水槽中就只有行波存在，某一时刻水槽中液体疏密变化的分析方法与驻波的情形相同，得到的也是一个光栅常数等于 λ_s 的光栅，不同的是，此时的“光栅”是以声速连续向前推进的。

一般来讲，不论液体中的超声波是行波还是驻波，其光栅常数都是 λ_s，而且光栅的“位置”移动对条纹位置都没有影响。只是当液槽中传播的超声波被液槽的一个玻璃面反射在一定条件下形成该超声频率的纵向振动驻波时，可加剧液体的疏密变化程度，使衍射现象加强。

根据光栅方程可得

$$\lambda_s \sin\varphi_K = K\lambda,\quad K=0,\pm1,\pm2,\cdots \tag{3.5.2}$$

式中，φ_K 为 K 级衍射光的衍射角；λ 为光波波长。当 φ_K 很小时，可近似有

$$\sin\varphi_K = d_K/f \tag{3.5.3}$$

式中，d_K 为衍射光谱上零级至 K 级的距离；f 为透镜 L_2 的焦距，则超声波波长

$$\lambda_s = \frac{K\lambda}{\sin\varphi_K} = \frac{f\lambda}{d_K/K} \tag{3.5.4}$$

液槽中传播的超声波频率 f_s 可由超声光栅仪上的频率计读出，则超声波在液体中传播的速度

$$v_s = \lambda_s f_s = f\lambda f_s/\Delta d \tag{3.5.5}$$

式中，$\Delta d = d_K/K$，因此利用超声光栅衍射可以测量液体中的声速。

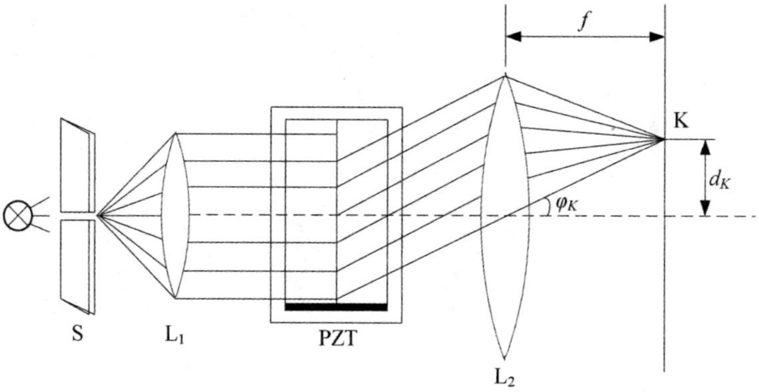

图 3.5.3　超声光栅衍射

[实验仪器]

超声信号源(输出信号频率 8 ～ 12 MHz)，超声池，测微目镜(测量范围 8 mm，测量精度 0.01 mm)，11 MHz 左右共振频率的锆钛酸铅陶瓷片，JJY1′ 分光计。

[实验操作]

1.调整仪器

(1) 调整分光计(详细步骤见“分光计的调整和光栅常数的测定”)，使望远镜和平行光管轴线均垂直于旋转主轴，使平行光管出射平行光；调节狭缝宽度，使视场中狭缝的像明锐。

(2) 放置超声池。超声池在分光计上的放置位置如图 3.5.4 所示。将纯净水或待测其他液体注入液体槽内，液面高度以液体槽侧面的液体高度刻线为准；将液体槽座卡在分光计载物台上，并用载物台侧面的锁紧螺钉锁紧；将此液体槽(超声池) 平稳地放置在液体槽座中，放置时，转动载物台使超声池两侧表面基本垂直于望远镜和平行光管的光轴；两支高频连接线的一端各插入液体槽盖板上的接线柱，另一端接入超声光栅仪的高频信号输出端，然后盖上液体槽盖板。

(3) 观察衍射条纹。开启超声信号源，在阿贝目镜中观察衍射条纹，仔细调节频率微调钮，使电振荡频率与锆钛酸铅陶瓷片固有频率共振，使输出的超声波功率最大。此时，衍射光

谱的级次会显著增多且更为明亮。左右转动超声池(可转动分光计载物台或游标盘),使射向超声池的平行光束完全垂直于超声波,同时观察视场内的衍射光谱左、右级次亮度及对称性,直到从目镜中观察到稳定而清晰的左、右各 3 ～ 4 级的衍射条纹为止。取下阿贝目镜,换上测微目镜,调焦目镜,至观察到清晰的衍射条纹。

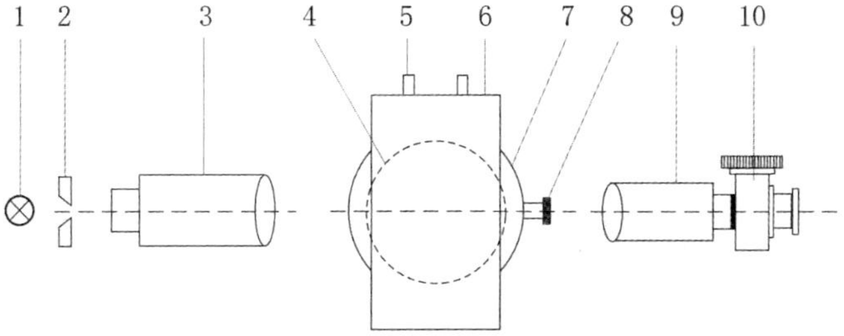

图 3.5.4　液槽放置示意图

1— 光源;2— 狭缝;3— 平行光管;4— 载物台;5— 接线柱;
6— 液体槽;7— 液体槽座;8— 锁紧螺钉;9— 望远镜光管;10— 测微目镜

2.测液体中的声速

用测微目镜逐级测量衍射条纹及其位置,并将读数填在表 3.5.1 中。

表 3.5.1　数据记录　　单位:mm

谱线色 \ 条纹位置 \ 衍射级	−4	−3	−2	−1	0	1	2	3	4
黄(578.02 nm)									
绿(546.07 nm)									
蓝(435.83 nm)									

实验温度:　　℃

由于衍射角较小,对同一色光而言,可以认为各级衍射谱线是等间距分布,所以可以用逐差法计算各色光衍射条纹的平均间距 Δd 及标准差。用公式 $v_s = f\lambda f_s/\Delta d$ 计算声速,并完整给出实验结果表达式。

水中的声速随温度作抛物线式变化,其表达式为

$$v_{水} = 1\ 557 - 0.024\ 5 \times (74 - t)^2 \tag{3.5.6}$$

用式(3.5.6)计算出水中声速的理论值,与实验值进行比较。

3.注意事项

(1) 超声池置于载物台上必须稳定,在实验过程中应避免震动,以使超声在液槽内形成稳定的驻波。导线分布电容的变化会对输出电信号频率有微小影响,测量时不能触碰连接超声池和高频信号源的两条导线。

(2) 锆钛酸铅陶瓷片表面与对应面的玻璃槽壁表面必须平行,此时才会形成较好的驻波,因此实验时应将超声池的上盖盖平。上盖与玻璃槽留有较小的空隙,实验时微微扭动一下上盖,有时也会使衍射效果有所改善。

(3) 锆钛酸铅陶瓷片的共振频率在 11 MHz 左右,WSG—1 超声光栅声速仪给出 10 ～

12 MHz 可调范围。在稳定共振时，数字频率计显示的频率值应是稳定的，最多只有 0.01 ～ 0.02 MHz 的变动。

(4) 实验时间不宜过长。其一，声波在液体中的传播与液体温度有关，时间过长，温度可能在小范围内有变动，从而会影响测量精度，一般测量可使待测液体温度同于室温，精密测量可在超声池内插入温度计测量；其二，频率计长时间处于工作状态，会对其性能有一定影响，尤其在高频条件下有可能会使电路过热而损坏，实验时应特别注意不要使信号源频率长时间调在 12 MHz 以上，以免振荡线路过热。

(5) 提取液槽时应拿两端面，不要触摸两侧表面通光部位，以免污染，如已有污染，可用酒精清洗干净，或用镜头纸擦净。

(6) 卸除狭缝内的毛玻璃片或使光源尽量靠近狭缝，可明显提高衍射条纹清晰度和衍射级次。

(7) 实验完毕后应将超声池内被测液体倒出，不要将锆钛酸铅陶瓷片长时间浸泡在液槽内。

[思考题]

(1) 在 9 ～ 12 MHz 范围内改变信号源的频率，观察衍射条纹如何变化，并对现象进行解释。

(2) 为什么说超声光栅的光栅常数是 λ_s，而不是驻波相邻波节之间的距离？

3.6 声光效应

当超声波通过介质时，会造成介质的局部压缩和伸长而产生弹性应变，使介质出现疏密相间的现象，相当于相位光栅，当光通过时就会发生衍射现象，这种现象称之为声光效应。由于激光技术和超声技术的发展，声光效应得到了广泛的应用，利用声光效应可制成声光器件，如声光调制器、声光偏转器和谐调滤光器等；声光效应还可用来控制激光束的频率、方向和强度，在激光技术、光信号处理和集成光通信技术等方面也有着重要的应用。

[实验目的]

(1) 了解声光效应的基本原理。

(2) 在布喇格型衍射下观察声光偏转现象和声光调制现象。

(3) 利用声光效应测量超声波在介质中的传播速度。

[实验原理]

当超声波在介质中传播时，会引起介质产生弹性应变，而且该应变随时间和空间作周期性变化，由此导致介质的折射率也发生相应的变化，当光通过介质时就会产生衍射现象，如图 3.6.1 所示。

有超声波传播着的介质犹如一个相位光栅，当光通过时就会发生衍射现象，该衍射分为两种类型。当声光作用的距离 L（见图 3.6.1）满足 $2\pi L \dfrac{\lambda}{\lambda_s^2} \ll 1$（$\lambda_s$ 为声波的波长，λ 为光波的波长）时，声光介质相当于一个平面光栅，此时的衍射称为拉曼-纳斯（Raman - Nath）型衍射；当 $2\pi L\dfrac{\lambda}{\lambda_s^2}\gg 1$（实验证明 $2\pi L\dfrac{\lambda}{\lambda_s^2}>4\pi$ 即可），且光束的入射角满足一定要求时，声光介质相当于一个体光栅，此时的衍射称为布喇格型衍射。本实验所配的声光器件及信号源的相关参数仅满足布喇格型衍射，因此这里仅讨论布喇格型衍射的有关问题。

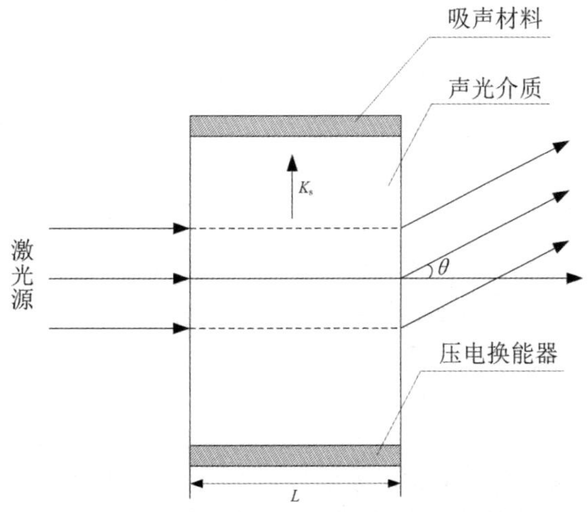

图 3.6.1　声光衍射

如图 3.6.2 所示，在 $L>\dfrac{2\lambda_s^2}{\lambda}$ 的前提条件下，入射光相对于超声波波面斜入射，当入射角 i_B 满足条件

$$\sin i_B=\frac{\lambda}{2\lambda_s} \tag{3.6.1}$$

时，在理想情况下，除了 0 级衍射外，只出现 +1 级或 −1 级衍射，这种衍射与晶体对 X 光的布喇格衍射很类似，所以称为布喇格衍射；式(3.6.1) 称为布喇格条件。通常 i_B 很小，因而衍射光相对于入射光的偏转角为

$$\varphi=2i_B\approx\frac{\lambda}{\lambda_s}=\frac{\lambda_0}{nv_s}f_s \tag{3.6.2}$$

式中，v_s 为超声波的波速；f_s 为超声波的频率；n 为声光介质的折射率；λ_0 为光在真空中的波长。在布喇格衍射下，一级衍射光的衍射效率为

$$\eta=\sin^2\left[\frac{\pi}{\lambda_0}\sqrt{\frac{MLP_s}{2H}}\right] \tag{3.6.3}$$

式中，P_s 为超声波的功率；L 和 H 为超声换能器的长和宽；M 是反映声光介质本身性质的一个常数。

由式(3.6.2) 和式(3.6.3) 可以看出，通过改变超声波的频率 f_s 和功率 P_s，可分别实现对激光束方向的控制和强度的调整，这是声光偏转器和声光调制器的物理基础。

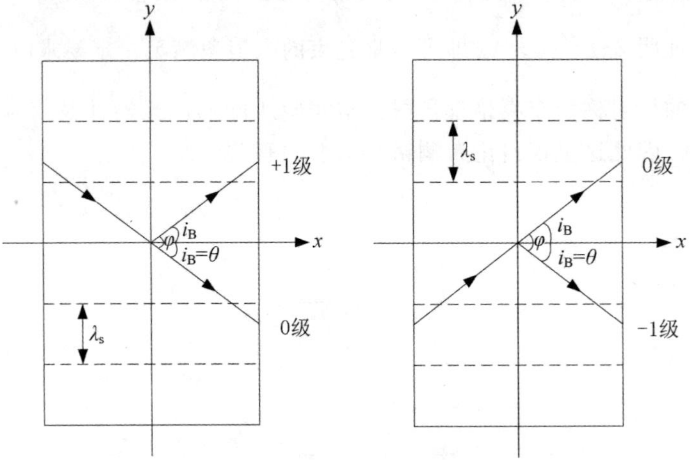

图 3.6.2　布喇格衍射

［实验仪器］

声光器件，功率信号源，CCD 光强分布测量仪，半导体激光源，光具座，频率计，示波器。

1. 声光器件

声光器件由声光介质、压电换能器和吸声材料组成，如图 3.6.3 所示。本实验采用的声光器件中的声光介质为钼酸铅，吸声材料的作用是吸收通过介质传播到端面的超声波以建立超声行波。将介质的端面磨成斜面或成牛角状，也可达到吸声的作用。压电换能器又称超声发生器，由铌酸锂晶体或其他压电材料制成。它的作用是将电功率转换成声功率，并在声光介质中建立起超声场。声光器件有一个衍射效率最大的工作频率，此频率称为声光器件的中心频率，记为 f_c。对于其他频率的超声波，其衍射效率将降低。规定衍射效率（或衍射光的相对光强）下降 3 dB（即衍射效率降到最大值的$\frac{1}{\sqrt{2}}$）时两频率间的间隔为声光器件的带宽。

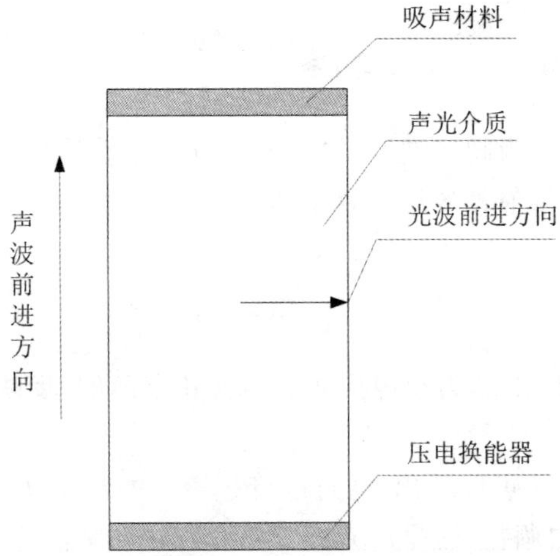

图 3.6.3　声光器件的结构

2.高频功率信号源

SO2000 功率信号源专为声光效应实验配套，输出频率范围为 80 ～ 120 MHz，最大输出功率为 1 W。面板上的毫安级电流表读数作功率指示用，读数值 ×10 等于毫瓦数。面板上的插孔及旋钮的含义如下。

等幅 / 调幅：做基本的声光衍射实验时，要打在“等幅”位置，否则信号源无输出。

声光：输出信号插座。用于连接声光器件，将功率信号源的电信号传入声光器件，经压电换能器转换为声波后注入声光介质。

测频：输出信号插座。接频率计，用于测量功率信号源输出信号的频率。

频率旋钮：用于改变功率信号源的输出信号的频率，可调范围为 80 ～ 120 MHz。逆时针到底是 80 MHz，顺时针到底是 120 MHz。

功率旋钮：用于调节功率信号源的输出频率，逆时针减少，顺时针变大。使用时，为保证声光器件的寿命，请不要长时间处于功率最大位置。

3. LM601 CCD 光强分布测量仪

LM601 光强分布测量仪采用线阵 CCD 器件，它可以在同一时刻显示、测量各级衍射光的相对光强分布，不受光源强度跳变、漂移的影响。在衍射角的测量上也有很高的精度，除在示波器上测量外，也可以用计算机来采集处理实验数据。

4.半导体激光源

半导体激光器的输出光强稳定，功率可调，寿命长。在后面板上有一只调节激光强度的电位器，在盒顶和盒侧各有一只 $X-Y$ 方向微调的手轮用以调节激光束的方向。性能参数见激光器外壳上的铭牌。

5.频率计

HC—F1000L 多功能等精度频率计面板如图 3.6.4 所示。

(1) 电源开关：按下按钮打开，显示器将显示 2 s 本机型号。再按一下则关闭。

(2) 暂停：暂停开关按下，中止测量，并保持中止前数据。

(3) 复位：被按下时，立即复位计数器，可开始新一轮测试。

(4) 闸门周期：用于频率、周期测量时，选择不同的分辨率及计数器的周期。

(5) 自校：主要检查整个计数器以及显示功能是否正常。按下此键，八位显示器同时从 0 ～ 9 字符反复显示。

(6)A.TOT：累计测量(通道 A 输入)。

(7)A.PERI：周期测量(通道 A 输入)。

(8)A.FREQ：10 MHz，10 Hz ～ 10 MHz(通道 A 输入)。

(9)A.FREQ：100 MHz，10 ～ 100 MHz(通道 A 输入)。

(10)B.FREQ：1 GHz，100 MHz ～ 1 GHz(通道 B 输入)。

(11)A.ATTN：输入信号衰减开关。按下时，输入灵敏度被降低 20 倍(仅限于 A 通道)。

(12)A.INPUT：A 通道输入端。当输入信号幅度大于 300 mV 时，应按下衰减开关 ATTN 降低输入信号，能提高测量值的精确度。

(13) B.INPUT：B 通道输入端。

(14) 闸门指示：指示闸门的开关状态，门关时显示灯亮。

(15) 溢出指示：显示超出 8 位灯亮。

(16)kHz:显示器所显示的频率单位。

(17)MHz:显示器所显示的频率单位。

(18)μs:显示器所显示的周期单位。

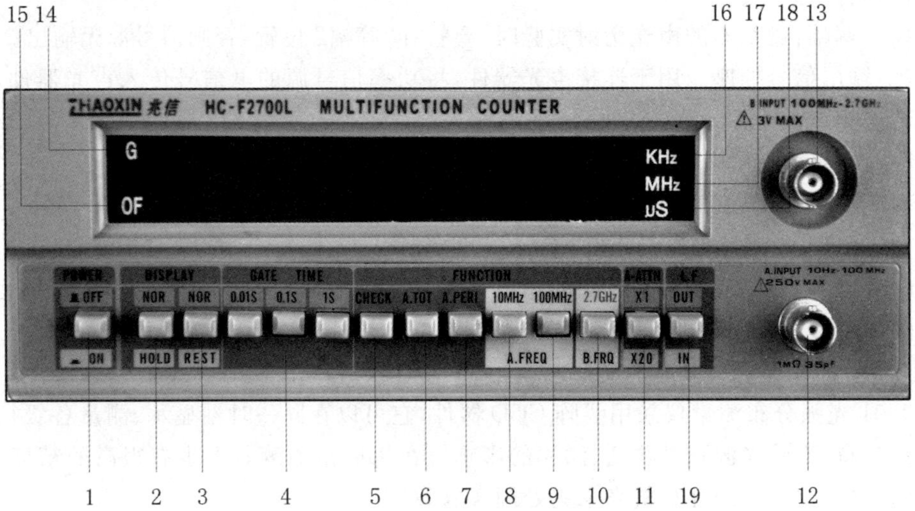

图 3.6.4 HC—F1000L 频率计面板图

[实验操作]

(1) 按图 3.6.5 所示安装好仪器。

1) 光强分布仪和示波器的连接。用一根同轴电缆线连接光强分布仪的“信号”和示波器的测量输入通道,用另一根线连接光强分布仪的“同步”和示波器的外触发同步通道。

2) 功率信号源和声光器件的连接。将信号线一头连接声光器件,另一头连接功率信号源的“声光”插座,并将功率信号源打在“等幅”上。

3) 功率信号源和频率计的连接。连接功率信号源的“测频”插座和频率计 A 输入通道插座。

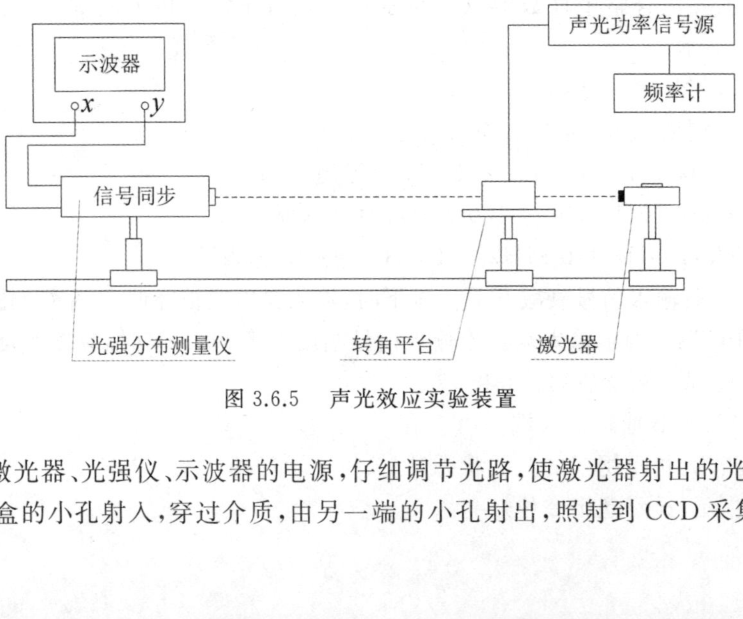

图 3.6.5 声光效应实验装置

(2) 开启激光器、光强仪、示波器的电源,仔细调节光路,使激光器射出的光束准确地由声光器件外塑料盒的小孔射入,穿过介质,由另一端的小孔射出,照射到 CCD 采集窗口上,这时衍射尚未产生(声光器件尽量靠近激光器)。

(3) 用示波器测量时,将电压挡置 0.1 ～ 1 V/ 格,扫描频率一般置 2 ms/ 格;极性为"+"。适当调节"触发电平",在示波器上可以看到如图 3.6.6 所示的单峰波形(声光器件上无超声波时的光强信号波形)。

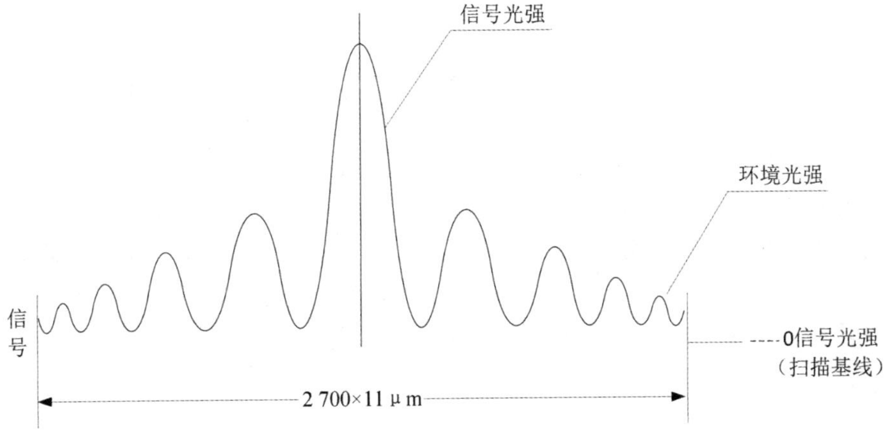

图 3.6.6　线阵 CCD 光强仪波形图

(4) 打开功率信号源和频率计电源进行适当调节。

(5) 反复调节激光束、声光器件、光强分布仪等之间的几何关系与激光器的功率,便可获得布喇格衍射,从示波器中便可观察到如图 3.6.7 所示的图形。

(6) 在布喇格衍射条件下,将功率信号源"功率旋钮" 置于中间值,调节"频率旋钮",可观察到 0 级光与 1 级光之间的相对位置会发生变化(衍射角随频率的变化)。这就是声光偏转现象。

(7) 在布喇格衍射条件下,固定"频率旋钮",调节"功率旋钮",可观察到 0 级光与 1 级光的强度会随之而变,这就是声光调制现象。

(8) 进行定量测量,首先定标示波器。用示波器进行测量时,先要解决"定标" 的问题,即示波器上 1 小格等于 CCD 器件位置 X 方向上的多少距离。方法是调节示波器的"水平位移"旋扭及"扫描微调"旋扭,使信号波形一帧正好对应于示波器上的某一区间刻度数。以图3.6.7为例,波形一帧正好对应于示波器上的 8 大格,则每大格对应实际空间距离为

$$2\ 700 \text{ 个像元} \div 8 \text{ 格} \times 11 = 3.712\ 5 \text{ mm}$$

每小格对应实际空间距离为

$$3.712\ 5 \text{ mm} \div 5 = 0.742\ 5 \text{ mm}$$

即 0 级光与 1 级光的偏转距离为

$$0.742\ 5 \text{ mm} \times 12.5 \text{ 小格} = 9.28 \text{ mm}$$

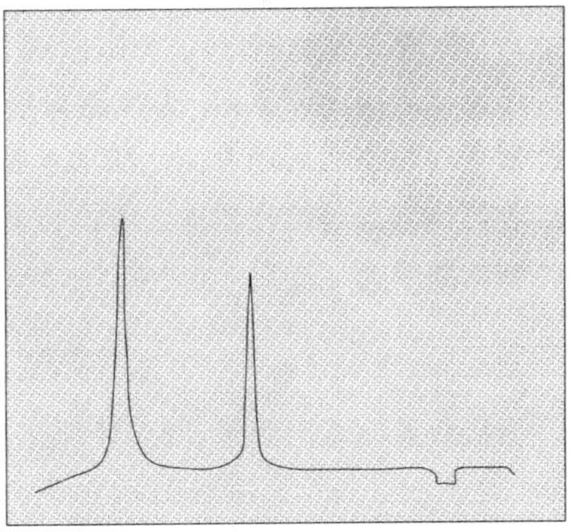

图 3.6.7　布喇格衍射光强波形图

(9)在布喇格衍射下,改变超声波频率的大小,从示波器中读出 0 级光和 1 级光在水平方向间隔的小格数,从频率计中读出频率,记录于表格中,并进行多次测量。

(10)通过测量数据进行有关计算和误差分析。

［思考题］

(1)如何用超声波控制激光的方向和强度?

(2)用示波器测量时如何进行“定标”?

(3)查阅资料,试举一、二例详细说明声光效应的用途。

3.7 多普勒效应

当波源和接收器之间有相对运动时,接收器接收到的波的频率与波源发出的频率不同的现象称为多普勒效应。多普勒效应在科学研究、工程技术、交通管理和医疗诊断等各方面都有十分广泛的应用。基于多普勒效应原理的雷达系统已广泛应用于导弹、卫星、车辆等运动目标速度的监测。在医学上利用超声波的多普勒效应来检查人体内脏的活动情况、血液的流速等。本实验在验证多普勒效应的基础上,利用多普勒效应研究物体的运动。

［实验目的］

(1)通过测量超声接收器运动速度与接收频率之间的关系,验证多普勒效应。

(2)利用多普勒效应,将物体运动过程中的速度转化为频率来测量,对简谐振动的运动规律进行研究。

［实验原理］

1. 验证超声波的多普勒效应

根据声波的多普勒效应公式,当声源与接收器之间有相对运动时,接收器接收到的频率为

$$f = f_0 \frac{u + V_1 \cos\alpha_1}{u - V_2 \cos\alpha_2} \tag{3.7.1}$$

式中,f_0 为声源发射频率;u 为声速;V_1 为接收器相对于传播媒质的运动速率;V_2 为声源相对于传播媒质的运动速率;α_1 为声源与接收器连续与接收器运动方向之间的夹角;α_2 为声源与接收器连线与声源运动方向之间的夹角(见图 3.7.1)。若声源保持不动,即 $V_2=0$,运动物体上的接收器沿声源与接收器连线方向以速度 V 运动($\alpha_1=0, V_1=V$),则由式(3.7.1)可得接收器接收到的频率为

$$f = f_0 \left(1 + \frac{V}{u}\right) \tag{3.7.2}$$

当接收器向着声源运动时,V 取正,反之取负。

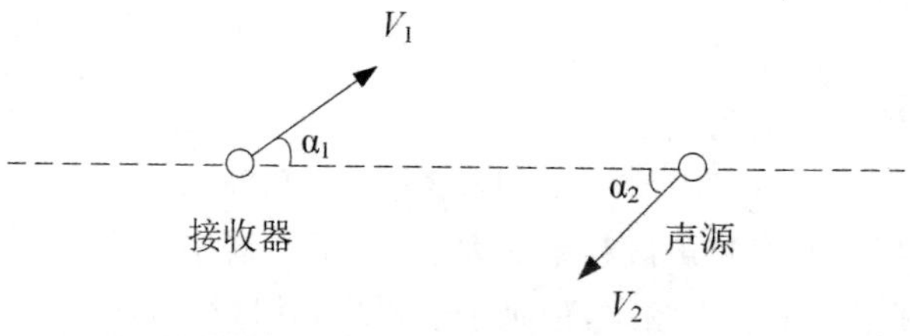

图 3.7.1 超声的多普勒效应示意图

根据式(3.7.2)，实验中若 f_0 保持不变，用光电门测量物体的运动速度 V，用超声接收器自动测量所接收的超声波的频率 f，即可计算出超声波的传播速度 u，将实验测得的声速 u 与理论值进行比较，即可对多普勒效应进行验证。

实验中可以测量多组 $f-V$ 数据，并作出 $f-V$ 关系图，其直线的斜率为 $k=f_0/u$，则声速的实验值可由 $u=f_0/k$ 计算获得。

2. *应用多普勒效应研究简谐振动的运动规律*

当质量为 m 的物体受到大小与位移成正比，而方向指向平衡位置的力的作用时，若以物体的运动方向为 x 轴，其运动方程为

$$m\frac{\mathrm{d}^2x}{\mathrm{d}t^2}=-kx \tag{3.7.3}$$

若令 $\omega_0=(k/m)^{1/2}$，式(3.7.3) 的解为

$$x=A\cos(\omega_0 t+\Phi_1) \tag{3.7.4}$$

将式(3.7.4) 对时间求导，可得速度方程：

$$V=\omega_0 A\sin(\omega_0 t+\Phi_2) \tag{3.7.5}$$

由式(3.7.4)、式(3.7.5) 可见物体作简谐振动时，位移和速度都随时间周期性变化，其中的 ω_0 为振动系统的固有角频率，常数 A 和 Φ_1，Φ_2 由初始条件决定。

由式(3.7.2) 可解出

$$V=u\left(\frac{f}{f_0}-1\right) \tag{3.7.6}$$

若已知声速 u 及声源频率 f_0，通过对接收频率的测量，可以计算出运动物体的速度。实验中，速度 V 由微处理器按式(3.7.6) 自动计算获得。

通过设置使仪器以某种时间间隔对接收器接收到的频率 f 进行自动测量，经自动计算，由显示屏显示 $V-t$ 关系图，实验者可调阅主机中存储的相关测量数据，自己绘制 $V-t$ 关系图并求出简谐振动的周期。

［实验仪器］

多普勒效应实验仪由主机、超声发射 / 接收器、红外发射 / 接收器、导轨、运动小车、光电门、弹簧及电机控制器等组成，结构图如图 3.7.2 所示。

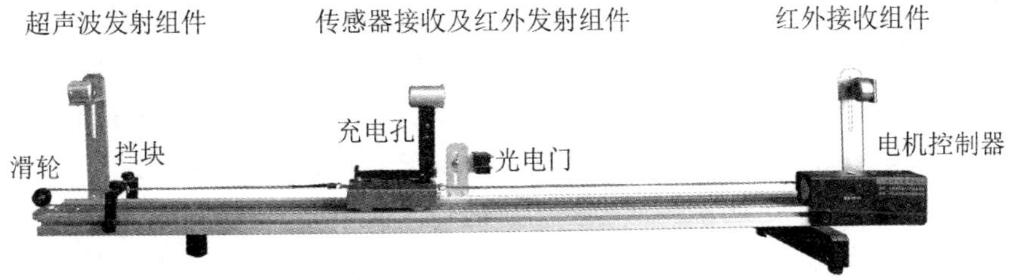

图 3.7.2　多普勒效应实验仪结构图

结构介绍：超声发射器固定在导轨左端，超声接收器固定在运动小车上随小车一起移动，因此超声接收器接收的频率可以实时反映小车的运动速度。接收器将接收到的超声信号采用无线传输给主机。具体方法是用超声接收信号对红外波进行调制后发射，红外发射器与超声

接收器结合在一起，均固定在小车的上方。红外接收器固定在导轨的右端。红外接收器将接收到的红外信号进行解调后送给主机进行处理。由此可见，超声信号无线传输的过程就是对红外信号进行“调制—发射—接收—解调”的过程。由于超声接收器和红外发射器孤立于小车之上，因此实验时需要及时地为其进行充电，否则信号不能正常接收和传输。

在验证多普勒效应时，需要同时对小车速度和接收超声信号的频率进行测量，小车速度用位于导轨中间部位的光电门进行自动测量，而所接收超声信号的频率在任何情况下均采用自动测量。

超声发射器、红外接收器、光电门和小车充电输出端（磁铁）在主机上均有相应的接口。电机控制器则使用了一个独立的电源。

主机：内置微处理器，带有液晶显示屏，并采用菜单式操作。显示屏显示菜单及操作提示，由 ▲▼◀▶ 键选择菜单或修改参数，按“确认”键后仪器执行。可在“查询”页面，查询到在实验时已保存的实验数据。操作者只须按每个实验的提示即可完成操作。

失锁警告指示灯：亮，表示频率失锁。即超声接收信号较弱（原因：超声接收器电量不足），此时不能进行实验，须对超声接收器充电，让该指示灯灭；灭，表示频率锁定，即接收信号能够满足实验要求，可以进行实验。

充电指示灯：灭，表示正在给超声接收器快速充电；亮（绿色），表示正在涓流充电；亮（黄色），表示已经充满；亮（红色），表示已经充满或充电针未接触。

电机控制器：电机控制器可手动控制小车变换 5 种速度；手动控制小车“启动”，并自动控制小车倒回；5 只 LED 灯指示当前设定速度，又可根据指示灯状态反映当前电机控制器与小车之间出现的故障。

［实验操作］

1. 验证多普勒效应并由测量数据计算声速

让小车以不同速度通过光电门，仪器自动记录小车通过光电门时的平均运动速度及与之对应的平均接收频率。由仪器显示的 $f-V$ 关系图可看出速度与频率的关系，若测量点成直线，符合式(3.7.2) 描述的规律，即直观验证了多普勒效应。用作图法或线性回归法计算 $f-V$ 直线的斜率 k，由 k 计算声速 u 并与声速的理论值比较。

参照图 3.7.2 所示安装好仪器。所有须固定的附件均安装在导轨上，将小车置于导轨上，使其能沿导轨自由滑动，此时，超声发射器、超声接收器组件（已固定在小车上）、红外接收器在同一轴线上。将组件电缆接入主机的对应接口上。安装完毕后，电磁铁组件放在轨道旁边，通过连接线给小车上的组件充电，第一次充电时间 6 ～ 8 s，充满后（主机面板充电灯变黄色或红色）可以持续使用 4～5 min。充电完成后连接线从小车上取下，以免影响小车运动。

实验前须调好皮带松紧度，否则实验将无法进行。皮带的松紧度直接影响小车在导轨上运动的质量：皮带过松，小车前进距离很不正常，因为带动皮带的主动轮与皮带之间打滑，小车自动返回后与控制器存在碰撞，有时候会出现较为剧烈的碰撞；当皮带过紧时，小车前进速度较慢，也会出现小车前进距离较近，小车后退时，运动吃力，容易使控制器进入保护状态而出现 5 个发光二极管闪烁（此时应在电机停止转动后，手动滑动小车到控制器位置，使其恢复正常使用）。小车自动后退完成后，小车车体后端磁钢距离控制器表面应在 1 ～ 15 mm 之间。如果不是这个距离，应调节皮带松紧度。

实验仪开机后，首先要求输入室温。因为计算物体运动速度时要代入声速，而声速是温度的函数。利用◀ ▶键将室温 t_c 值调到实际值，按“确认”。然后仪器将进行自动检测发射频率 f_0，约几秒钟后将自动得到发射频率，将 f_0 记录下来，按“确认”进行后面实验。

测量步骤：

(1) 在液晶显示屏上，选中“多普勒效应验证实验”，并按“确认”。

(2) 利用◀ ▶键修改测试总次数(选择范围 5 ～ 10 次，因为有 5 种可变速度，一般选 5 次)，按▼，选中“开始测试”，但不要按“确认”。

(3) 用电机控制器上的“变速”按钮选定一个速度。准备好后，按“确认”，再按电机控制器上的“启动”键，测试开始进行，仪器自动记录小车通过光电门时的平均运动速度及与之对应的平均接收频率。

(4) 每一次测试完成，都有“存入”或“重测”的提示，可根据实际情况选择，“确认”后回到测试状态，并显示测试总次数及已完成的测试次数。

(5) 按电机控制器上的“变速”按钮，重新选择速度，重复步骤(3)(4)。

(6) 完成设定的测量次数后，仪器自动存储数据，并显示 $f-V$ 关系图及测量数据。

数据记录与处理：判断 $f-V$ 关系图是否符合式(3.7.2)描述的规律。用最小二乘法计算 $f-V$ 直线的斜率 k，将声速的实验值与理论值比较，声速的理论值由公式 $U_0=331\times(1+t_c/273)^{1/2}$(m/s)计算，$t_c$ 表示室温(单位 ℃)。测量数据的记录是仪器自动进行的。在测量完成后，只须在出现的显示界面上，用▼键翻阅数据并记入表 3.7.1 中.

表 3.7.1　多普勒效应的验证与声速的测量

$t_c=$____℃，　$f_0=$____Hz

测量数据						直线斜率 $k/(1/\mathrm{m})$	声速测量值 $u\left(=\frac{f_0}{k}\right)/(\mathrm{m/s})$	声速理论值 $u_0/(\mathrm{m/s})$
次数 i	1	2	3	4	5			
$V_i/(\mathrm{m/s})$								
f_i/Hz								

2. 研究简谐振动

仪器安装：在导轨的左端加装弹簧钩，去掉小车上的皮带，用两根弹簧勾住小车的两端，并将弹簧的另两端分别固定在导轨两头的弹簧安装孔上，构成一个水平方向的弹簧振子。

测量步骤：

(1) 在液晶显示屏上，用▼键选中“变速运动测量实验”，并按“确认”；

(2) 利用▶键修改测量点总数为 90(选择范围 8 ～ 150)，用▼键选择采样步距，并修改为 80(选择范围 50 ～ 100ms)，选中“开始测试”；

(3) 将小车从平衡位置向一侧拉一段距离，松手后让小车作水平阻尼振动，然后按“确认”，主机按设置的参数自动采样，测量完成后，显示屏上出现速度随时间变化的关系曲线；

(4) 在结果显示界面中用▶键选择“返回”，“确认”后重新回到测量设置界面，可按以上程序进行新的测量。

在上述操作中应当注意的是：小车振荡开始后，再按“确认”键开始采集数据。

数据记录与处理：查阅数据，记录第 1 次速度达到最大时的采样次数 $N_{1\max}$ 和第 3 次速度达到最大(注:速度方向一致)时的采样次数 N_{3max},再根据设定的采样时间间距计算运动周期 T 及角频率 ω_0。

[思考题]

(1)在使用多普勒效应实验仪时,为什么要求输入室温?如果输入的室温不准确,会影响哪些实验结果?

(2)光电门测量的小车速度值是瞬时速度还是平均速度?

(3)如何确定声速的理论值?

(4)怎样利用多普勒效应试验仪研究匀变速直线运动?

3.8 微波分光仪

微波也是一种电磁波,其频率从 300 MHz～3 000 GHz,频率范围处于光波和广播电视所采用的无线电波之间,相应的波长从 1 m～0.1 mm。这段电磁频谱包括分米波(300～3 000 MHz)、厘米波(3～30 GHz)、毫米波(30～300 GHz)和亚毫米波(300～3 000 GHz)四个波段。微波兼有无线电波和光波的性质,却又区别于两者。微波具有似光性和似声性、穿透性、非电离性和信息性等不同于其他波段的重要特点。

[实验目的]

(1)学习微波的基本知识。

(2)了解微波在波导中传播的特点,掌握微波分光仪的基本测量技术。

(3)学习用微波分光仪观测物理现象。

[实验原理]

1.微波的基本知识

(1)微波的特性。

1)似光性和似声性。微波的波长很短,比地球上一般物体(如汽车、导弹和建筑物等)的尺寸相对要小得多,或在同一量级。这使微波的特点与几何光学相似,具有直线传播和良好的反射特性。由于微波的频率较高,研究微波时常采用的理论为电磁场理论,使用的元件多为波导管、谐振腔等。所谓似声性是指微波波导类似于声学中的传声筒,喇叭天线类似于声学喇叭,微波谐振腔类似于声学共鸣箱等。

2)穿透性。微波照射于物体(介质体)时,能深入物质内部;微波能穿透电离层,成为人类探测外层空间的"宇宙窗口";微波能穿透云雾、雨、植被、积雪和地表层,具有全天候和全天时的工作能力,成为遥感技术的重要波段;微波能穿透生物体,成为医学治疗的重要手段。

3)非电离性。微波的量子能量还不够大,不足以改变物质分子的内部结构。

4)信息性。由于微波的频率很高,其可用的频带很宽,可达数百甚至上千兆赫,这是低频无线电波无法比拟的。这意味着微波的信息容量大,所以现代多路通信系统,包括卫星通信系统,几乎都是工作在微波波段。另外,微波信号还可提供相位信息、极化信息和多普勒频率信息,这在目标探测、遥感和目标特征分析等应用中是十分重要的。

（2）微波的传输。在微波波段，随着工作频率的升高，导线的趋肤效应和辐射效应增大，使得普通的双导线不能完全传输微波能量，而必须改用微波传输线。常用的微波传输线有平行双线、同轴线、带状线、微带线、金属波导管及介质波导等多种形式的传输线。本实验用的是矩形波导管（见图 3.8.1），波导是指能够引导电磁波沿一定方向传输能量的传输线。根据电磁场的普遍规律——Maxwell 方程组，或由它导出的波动方程以及具体波导的边界条件，可以严格求解出只有两大类波能够在矩形波导中传播。第一种为横电波，又称为磁波，简写为 TE 波或 H 波，磁场可以有纵向和横向的分量，但电场只有横向分量。第二种为横磁波，又称为电波，简写为 TM 波或 E 波，电场可以有纵向和横向的分量，但磁场只有横向分量。在实际应用中，一般让波导中存在一种波形，而且只传输一种波形，实验用的 TE_{10} 波就是矩形波导中常用的一种波形。

在一个均匀、无限长和无耗的矩形波导中，从电磁场基本方程组出发，可以解得沿 z 方向传播的 TE_{10} 型波的各个场分量为

$$H_x = \mathrm{j}\,\frac{\beta a}{\pi}\sin\left(\frac{\pi x}{a}\right)\mathrm{e}^{\mathrm{j}(\omega t-\beta z)},\quad H_y=0,\quad H_z=\cos\left(\frac{\pi x}{a}\right)\mathrm{e}^{\mathrm{j}(\omega t-\beta z)}$$

$$E_x=0,\quad E_y=-\mathrm{j}\,\frac{\omega\mu_0 a}{\pi}\sin\left(\frac{\pi x}{a}\right)\mathrm{e}^{\mathrm{j}(\omega t-\beta z)},\quad E_z=0 \tag{3.8.1}$$

式中，ω 为微波的角频率；f 为微波频率；a 为波导截面宽边的长度；β 为微波沿传输方向的相位常数，$\beta=2\pi/\lambda_g$；λ_g 为波导波长，$\lambda_g=\dfrac{\lambda}{\sqrt{1-\left(\dfrac{\lambda}{2a}\right)^2}}$。

TE_{10} 波具有以下特点：① 存在一个临界波长 $\lambda_c=2a$，只有波长 $\lambda<\lambda_c$ 的电磁波才能在波导管中传播。② 波导波长 λ_g 大于自由空间波长 λ。③ 电场只存在横向分量，电力线从一导体壁出发，终止在另一导体壁上，并且始终平行于波导的窄边。④ 磁场既有横向分量，也有纵向分量，磁力线环绕电力线。⑤ 电磁场在波导的纵方向（z）上形成行波。

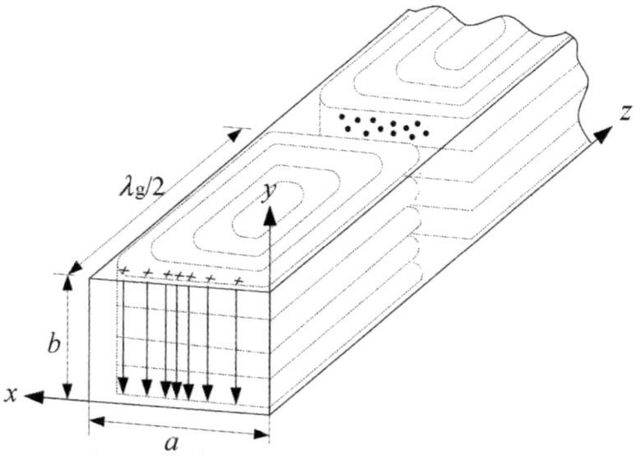

图 3.8.1　矩形波导中的电磁波传播图

2.布喇格衍射

微波和光波都是电磁波，都具有波动这一共同性，即能产生反射、折射、干涉和衍射等现象，因此用微波做波动实验所说明的波动现象及其规律与光波是一致的。由于微波的波长比光波的波长在量级上差一万倍左右，因此用微波设备做波动实验比光学实验更直观、方便和安

全。关于反射、单双缝衍射、迈克尔逊干涉仪的相关知识可参阅其他资料，下面仅对布喇格衍射原理予以介绍。

1895 年伦琴发现了 X 射线(现称为伦琴射线)，1912 年劳厄(Max van laue) 首次用晶体点阵作光栅证实了 X 射线具有波动性，在计算晶体对 X 射线衍射的最大方向时，布喇格父子(W. H.Bragg 和 W.L.Bragg) 提出了一种简单的方法。如图 3.8.2 所示，AA'，BB'，CC' 是晶体上的一组晶面，当单色平行光以角度 θ 投射到晶体时，对于晶体中的每一平面(如 AA') 而言，衍射最大值出现在反射角等于入射角的方向上。对单一晶面而言，这一结论对各种入射角都成立，但应当注意到反射并不只限于在一个晶面上发生，例如，BB' 晶面也发生反射。由计算可知，从 AA' 发射的光线 $O_1'O_2'$ 与从 BB' 反射的光线 $O_3'O_4'$ 之间存在 $2d\sin\theta$ 的光程差。要使 $O_1'O_2'$ 与 $O_3'O_4'$ 叠加后出现干涉加强，入射方向(θ 角) 就必须满足下列条件：

$$2d\sin\theta = k\lambda, \quad k = 1,2,3,\cdots \tag{3.8.2}$$

式(3.8.2) 称为布喇格方程，满足式(3.8.2) 的 θ 角称为布喇格角。

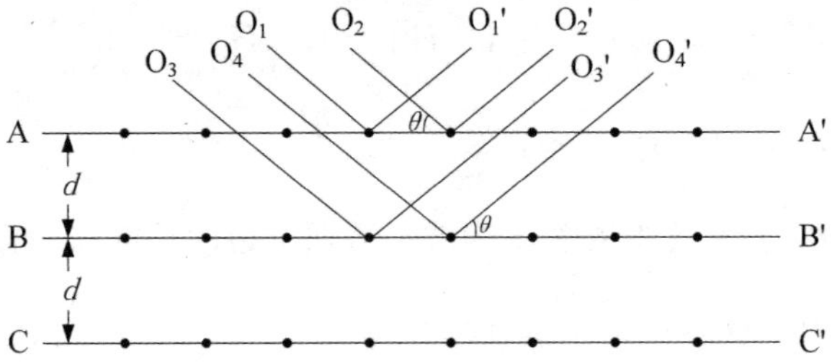

图 3.8.2　布喇格衍射图

这里要说明的是，由于 $\sin\theta < 1$，因此只有在 $\lambda < 2d$ 时才会发生衍射现象。由于晶体的晶格常数约为 10^{-8} cm，只有波长很小的 X 射线才能发生衍射，本实验所用微波波长为厘米数量级，因而做布喇格衍射实验时采用的是模拟晶体。

[实验仪器]

1.微波分光计的主体结构

微波分光计包括基座、固定臂、活动臂、微波发射组件、微波接受组件、(带刻度盘的) 平台、支座和模拟光学元件等，如图 3.8.3 所示。微波分光计不仅能发射和接收微波，还能测量与微波传播方向有关的各种角度，因而其主体结构的设计思想与常用的光学分光计基本相同。

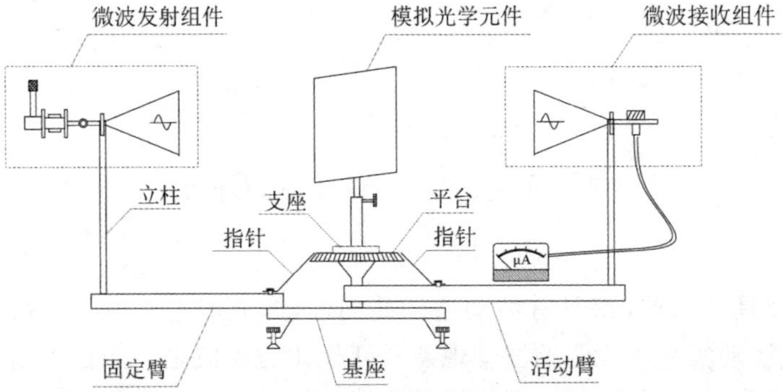

图 3.8.3　微波分光仪结构图

2.发射端器件(见图 3.8.4)

(1) 主机。主机用于为振荡器提供偏置电压,工作状态有“等幅”和“方波”两种。

(2) 振荡器与谐振式频率计。固态微波二极管振荡器是产生微波的核心元件,它装在谐振腔的一边,谐振腔的另一边装着一支螺旋测微器,改变螺旋测微器铁杆伸入谐振腔的深度,可连续平滑地改变微波谐振频率。本实验所用 DH1121B 型微波信号源的频率范围为 8.6 ~ 9.6 GHz。

(3) 隔离器。位于磁场中的某些铁氧体材料对来自不同方向的电磁波有着不同的吸收,经过适当调节,可使其对微波具有单方向传播的特性。隔离器常用于振荡器与负载之间,起隔离和单向传输作用。

(4) 螺钉调配器。螺钉是低功率微波装置中普遍采用的调谐和匹配元件。实际应用时,为了避免波导短路和击穿,通常设计螺钉呈容性,作可变电容用,螺钉旋入波导的深度应小于 $3b/4$,b 为矩形波导窄边尺寸。调匹配过程的实质,就是使调配器产生一个反射波,其幅度和失配元件产生的反射波幅度相等而相位相反,从而抵消失配元件在系统中引起的反射而达到匹配。

(5) 波导管与衰减器。本实验所使用的波导管型号为 BJ—100,其内腔尺寸为

$$a=(22.86\pm0.07)\text{mm},\quad b=(10.16\pm0.07)\text{mm}$$

其主模频率范围为 8.20 ~ 12.50 GHz,截止频率为 6.557 GHz。把一片能吸收微波能量的介质片垂直于矩形波导的宽边,纵向插入波导管,以部分衰减传输功率,沿着宽边移动吸收片,可改变衰减量的大小。

(6) 喇叭天线。发射天线的作用是将波导传输来的微波能量向空间辐射,喇叭口面上的初始场取决于波导中所传输的电磁波波形。使用喇叭天线发射微波时,具有方向性好、效率高的优点。

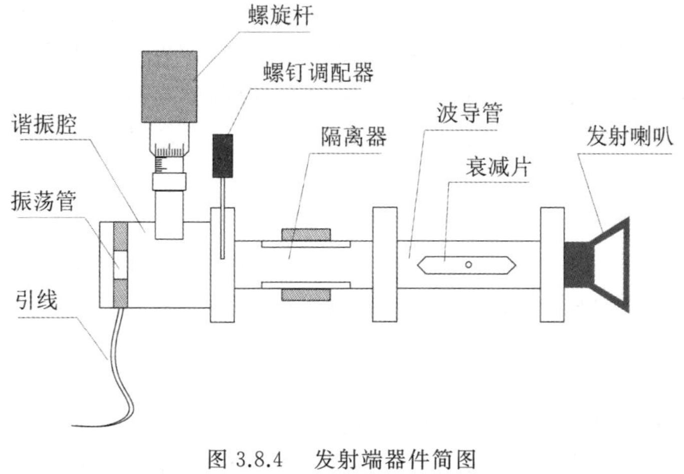

图 3.8.4　发射端器件简图

3.接收端器件(见图 3.8.5)

接收喇叭将接收到的微波传入波导之中,从波导宽壁中点耦合出两宽壁间的感应电压,经微波二极管进行检波,调节波导管尾部短路活塞的位置,可使检波管处于微波的波腹点,以获得最高的检波效率。当信号源为连续波时,检波输出为直流,用直流微安级电流表作指示器;当信号源加方波调幅时,因晶体检波器对幅度交化的响应快,其输出即为方波。可用示波器观察接收信号。

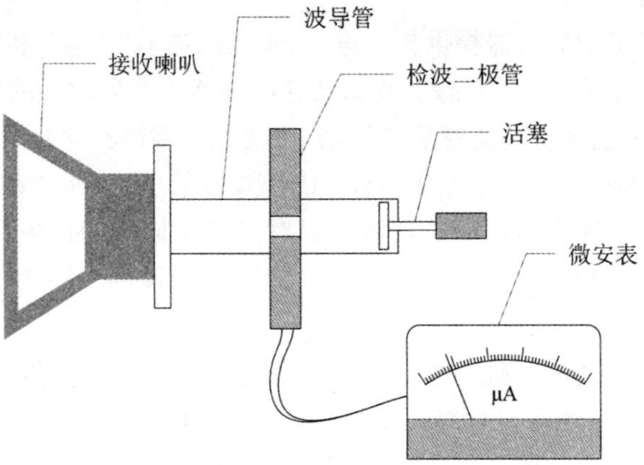

图 3.8.5　接收端器件简图

［实验操作］

1.观察反射现象

仪器布置如图 3.8.3 所示。

(1) 仪器调整。将金属反射板插入支座孔中，使金属板平面与支座小圆盘上的标志线对齐，拧紧支座上的螺钉使支座与金属板相对固定，然后将二者一起放在平台上，并使支座小圆盘上的标志线与平台边缘刻度线中的 90° 刻线对齐，此时，反射板法线方向为 0°。固定支座在平台上的位置(拉起平台上四个压紧螺钉旋转一个角度后放下)。

(2) 测定入射角和反射角。转动平台，使固定臂指针指在某一角度处，这角度读数就是入射角；然后转动活动臂在表头上找到一最大指示，此时活动臂上的指针所指的刻度就是反射角。

(3) 注意事项。如果此时表头指示太大或太小，应调整衰减器、固态振荡器或晶体检波器，使表头指示接近满量程。此外，入射角最好取 30° ～ 65° 之间，因为入射角太大，接收喇叭有可能直接接收入射波。

2.单、双缝衍射实验

如图 3.8.6 所示，当一平面波入射到一宽度和波长可比拟的狭缝时，就要发生衍射现象。中央为衍射最大值，衍射波强度最小值的方向由下式决定：

$$\sin\varphi = k\frac{\lambda}{a},\quad k=\pm 1, \pm 2, \pm 3 \qquad (3.8.3)$$

在相邻的两个最小值之间还有一些次级最大值。

实验仪器布置参照反射实验，预先调整单缝衍射板的缝宽，当该板放到支座上时，应使狭缝平面与支座下面小圆盘上的刻线一致，此刻线应与平台上的 90° 刻线一致。转动平台，使固定臂的指针指向平台的 180° 处，此时微波传播方向与单缝板垂直。使固定臂与活动臂处在一条直线上，这时调整衰减器或活塞电平使表头指示接近满度。然后从衍射角 0° 开始，在单缝的两侧使衍射角每改变一个小的角度(比如 1°)，读取一次表头读数，并记录下来。这时就可画出单缝衍射强度与衍射角关系的实验曲线，将衍射角的极小值与理论计算值进行比较。

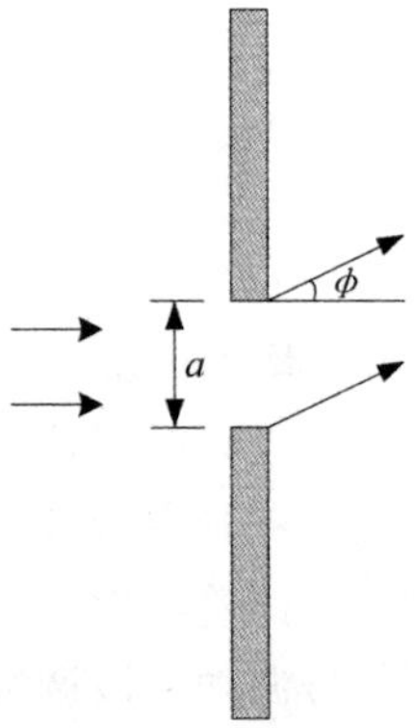

图 3.8.6　单缝衍射

此实验曲线的中央较平，甚至还有些许凹陷，这可能是由于衍射板还不够大。

双缝衍射实验与单缝衍射类似。

3.迈克尔逊干涉实验

迈克尔逊干涉实验的基本原理如图 3.8.7 所示，在平面波前进的方向上放置成 45° 的半透射板。由于该板的作用，将入射波分成两束波，一束向 A 方向传播，另一束向 B 方向传播。由于 A，B 处全反射板的作用，两列波就再次回到半透射板并到达接收喇叭处，于是接收喇叭收到两束同频率、振动方向一致的两个波。当这两个波的位相差为 2π 的整数倍时，则干涉加强；当位相差为 π 的奇数倍时，则干涉减弱。因此，在 A 处放一固定反射板，让 B 处的反射板移动，当表头指示从一次极小变到又一次极小时，则 B 处的反射板就移动 $\lambda/2$ 的距离。由这个距离就可求得平面波的波长。

参照图 3.8.7 布置各器件。将读数机构通过它本身带有的两个螺钉旋入基座上，使其固定在底座上，在读数机构上插上反射板，使固定反射板的法线与接收喇叭的轴线一致，可移反射板的法线与发射喇叭轴线一致。实验时，将可移反射板移到读数机构的一端，在此附近测出一个极小的位置，然后旋转读数机构上的手柄使反射板移动，从表头上测出 $(n+1)$ 个极小值，并同时从读数机构上得到相应的总位移读数 L，则波长

$$\lambda = \frac{2L}{n} \tag{3.8.4}$$

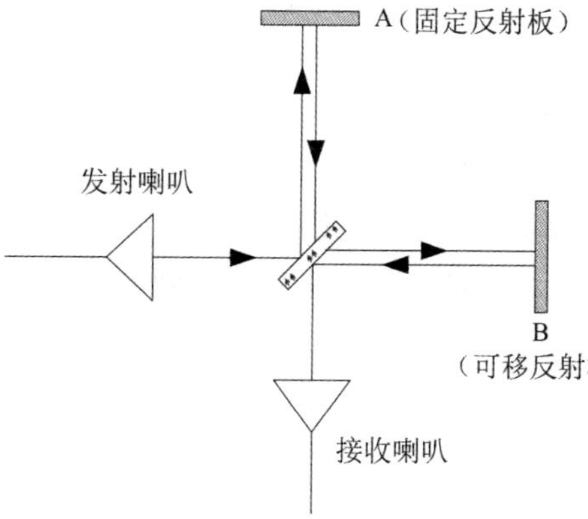

图 3.8.7　迈克尔逊干涉实验装置

4.偏振实验

平面电磁波是横波，它的电场强度矢量 $\boldsymbol{E}$ 和波长的传播方向垂直。如果 $\boldsymbol{E}$ 在垂直于传播方向的平面内沿着一条固定的直线变化，那么这样的横电磁波叫线极化波，在光学中也叫偏振波。电磁场沿某一方向的能量用光学中的马吕斯定律描述：

$$I = I_0 \cos^2 \varphi$$

式中，I 为与原偏振面成 φ 角的方向上偏振光的强度；I_0 为原偏振光的强度。

实验时拆掉平台上的所有元件，使两喇叭口面互相平行，并与地面垂直，其轴线在一条直线上。由于接收喇叭是和一段旋转短波导连在一起的，在旋转短波导的轴承环的 360° 范围内，每隔 5° 有一刻度，所以接收喇叭的转角可以从此处读到。转动接收喇叭，就可以得到转角与微安表头指示的一组数据，由此可验证马吕斯定律。

做实验时为了避免小平台的影响，可以松开平台中心三个“十”字槽螺钉，把工作台取下。做实验时还要尽量减少周围环境的影响。

5.布喇格衍射实验

将模拟晶体盒及其木质底座一起置于平台上，而且应使模拟晶体上所研究晶面的法线与度盘(平台边沿)上的0°刻线一致。为了避免两喇叭之间波的直接入射，应使入射波方向与所研究晶面的法线(不是晶面方向)之间的夹角取值为30°～70°之间。验证布喇格方程要注意的是，模拟晶体球应用模片调得上下左右成为一方形点阵。

[阅读材料] 微波的应用

微波由于具有重要的特点，所以获得了广泛的应用。微波的应用包括作为信息载体的应用和作为微波能的应用两个方面。下面就其应用的主要领域作简单介绍。

微波的传统应用是雷达和通信，这是微波作为信息载体的应用。雷达是利用电磁波对目标进行探测和定位，现代雷达大多数是微波雷达。利用微波工作的雷达可以使用尺寸较小的天线，来获得很窄的波束宽度，以获取关于被测目标性质的更多的信息。雷达不仅用于军事，也用于民用，如导航、气象探测、大地测量、工业检测和交通管制等。

微波由于具有频率高、频带宽和信息量大的特点，所以被广泛应用于各种通信业务，包括微波多路通信、微波中继通信、散射通信、移动通信和卫星通信。利用微波各波段的特点可作特殊用途的通信。例如，2～18 GHz 波段的微波适用于以地面为基地的通信；毫米波适用于空间与空间的通信；毫米波段的 60 GHz 频段的电波大气衰减较大，适用于近距离保密通信；而 90 GHz 频段的电波在大气中的衰减却很小，是个窗口频段，适用于地、空和远距离通信；对于很长距离的通信，则 1～2 GHz波段更适合，因为在此波段容易获得较大的功率。

由于微波具有量子特性，在微波波段，电磁波每个量子的能量范围大约是10^{-6}～10^{-3} eV，而许多原子和分子发射和吸收的电磁波的波长也正好处在微波波段内。人们利用这一特性研究分子和原子的结构，发展了微波波谱学和量子电子学等尖端学科，并研制了低噪声的量子放大器和准确的分子钟、原子钟。

微波作为能源的应用始于 20 世纪 50 年代后期，至 60 年代末，微波能应用随着微波炉的商品化进入家庭而得到大力发展。

微波能应用包括微波的强功率应用和弱功率应用两个方面，强功率应用是微波加热，弱功率应用是用于各种电量和非电量(包括长度、速度、湿度和温度等)的测量。

微波加热可以深入物体内部，热量产生于物体内部，不依靠热传导，里外同时加热，具有热效率高、节省能源、加热速度快和加热均匀等特点，便于自动化连续生产。用于食品加工时，还有消毒作用，清洁卫生，既不污染食品，也不污染环境，而且不破坏食品的营养成分。微波加热现已被广泛应用于食品、橡胶、塑料、化学、木材加工、造纸、印刷和卷烟等工业中；在农业上，微波加热可用于灭虫、育种、育蚕和干燥谷物等。

弱功率应用于电量和非电量的测量，其显著特点是不需要和被测对象接触，因而是非接触式的无损测量，特别适宜于生产线测量或进行生产的自动控制。现在应用最多的是测量湿度，即测量物质(如煤、原油等)中的含水量。

微波的生物医学应用，也属于微波能的加热应用。利用微波对生物体的热效应，选择性局部加热，是一种有效的热疗方法，临床上可用来治疗人体的各种疾病。国际上规定的允许用于工业、科学、医学的微波加热专用频率是(915±25)MHz,(2 450±50)MHz,(5 800±75)MHz和(22 125±125)MHz。目前广泛使用的是 915 MHz 和 2 450 MHz。

需要指出的是,微波的生物医学效应不仅有对生物体的热效应,而且有非热效应,在某些情况下,后者比前者更为主要。微波的生物医学应用是利用微波有益的生物效应,微波的生物效应还有有害的效应,表现为超剂量的微波照射有“三致”作用(致癌、致畸和致突变)。也就是说,微波的致热作用既能治病又能致病,问题在于处理好微波的强度(包括频率)、照射时间和作用条件三者之间的关系。

3.9　全息照相的基本技术

全息照相是一种记录并再现物光波前的三维摄影技术,它分别利用干涉和衍射原理对光信息进行记录和再现。全息照相术的设想是由伦敦科学技术研究所的丹尼斯·伽伯(D. Gabor)在 1948 年提出来的。由于当时没有良好的相干光源,直到激光问世后的 20 世纪 60 年代,三维立体图像的记录和再现才得以实现。从此,全息术的研究进入了一个新阶段,相继出现了许多全息方法,全息应用也进入了许多新领域,特别是在医学、信息存储、干涉测量和艺术陈列等方面应用很广泛。随着科学技术的发展,全息技术将越来越被人们所重视。

[实验目的]

(1)了解全息照相的基本原理及特点。

(2)学习拍摄漫射全息图的方法。

(3)掌握再现像的观察方法。

[实验原理]

光波是由振幅(强度)、位相(波前的形状)和波长(颜色)3 个量来表征的。物体对投射光的漫射可以看成是对投射光进行强度和位相的空间调制,也就是说,物体的漫射光(以下称为物光)是一种具有特定波面的调制光,它包含了物体的位置和形状等方面的信息。全息照相就是要把物光的强度及位相两方面的信息全部记录下来并使之再现的过程。

如图 3.9.1 所示,是全息记录方法的原理图。将激光器输出的光束先分成两束,然后分别进行扩束。其中一束作为参考光直接投射到记录介质上,另一束投射到被摄物体上,经物体漫反射后也投射到记录介质上。物光与参考光在记录介质上发生干涉,形成复杂的干涉斑纹,物光所包含的信息便以这些干涉花纹的形式被记录下来。曝光后的全息胶片经显影、定影后就得到了一张全息照片,通常称作全息图。

全息图并不直接显示被摄物体的像,从全息图上看到的只是一些复杂的干涉花纹,这些干涉花纹就像是一种特殊的光栅。如果用一束与原参考光相同的光束(称为再现光束)照射全息图(见图 3.9.2),由于全息图对再现光束的衍射,就会出现原物光的波面,因此也就可以看到原物逼真的像。由全息理论可知,再现光束被全息图衍射后会出现 0 级、±1 级、±2 级等一系列衍射波。其中 0 级是衰减后的入射光;而+1 级衍射波则与原物体发出的光波(物波)完全一致,形成物体的虚像;−1 级虽然也是物波精确的“复制”,但它的曲率与原物波相反,从而形成了前后倒置的物体的实像,称为共轭像。

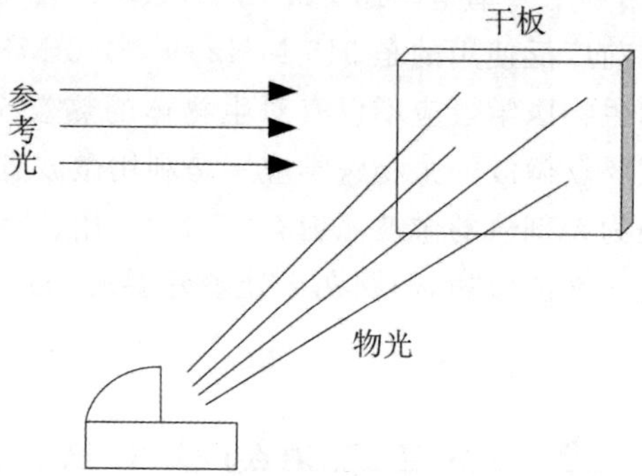

图 3.9.1 全息照相的“记录”过程

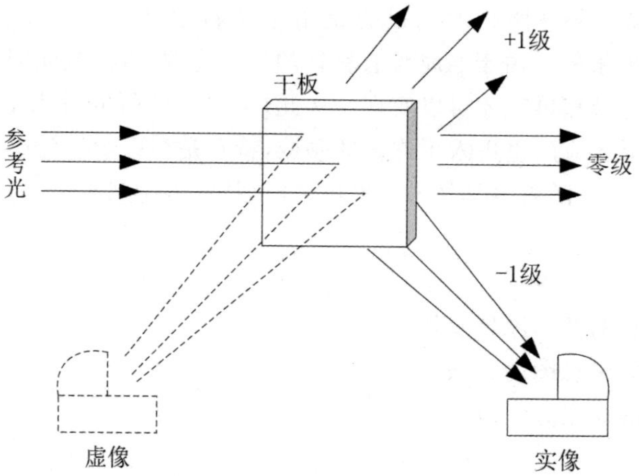

图 3.9.2 全息照相的“再现”过程

此外,如果用与原参考光共轭的再现光束从全息图的背面照射,在物体的原位置处就形成了物体的实像,如图 3.9.3 所示。这也是观察实像的一种常用方法。

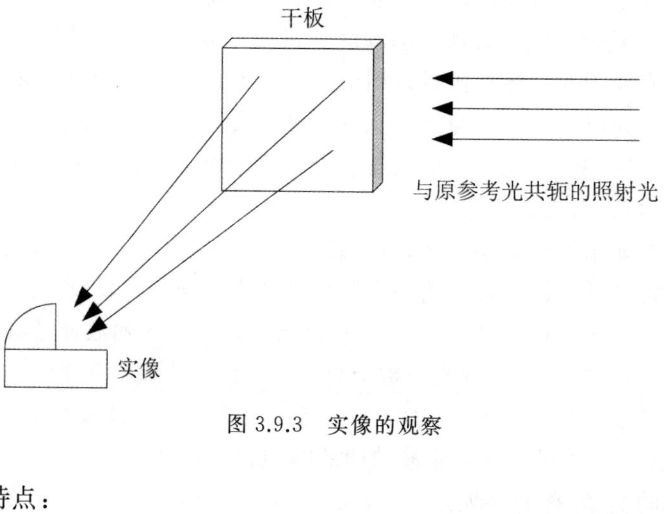

图 3.9.3 实像的观察

全息照相的特点:

(1)全息照相记录和再现的是物光的波前,所以观察到的像具有逼真的立体感,而且具有视差特性。

(2)拍摄全息图时,在物体的感光干板之间没有使用透镜,全息照片和原物的点也不是一一对应的关系。全息照片上的任何一小块都可以再现原物完整的像,这种特性称为全息图的弥漫性。

(3)利用同一张感光干板可进行多次曝光,重叠记录多个物体的光信息。这只需要在记录时改变一下物光(或参考光)的入射角度,再现时相应地改变观察方向或再现光方向,就可以看到不同物体的像。

(4)利用不同波长的激光进行全息再现,能够很方便地对全息像进行放大或缩小。

全息照相有许多优点,但也有一些缺点,如全息照相所要求的条件很严格,全息图的衍射效率一般都很差等。

[实验仪器]

1.光源

本实验使用功率为 1.5～5 mW 的小型氦氖激光器,它输出的光为暗红色,波长为 6.238×10^{-7} m,相干长度为几厘米到二三十厘米,功率和相干长度是选择激光器的两个重要参数。

2.记录介质

常用的全息干板是以银盐为记录介质,它的分辨率要比普通胶卷高得多,一般都在 1 000 条/mm以上,而普通感光胶片的分辨率仅为 100 条/mm 左右。此外,全息干板的感光灵敏度较低,其曝光时间也相应较长。

3.实验台

由于干涉条纹很细密,而且曝光时间较长,所以要求全息台应非常稳定。全息台本身要有消振作用。本实验使用的全息台具有减振装置。另外,全息台应放置在尽量远离振源的地方,以避免周围环境的影响。

4.光学元件

本实验包括以下光学元件:反射镜,分束镜(对光进行部分反射和部分透射的镜子,为适应光路的设置要求,备有不同透射率的分束镜以供选用),扩束镜(是一种焦距很短的凸透镜,用以对激光进行扩束)。

5.被摄物体的选择

通常选择反射率高但反射的方向性却不强的物体,如白色的陶瓷制品。被摄物体的大小应根据激光的功率和相干长度而定,选择尺寸为 5～20 cm 的物体为宜。

[实验操作]

在暗室里给小陶瓷制品拍一张漫射全息图并观察其再现像。

1.设置拍摄光路的原则

(1)物光的光程与参考光的光程尽可能相等。

(2)物光与参考光的交角要合适,一般在 30°左右为宜,不应超过 90°。

(3)要容易进行光路的调整及实验操作。

(4)利用光源,使被摄物体均匀而有效地被照明,漫射后的物光也应有效地到达干板。

(5)物光与参考光强度比在1∶2～1∶5之间。

具体光路应根据以上原则灵活布置,其参考图如图3.9.4所示。

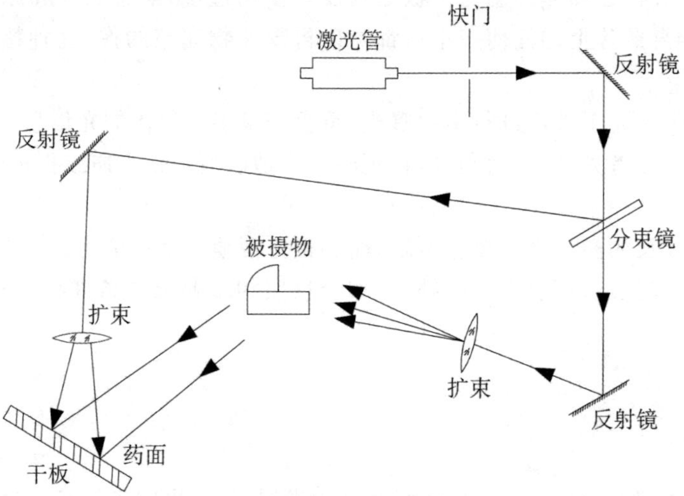

图3.9.4　拍摄全息图的光路布置参考图

2.曝光后的干板在暗室里进行处理的程序

(1)用D—19显影液进行显影。

(2)将干板浸入停显液1 min。

(3)用F—5定影液定影15 min。

(4)水洗。

(5)若要制作位相全息图①,则应进行漂白处理。

(6)干燥。

3.拍摄注意事项

(1)全息实验台做成后,应静置一两天再使用,反射镜、分束镜等光学元件均应夹紧。

(2)实验中避免将未扩束的激光直接射向眼睛。

(3)夹上干板后应等一两分钟再曝光。在曝光过程中,人员不要在暗室来回走动,也不要对着干板大声说话,以免影响拍摄效果。

(4)曝光时间及显影时间在教师指导下合理选取。

4.观察再现

(1)将全息图按拍摄时的位置放好,首先观察虚像,然后用一张不透光的纸遮住全息图的一部分,并改变眼睛的方位观察虚像有无变化。

(2)用白纸或像屏在与虚像对称的位置上寻找实像,并予以观察。

(3)如果用(2)的方法不易找到实像,可改用图3.9.5所示的方法寻找。利用未扩束的激

---

① 全息图不加漂白时,干涉花纹是以浓淡不同的黑白颜色记录下来的,再现时变黑的部分吸收光,衍射效率较差,仅有4%左右的光是用于再现物体本像的。如果对全息图加以漂白处理,就可以使记录介质的折射率发生变化,从而使全息图的振幅透射分布转换成相位分布,这样的全息图叫相位型全息图,其衍射效率可大大提高。

光以适当角度照射全息图的背面，并在全息图的药膜一侧用屏寻找实像进行观察。

(4)观察实验室给出的重复曝光得到的全息图。

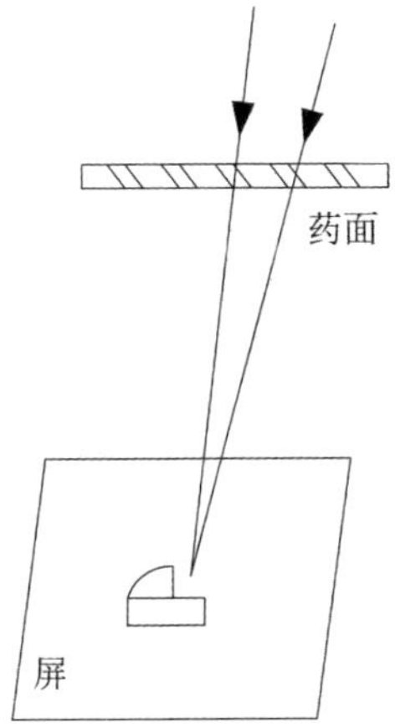

图 3.9.5　再现像的观察

［思考题］

(1)全息照相是如何记录和再现物光波前的？

(2)全息照相有哪些特点？

(3)全息照相术对光源、记录介质和全息台各有哪些要求？

3.10　音频信号光纤传输技术

［实验目的］

(1)熟悉半导体电光/光电器件的基本性能及主要特性的测试方法。

(2)了解音频信号光纤传输系统的结构及选配各主要部件的原则。

(3)掌握半导体电光/光电器件在模拟信号光纤传输系统中的应用技术。

(4)训练音频信号光纤传输系统的调试技术。

［实验原理］

1. 系统的组成

如图 3.10.1 所示是一个音频信号光强调制光纤传输系统的结构原理图，它主要包括由 LED 及其调制、驱动电路组成的光信号发送器，传输光纤和由光电转换、I－V 变换及功放电路组成的光信号接收器三个部分。光源器件 LED 的发光中心波长必须在传输光纤呈现低损耗的 0.85 μm，1.3 μm 或 1.5 μm 附近，本实验采用中心波长在 0.85 μm 附近的 GaAs 半导体发光二极管(LED)作为光源，峰值响应波长为 0.8～0.9 μm 的硅光电二极管(SPD)作光电检测元件。为了避免或减少谐波失真，要求整个传输系统的频带宽度能够覆盖被传信号的频谱范围，对于语音信号，其频谱在 300～3 400 Hz的范围内。由于光导纤维对光信号具有很宽的频带，因此在音频范围内，整个系统的频带宽度主要决定于发送端调制放大电路和接收端功放电路的幅频特性。

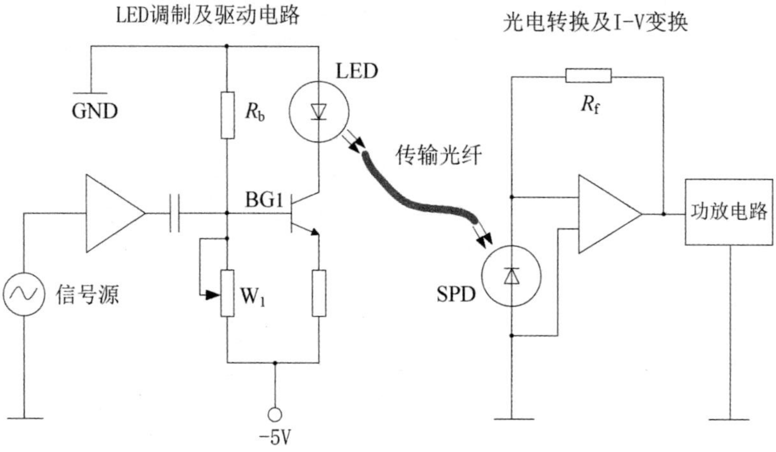

图 3.10.1　音频信号光纤传输系统原理图

2.光导纤维的结构及传光原理

衡量光导纤维性能优劣有两个重要指标：一是看它传输信息的距离有多远；二是看它携带信息的容量有多大。前者决定于光纤的损耗特性，后者决定于光纤的脉冲响应或基带频率特性。

经过人们对光纤材料的提纯，目前已使光纤的损耗控制到 1 dB/km 以下。光纤的损耗与工作波长有关，因此在工作波长的选用上，应尽量选用低损耗的工作波长。光纤通信最早采用短波长 0.85 μm，近来发展至用 1.3～1.55 μm 范围的波长，因为在这一波长范围内光纤不仅损耗低，而且“色散”也小。

光纤的脉冲响应或它的基带频率特性又主要决定于光纤的模式性质。光纤按其模式性质通常可以分成两大类：单模光纤和多模光纤。无论单模或多模光纤，其结构均由纤芯和包层两部分组成。纤芯的折射率较包层折射率大。对于单模光纤，纤芯直径只有 5～10 μm，在一定条件下，只允许一种电磁场形态的光波在纤芯内传播；多模光纤的纤芯直径为 50 μm 或 62.5 μm，允许多种电磁场形态的光波传播；以上两种光纤的包层直径均为 125 μm。多模光纤按其折射率沿光纤截面的径向分布状况，又分成阶跃型和渐变型两种光纤（本实验采用阶跃型多模光纤作为信道）。对于阶跃型光纤，在纤芯和包层中折射率均为常数，但纤芯折射率 n_1 略大于包层折射率 n_2，所以对于阶跃型多模光纤，可用几何光学的全反射理论解释它的导光原理。对于渐变型光纤，纤芯折射率随离开光纤轴线距离的增加而逐渐减小，直到在纤芯与包层界面处减到某一值后，在包层的范围内折射率保持这一值不变。根据光射线在非均匀介质中的传播理论可知，经光源耦合到渐变型光纤中的某些光射线，在纤芯内是沿周期性地弯向光纤轴线的曲线传播。

3.半导体发光二极管的结构、工作原理、特性及驱动与调制电路

光纤通信系统中对光源器件在发光波长、电光效率、工作寿命、光谱宽度和调制性能等许多方面均有特殊要求。目前在以上各个方面都能较好满足要求的光源器件主要有半导体发光二极管(LED)和半导体激光二极管(LD),本实验采用 LED 作为光源器件。光纤传输系统中常用的半导体发光二极管是一个如图 3.10.2 所示的 N－P－P 三层结构的半导体器件。中间层通常是由 GaAs(砷化镓)P 型半导体材料组成,称为有源 S 层,其带隙宽度较窄;两侧分别由 GaAlAs N 型和 P 型半导体材料组成,与有源层相比,它们都具有较宽的带隙。具有不同带隙宽度的两种半导体单晶之间的结构称为异质结。

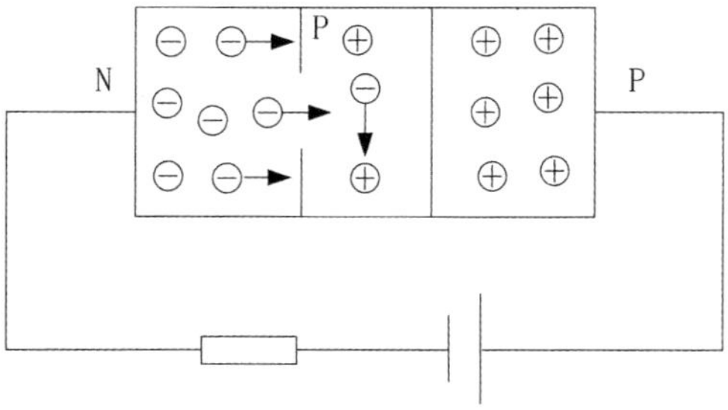

图 3.10.2　发光二极管结构图

在图 3.10.2 中,有源层与左侧的 N 层之间形成的是 P－N 异质结,而与右侧 P 层之间形成的是 P－P 异质结,故这种结构又称 N－P－P 双异质结构。当给这种结构加上正向偏压时,就能使 N 层向有源层注入导电电子,这些导电电子一旦进入有源层后,因受到右边 P－P 异质结的阻挡作用不能再进入右侧的 P 层,它们只能被限制在有源层与空穴复合,导电电子在有源层与空穴复合的过程中,要释放出能量,从而产生光子

$$h\nu = E_1 - E_2 = E_g \tag{3.10.1}$$

式中,h 是普朗克常数;ν 是光波的频率;E_1 是有源层内导电电子的能量;E_2 是导电电子与空穴复合后处于价键束缚状态时的能量。两者的差值 E_g 与各层材料及其组分的选取等多种因素有关,制作 LED 时只要这些材料的选取和组分的控制适当,就可使得 LED 发光中心波长与传输光纤低损耗波长一致。

本实验采用的 HFBR—1424 型半导体发光二极管的正向伏安特性如图 3.10.3 所示,与普通的二极管相比,在正向电压大于 1 V 以后才开始导通。在正常使用情况下,正向压降为 1.5 V 左右。半导体发光二极管输出的光功率与其驱动电流的关系称为 LED 的电光特性,如图 3.10.4 所示。为了使传输系统的发送端能够产生一个无非线性失真、而峰-峰值又最大的光信号,使用 LED 时应先给它一个适当的偏置电流,其值等于这一特性曲线线性部分中点对应的电流值,而调制电流的峰-峰值应尽量处于这一电光特性的线性范围内。

音频信号光纤传输系统发送端 LED 的驱动和调制电路如图 3.10.5 所示,以 BG_1 为主构成的电路是 LED 的驱动电路,调节这一电路中的 W_2 可使 LED 的偏置电流在 0 ～ 20 mA 的范围内变化。被传音频信号由 IC_1 为主构成的音频放大电路放大后,经电容器 C_4 耦合到 BG_1 基极,对 LED 的工作电流进行调制,从而使 LED 发送出光强随音频信号变化的光信号,并经光导纤维把这一信号传送至接收端。

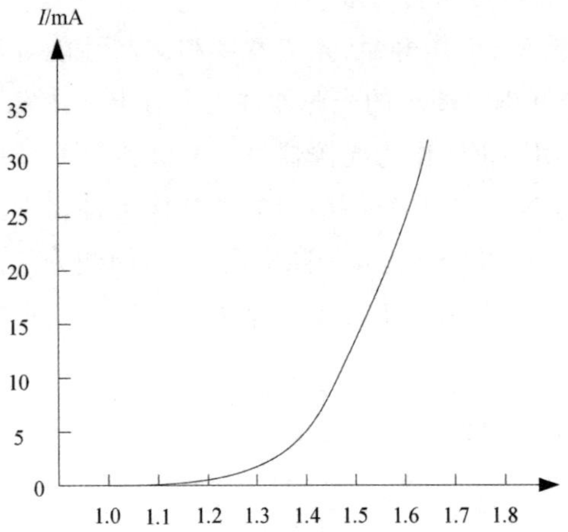

图 3.10.3　LED 的正向伏安特性

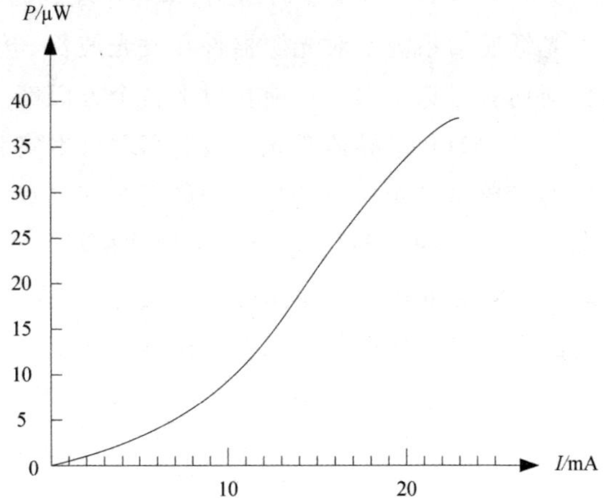

图 3.10.4　LED 的电光特性

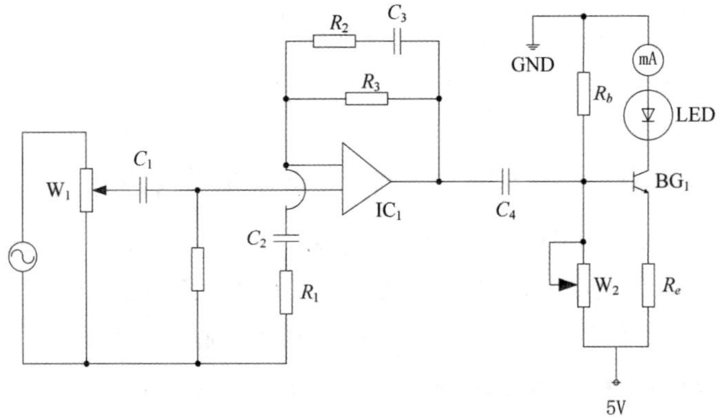

图 3.10.5　LED 的驱动和调制电路

4.半导体光电二极管的结构、工作原理及特性

半导体光电二极管与普通的半导体二极管一样，都具有一个 P－N 结。光电二极管在外形结构方面有它自身特点，这主要表现在光电二极管的管壳上有一个能让光射入其光敏区的窗口。此外，半导体光电二极管经常工作在反向偏置电压状态或无偏压状态，如图 3.10.6 所示。

在反偏电压下，P－N 结的空间电荷区的势垒增高，宽度加大，结电阻增加，结电容减小，所有这些均有利于提高光电二极管的高频响应性能。无光照时，反向偏置的 P－N 结只有很小的反向漏电流，称为暗电流。当有光子能量大于 P－N 结半导体材料的带隙宽度 E_g 的光波照射到光电二极管的管芯时，P－N 结各区域中的价电子吸收光能后将挣脱价键的束缚而成为自由电子，与此同时也产生一个自由空穴，这些由光照产生的自由电子-空穴对统称为光生载流子。在远离空间电荷区(亦称耗尽区）的 P 区和 N 区内，电场强度很弱，光生载流子只有扩散运动，它们在向空间电荷区扩散的途中因复合而消失掉，故不能形成光电流。形成光电流主要靠空间电荷区的光生载流子，因为在空间电荷区内电场很强，在此强电场作用下，光生自由电子-空穴对将以很高的速度分别向 N 区和 P 区运动，并很快越过这些区域到达电极，在外电路闭合的情况下形成光电流。光电流的方向是从二极管的负极流向它的正极，并且在无偏压短路的情况下与入照的光功率成正比，因此在光电二极管的P-N结中，增加空间电荷区的宽度对提高光电转换效率有着密切关系。为达到此目的，若在P-N结的P区和N区之间再加一层杂质浓度很低以致可近似为本征半导体(用I表示)的I层，就形成了具有P-I-N三层结构的半导体光电二极管，简称PIN光电二极管。PIN光电二极管的P-N结除具有较宽空间电荷区外，还具有很大的结电阻和很小的结电容，这些特点使PIN管在光电转换效率和高频响应特性方面与普通光电二极管相比均得到了很大改善。理论分析指出，光电二极管的伏安特性可表示为

$$I = I_s[\exp(qU/kT) - 1] - I_L \tag{3.10.2}$$

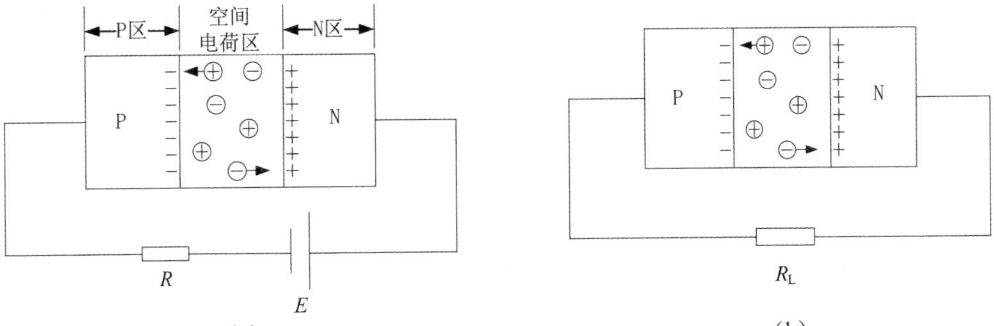

图 3.10.6　光电二极管的结构及工作方式

(a) 反向偏压状态；(b) 无偏压状态

普通二极管的伏安特性表示为

$$I = I_s[\exp(qU/kT) - 1] \tag{3.10.3}$$

式(3.10.2)中的 I_s 是无光照时的反向饱和电流；U 是二极管的端电压(正向电压为正，反向电压为负)；q 为电子电荷；k 为玻耳兹曼常数；T 是结温，K；I_L 是无偏压状态下光照时的短路电流，它与光照时的光功率成正比。I_s 和 I_L 均是反向电流，即从光电二极管负极流向正极的电流。根据式(3.10.2)，光电二极管的伏安特性曲线如图3.10.7所示，对应图3.10.6(a)所示的反偏工作状态，光电二极管的工作点由负载线 $U = -E - IR_L$ 与第三象限的伏安特性曲线交点确定。

由图3.10.7可以看出：

第一，光电二极管即使在无偏压的工作状态下，也有反向电流流过，这与普通二极管只具有单向导通性相比有着本质的差别。

第二，反向偏压工作状态下，在外加电压 E 和负载电阻 R_L 的很大变化范围内，光电流与入照的光功率均具有很好的线性关系。

第三，在光电二极管处于开路状态下，光照时产生的光生载流子不能形成闭合光电流，它们只能在P-N结空间电荷区的内电场作用下，分别堆积在P-N结空间电荷区两侧的N层和P层内，产生外电场，此时光电二极管表现出有一定的开路电压。不同光照情况下的开路电压就是伏安特性曲线与横坐标轴交点所对应的电压值。由图3.10.7可见，光电二极管开路电压与入照光功率成非线性关系。

无偏压状态下，短路电流与入照光功率的关系称为光电二极管的光电特性，这一特性在 $I-P$ 坐标系中的斜率

$$Q = \Delta I / \Delta P \quad (\mu A/\mu W) \tag{3.10.4}$$

定义为光电二极管的响应度，这是表征光电二极管光电转换效率的重要参数。光电二极管的响应度 Q 值与入照光波的波长有关。本实验中采用的硅光电二极管，其光谱响应波长在 0.4 ～1.1 μm 之间，峰值响应波长在 0.8 ～ 0.9 μm 范围内。在峰值响应波长下，响应度 Q 的典型值在 0.25 ～ 0.5 μA/μW 的范围内。

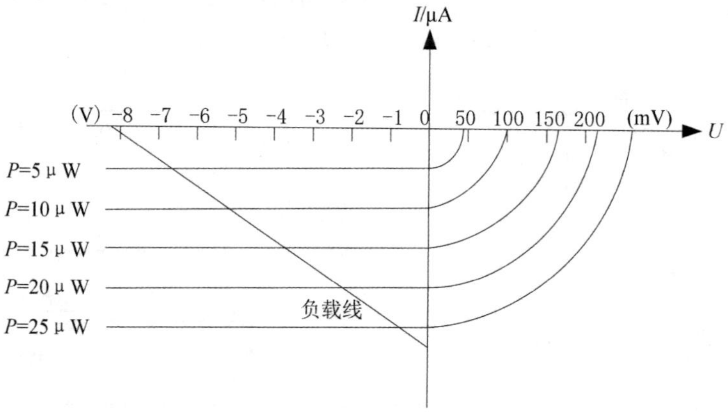

图 3.10.7　光电二极管的伏安曲线及负载线

［实验仪器］

OFE—B 型光纤传输及光电技术综合实验仪，OPT—B 型光功率计。

OFE—B 型光纤传输及光电技术综合实验仪是一种多功能实验仪器，本次实验只介绍其中与音频信号光纤传输相关的部分。

主机的前面板图如图 3.10.8 所示，前面板的下部自左向右依次为四个模块：

(1) 光源器件的模拟信号调制及驱动电路；

(2) 模拟信号的光电转换及 I－V 变换电路；

(3) 光源器件的数字信号调制及驱动电路；

(4) 数字信号的光电转换及再生调节电路。

在图 3.10.8 的上半部分：

K_1—电源开关；　D_1—直流毫安级电流表，0～200 mA；

D_2—直流电压表，0～20 V；　L_8—时钟信号源；

K_2—直流电压表切换开关(向左接至 LED，向右接至 SPD)；

C_6—正弦信号源输出插孔。

在光源器件的模拟信号调制及驱动电路模块中：

C_1—模拟调制信号输入插孔；　C_2—LED 插孔；

W_1—模拟调制信号衰减调节旋钮；　W_2—LED 偏置电流调节旋钮；

L_1—LED 电流波形监测孔。

在模拟信号的光电转换及 I－V 变换电路模块中：

C_3— SPD 插孔；　W_3—SPD 反压调节旋钮；

L_2，L_3—I－V 变换输出及 R_f测试插孔。

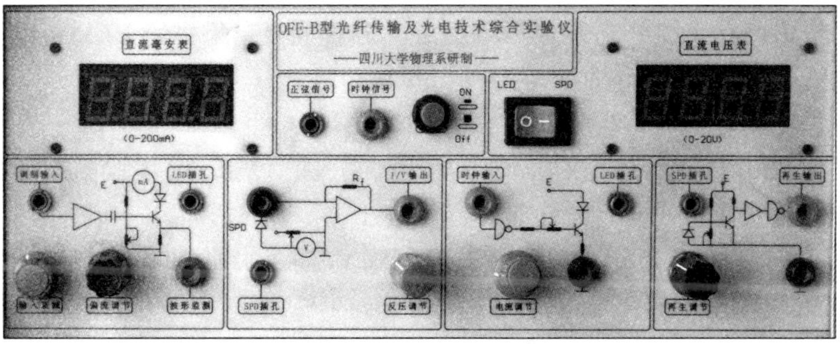

图 3.10.8　主机前面板

[实验操作]

1.LED 伏安特性和电光特性的测定

测量连线如图 3.10.9 所示。

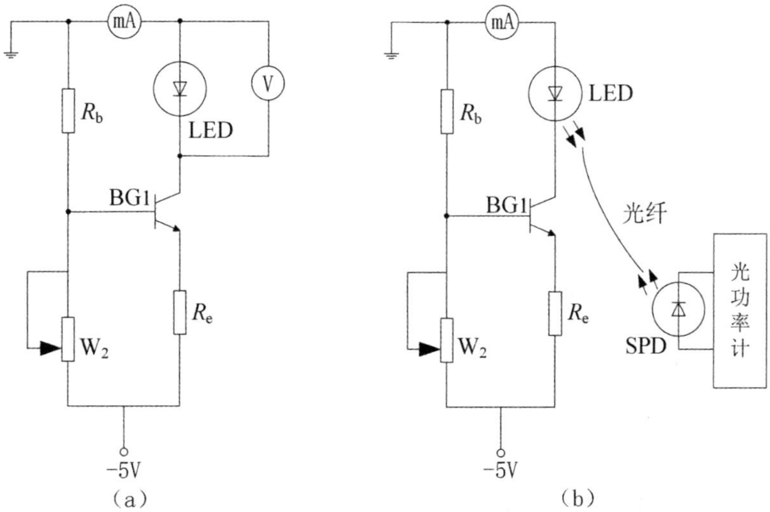

图 3.10.9　LED 特性测量图

(a) 伏安特性测量；(b)电光特性测量

(1)连线。用两端带拾音插头的电缆线一端插入 OFE—B 实验仪前面板的 C_2 插孔，另一端插入光纤信道绕纤盘上的 LED 插孔；把光电检测器件(SPD)的插头插入 OFE—B 实验仪前面板的 I - V 变换电路中 C_3 插孔，SPD 带光敏面的另一端插入光纤信道绕纤盘光纤输出端的圆筒形插孔中。

(2)LED 伏安特性测定。把 OFE—B 实验仪前面板开关 K_2 拨左侧，调节 W_2 旋钮，使 D_2 指示的 LED 电压值从 1.2 V 开始由小到大改变，每增加 30 mV 时记下 D_1 所指示的 LED 电流值，直到 D_2 指示的 LED 电压值为 1.5 V 为止。根据测量结果描绘 LED 伏安特性。

(3)LED 电光特性测定。在以上连线基础上，把 SPD 插入 OFE—B 实验仪前面板 C_3 插孔的电缆插头改插到光功率计的插孔中，在 LED 电流为零的情况下，调节光功率计的零点。

然后，调节主机前面板 W_2 使 D_1 指示的 LED 工作电流从零到大改变，每增加 2 mA 记录一次光功率计的示值，直到 LED 电流为 20 mA 为止。根据测量结果描绘 LED 传输光纤组件的电光特性曲线，并标出线性度较好的区间。

2.硅光电二极管光电特性及响应度的测定

(1)如图 3.10.10 所示连线。在前面连线的基础上，把 OFE—B 实验仪前面板电压表切换开关 K_2 掷向 SPD 一边。

(2)R_f 的测量。用数字万用表测量并记录下 I-V 变换电路插孔 L_2 和 L_3 之间 R_f 的电阻值(大约为 10 kΩ)。

(3)V_o 的测量。选择数字万用表的 0 ~ 200 mV 挡接至 I-V 变换电路的输出端 L_3 插孔和共地端 L_5 插孔。

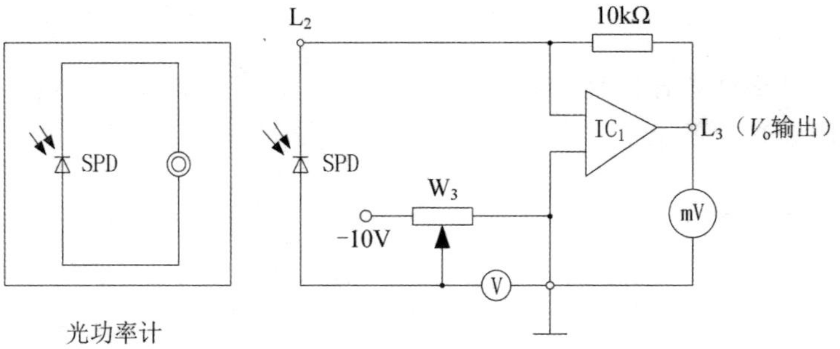

图 3.10.10 SPD 光电特性测量图

(4) 调节光功率计的零点。

(5) 记录 I-V 变换电路零点。在 SPD 零光照和零偏压的情况下 I-V 变换电路输出端的读数从理论上讲应为零。若不为零(这是由组成 I-V 变换的运放电路零点偏移所致)，记下其读数作为零点。

(6)SPD 反向伏安特性的测定。在 SPD 入照光功率分别为 0 μW，5 μW，10 μW，15 μW，20 μW 和 25 μW 等 6 种情况下，把 SPD 电缆插头插入 OFE—B 实验仪前面板 C_3 插孔，然后调节 OFE—B 实验仪前面板上的 W_3 旋钮，使 SPD 的反压从 0 开始逐渐增大。每增加 1 V，用数字万用表(200 mV) 测量并记录一次 I-V 变换电路的输出电压(毫伏数)。根据以上实验数据和 R_f 阻值，绘制 SPD 的反向伏安特性和光电特性，并计算其响应度 Q。

3.语音信号光纤传输系统最佳工作点的选择

把音箱接入 OFE—B 实验仪后面板的音箱插孔中，并把后面板的开关切换到“模拟”一侧。把语音信号源接入实验仪前面板模拟调制信号输入插孔 C_1。根据以上实验数据选择语音信号光纤传输系统最佳工作点后，进行语音信号光纤传输实验。调节 OFE—B 实验仪前面板的 W_1 旋钮，考察实验系统的音响效果。

[思考题]

(1) 利用 SPD，I-V 变换电路和数字毫伏级电压表，设计一光功率计。

(2) 如何测定图 3.10.7 中 SPD 第四象限的正向伏安特性曲线？

3.11　铁磁材料磁化曲线及居里温度的测定

铁磁材料在现实中有着广泛的应用,研究它的特性对工业设计具有重要意义,而磁化曲线、磁滞回线及居里温度的测定对了解磁性材料的基本特性来说是必不可少的。本次实验在观测铁磁材料磁滞回线的基础上,测定它的基本磁化曲线和居里温度。

[实验目的]

(1)通过实验进一步加深对铁磁材料的认识。
(2)学会用示波器观测磁滞回线的方法。
(3)测定铁磁材料的基本磁化曲线。
(4)测定铁磁材料的居里温度。

[实验原理]

1. 铁磁物质的磁化

铁磁物质内部有许多带有一定取向的小磁畴,磁畴在通常情况下处于无序状态,对外并不呈现磁性,如图 3.11.1(a)所示。若铁磁物质受到外磁场 H 的作用,则其内部磁畴方向将因外磁场而发生一定的转向,即该物质被磁化,如图 3.11.1(b)所示。随着外磁场的增大,磁畴的转向也将趋向与外磁场一致,当外磁场强度达到某一确定值时,铁磁物质内部的所有磁畴方向都已同外磁场相一致,该材料的磁化已达到了磁饱和状态,如图 3.11.1(c)所示。图中的$H-B$曲线叫作铁磁材料的磁化曲线,它反映了材料的磁化程度随外磁场变化的规律。

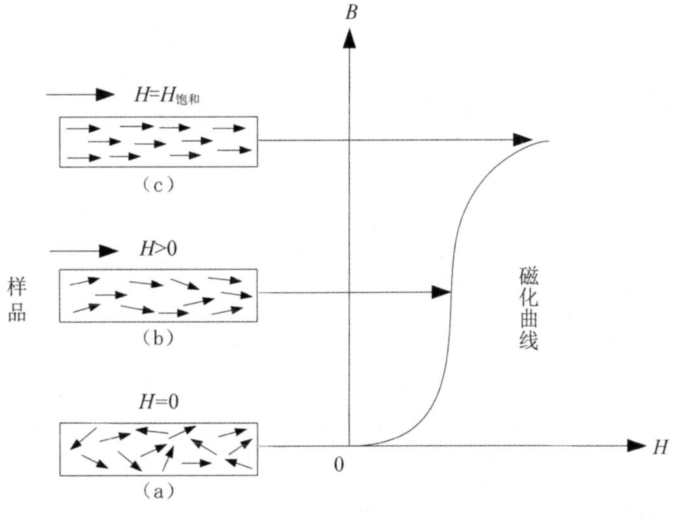

图 3.11.1　铁磁物质的磁化

2.起始磁化曲线、基本磁化曲线和磁滞回线

假设开始时铁磁质处于未磁化状态 ($H=0,B=0$),逐渐增大 H,使介质的磁化达到饱和状态,此时的磁感应强度称为饱和磁感应强度,用 B_m 表示。这样的 $H-B$ 曲线称为起始磁化

曲线，如图 3.11.2(a) 中的 $0a$ 段，这条曲线不易复现。此后，如果减小 H，当 H 减小到 0 时，B 并不为 0，其值为 B_r，B_r 称为铁磁材料的剩磁(即剩余磁感应强度)。加一个反向磁场 H_c 时，$B=0$，也就是消除了剩磁，此处的 H_c 称为该铁磁材料的矫顽力。当反向磁场进一步增大时，B 逐步达到反向最大值 B_m。当磁场从负的最大值向正向最大值变化时，磁化曲线如图 3.11.2(a) 中的 $d—e—f—a$ 段所示。图中的 $a—b—c—d—e—f—a$ 闭合曲线称为磁滞回线。

当 H 的幅度足够大时，形成的磁滞回线称为最大磁滞回线。如果每次循环时 H 的幅度不够大，但其正、负方向的极值相等，在经过磁锻炼后，也会形成一个关于原点对称的磁滞回线。把一系列从小到大依次变化的磁滞回线的上端点及原点相连，得到的 $H-B$ 曲线就称为铁磁材料的基本磁化曲线，如图 3.11.2(b) 所示的 $0P$ 段。

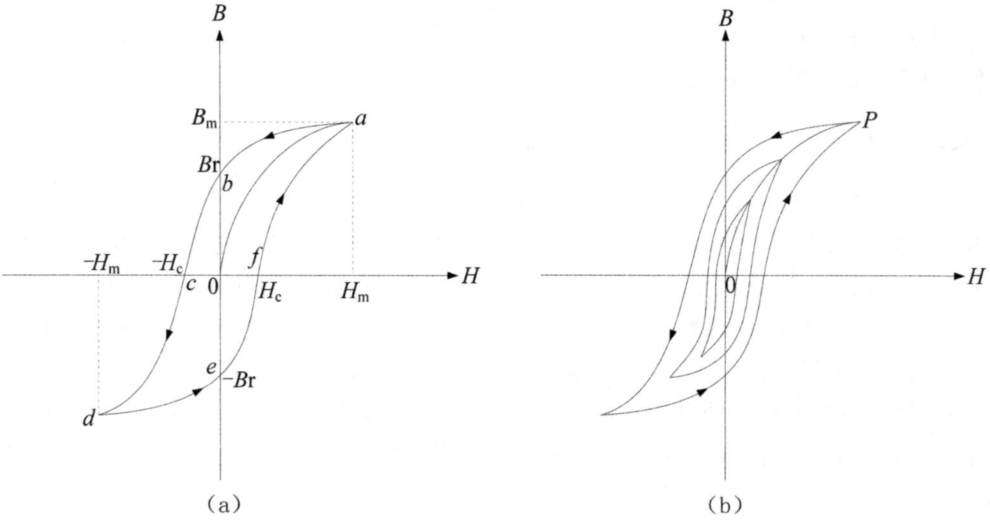

图 3.11.2　磁滞回线与基本磁化曲线

(a) 磁滞回线；(b) 基本磁化曲线

3.磁锻炼及退磁

在反复磁化($H_m \to -H_m \to H_m$)开始的几个循环内，每一次循环时 B 和 H 不一定沿相同的路径进行，只有经过多次反复磁化之后，以后的循环路径才相同，也就是获得一个稳定的磁滞回线。这个反复磁化的过程称为磁锻炼。

因此，在测量基本磁化曲线时，对于磁滞回线簇中的每一个磁滞回线都必须进行磁锻炼，待其稳定后方可测量。磁锻炼有两种方法，以给闭合磁环的初级线圈加磁化电流，次级测磁感应强度为例来说明。第一种方法是给初级线圈加直流电流，并反复改变电流的方向。第二种是给初级加一个幅值稳定的交流电。

由于铁磁物质的磁滞特性，磁性材料所处的某一状态必然和它过去的磁化历史有关。为了使样品的磁特性能重复出现，测量前必须消除样品内的磁性，使其处于($H=0$，$B=0$ 的)原始状态。这一过程称为“退磁”。退磁的方法也有直流和交流两种。交流方法为：对前述的磁环而言，先将交流电流值增加到足够大，使样品处于磁饱和，然后再逐渐将交流电流幅值降为零。交流退磁过程如图 3.11.3 所示。在实际应用中，是把样品放在交流磁场中，然后抽出即可。直流消磁与交流类似，只是要人工反复改变磁化电流的方向，并逐渐减小电流值。

4.铁磁材料的居里温度

铁磁物质被磁化后具有很强的磁性,但这种强磁性是与温度有关的,铁磁物质温度的升高、金属点阵热运动的加剧都会影响磁畴的有序排列。但在未达到一定温度时,热运动不足以破坏磁畴的平行排列,此时任何宏观区域的平均磁矩仍不为零,物质仍具有磁性,只是平均磁矩随温度升高而减小。当温度达到某一定值时,由于分子剧烈的热运动,磁畴便会瓦解,平均磁矩降为零,铁磁物质的磁性消失而转变为顺磁物质,磁滞回线消失,变成直线,铁磁性消失时所对应的温度即为居里温度。

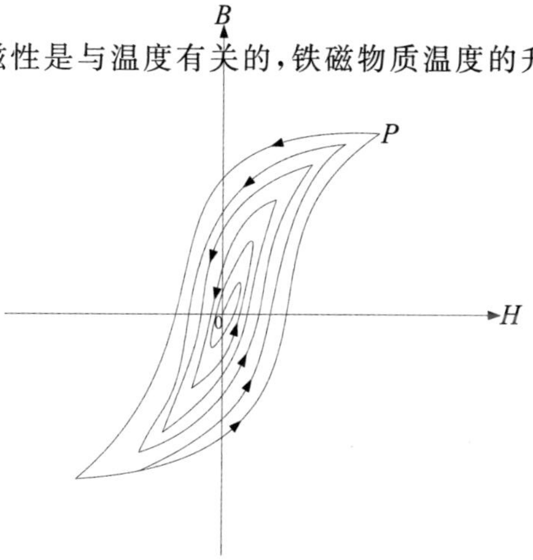

图 3.11.3　交流退磁

本实验中,通过观察磁滞回线的消失(变成一条直线)来测量居里温度。

5.动态磁滞回线的观测

用直流电流对材料样品反复磁化并逐点测出 H 和 B,这样得到磁滞回线称为静态磁滞回线。如果用交流电流对样品磁化,那么测得的 $H-B$ 曲线称为动态磁滞回线。观测动态磁滞回线是本次实验后续两项测量的基础。这里要说明的是,由于在动态磁滞回线测量中,材料中不仅有磁滞损耗还有涡流损耗,而涡流损耗与交流磁化电流的频率有关,因此,测量中使用的交流电流的频率不同,测出的 $H-B$ 曲线也会有所不同。

利用示波器测动态磁滞回线的原理电路如图 3.11.4 所示。

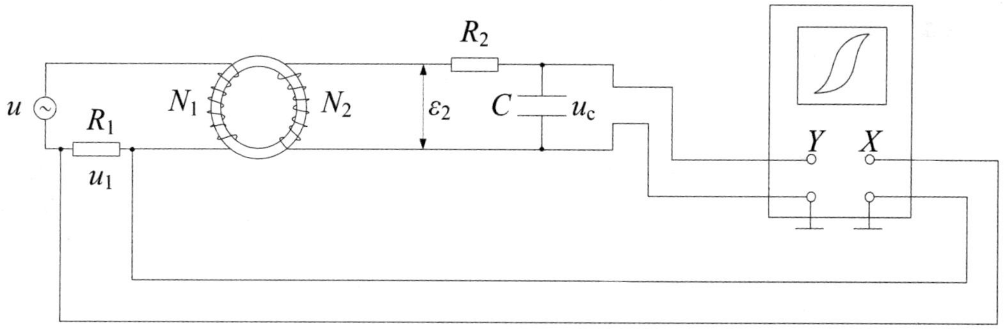

图 3.11.4　动态磁滞回线的测量原理图

将样品制成闭合的环形,其上均匀地绕以磁化线圈 N_1 及副线圈 N_2。交流电压 u 加在磁化线圈上,线路中串联了一取样电阻 R_1。将 R_1 两端的电压 u_1 加到示波器的 X 输入端。副线圈 N_2 与电阻 R_2 和电容 C 串联成一回路。电容 C 两端的电压 U_C 加到示波器的 Y 输入端。下面来说明为什么这样的电路能够显示和测量磁滞回线。

(1)u_1(X 输入)与磁场强度 H 成正比。设环形样品的平均周长为 l,磁化线圈的匝数为 N_1,磁化电流为 i_1(交流电流的瞬时值),根据安培环路定律有 $Hl=N_1i_1$,即 $i_1=Hl/N_1$。而 $u_1=R_1i_1$,所以可得

$$u_1=R_1\,Hl/N_1 \tag{3.11.1}$$

式中，R_1，l 和 N_1 皆为常数，可见 u_1 和 H 成正比。它表明示波器上电子束水平偏转的大小与样品中的磁场强度成正比。

(2)u_C(Y 输入)与磁感应强度 B 的关系。设样品的截面积为 S，根据电磁感应定律，在匝数为 N_2 的副线圈中，感应电动势应为

$$\varepsilon_2 = -N_2 S\mathrm{d}B/\mathrm{d}t \tag{3.11.2}$$

若副边回路中的电流为 i_2 且电容 C 上的电量为 q，则应有

$$\varepsilon_2 = R_2 i_2 + q/C \tag{3.11.3}$$

副线圈的自感电动势忽略不计。在选定电路参数时，将 R_2 与 C 都选成足够大，使电容 C 上的电压降 $u_C = q/C$ 比起电阻上的电压降 $R_2 i_2$ 小到可以忽略不计。于是式(3.11.3)可以近似改写成

$$\varepsilon_2 = R_2 i_2 \tag{3.11.4}$$

将关系式 $i_2 = \mathrm{d}q/\mathrm{d}t = C\mathrm{d}u_C/\mathrm{d}t$ 代入式(3.11.4)，得

$$\varepsilon_2 = R_2 C\mathrm{d}u_C/\mathrm{d}t \tag{3.11.5}$$

将式(3.11.5)与式(3.11.2)比较，不考虑其负号时应有

$$N_2 S\mathrm{d}B/\mathrm{d}t = R_2 C\mathrm{d}u_C/\mathrm{d}t$$

将等式两边对时间积分后，由于 B 与 u_C 都是交变的，积分常数为 0，整理后得

$$u_C = N_2 SB/(R_2 C) \tag{3.11.6}$$

式中，N_2，S，R_2 和 C 皆为常数，可见 u_C 与 B 成正比。也就是说，在一定条件下示波器荧光屏上电子束竖直方向偏转的大小和磁感应强度成正比。

至此，可以看出，在磁化电流变化的一个周期内，示波器的光点将描述出一条完整的磁滞回线。此后每个周期都重复此过程，结果在示波器的荧光屏上看到一稳定的磁滞回线图形。

[实验仪器]

1. JLD—Ⅱ 型居里温度测试仪

JLD—Ⅱ 型居里温度测试仪原理如图 3.11.5 所示，待测样品为一环形铁磁材料，其上绕有两个线圈 L_1 和 L_2，其中 L_1 为励磁线圈。给其通入交变电流，提供使环形样品磁化的磁场，将绕有线圈的环形样品置于温度可控的加热炉中以改变样品的温度，温度传感器置于样品旁边以测定样品的温度。

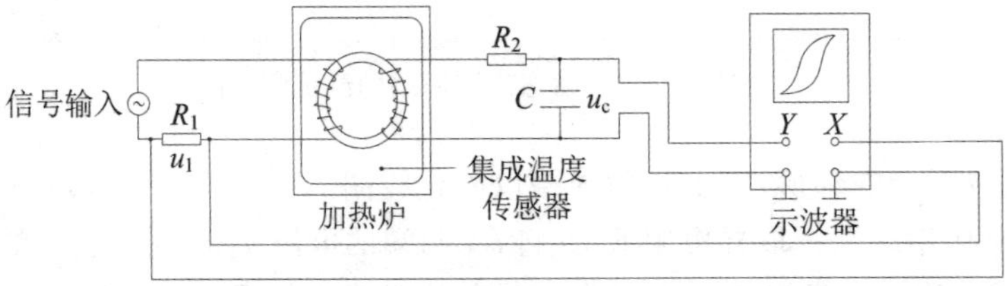

图 3.11.5　居里温度测量原理图

2. 示波器

本实验在测量磁化曲线时，要求在示波器上能测出信号的幅值。示波器的使用方法参看

本书的相关内容。

［实验操作］

1. 观察铁磁材料的动态磁滞回线

按如图 3.11.4 所示接线，其中信号源从 JLD—Ⅱ 型居里温度测试仪面板前的“样品” 端子获得，而磁环及外围电路采用专门配备的磁滞回线测试盒。调节仪器箱上“励磁电流”，观察磁滞回线的变化。

2.测量铁磁材料样品的基本磁化曲线

在上述操作的基础上，先给样品退磁。具体方法为，让励磁电流足够大，以便磁化达到饱和状态，然后逐渐减小励磁电流直至为 0。此时，示波器上图形缩为一个亮点，这时应注意及时调整示波器的亮度，以免损坏示波器。

测量磁滞回线顶点的纵、横坐标值。具体方法是，先用示波器测出 u_1 及 u_C 的峰-峰值，进而求得 u_1 及 u_C 的幅值 u_{1m} 和 u_{Cm}。再根据 u_{1m} 和 u_{Cm} 分别用式(3.11.1) 和式(3.11.6) 计算出磁滞回线顶点的 H，B 坐标值。

本实验中：$N_1 = 150$ 匝，$N_2 = 230$ 匝，$R_1 = 20\ \Omega$，$R_2 = 39\ \text{k}\Omega$，$C = 0.1\ \mu\text{F}$，$l = 80.5\ \text{mm}$，$S = 42\ \text{mm}^2$。

3.测定居里温度

(1) 用连线将加热炉与电源箱前面板上的“加热炉” 相连接；以专用线将铁磁材料样品与电源箱前面板上的“样品” 插孔连接起来，并把样品放入加热炉中；将温度传感器、降温风扇的接插件与接在电源箱前面板上的“传感器” 接插件对应相连；将电源箱前面板上的“B 输出”“H 输出” 分别与示波器上的 Y 输入、X 输入相连接。

(2) 将“升温-降温” 开关打向“降温”。接通仪器的电源开关，调节示波器(工作方式取 $X-Y$ 模式)，使荧光屏上显示出磁滞回线。

(3) 关闭加热炉上的两风门(旋钮方向和加热炉的轴线方向垂直)，将温度“测量-设置” 开关打向“设置”，适当设定炉子温度。

(4) 将“测量-设置” 开关打向“测量”，将“升温-降温” 开关打向“升温”，这时炉子开始升温。在此过程中注意观察示波器上的磁滞回线，记下当磁滞回线变成近似水平直线时显示的温度值，即可测得居里温度 T_c。

(5)将“升温-降温”开关打向“降温”，并打开加热炉上的两风门(旋钮方向和加热炉的轴线方向平行)，使加热炉降温。

［注意事项］

(1)测量样品的居里温度时，一定要让炉温从低温开始升高，即每次要让加热炉降温后再放入样品，这样可避免由于样品和温度传感器响应时间的不同而引起的居里温度每次测量值的不同。

(2)在测量时小心烫伤。

［思考题］

(1)在实验中，测量基本磁化曲线时，是如何对样品进行磁锻炼的？

(2)说明本实验中如何测绘基本磁化曲线。

3.12 核磁共振

核磁共振是指具有磁矩的原子核在恒定磁场中由电磁波引起的共振跃迁现象。美国哈佛大学的珀塞尔(E.M.Purcell)及美国斯坦福大学布洛赫(F.Bloch)两个研究小组于1946年几乎同时发现了核磁共振。因此,珀塞尔和布洛赫荣获了1952年的诺贝尔物理学奖。此后,许多物理学家进入了这个领域进行研究,并取得了丰硕的成果。

目前,核磁共振已经广泛地应用到许多科学领域,成为物理、化学、生物和医学研究中的一项重要实验技术。1977年研制成功的人体核磁共振断层扫描仪(NMR-CT)因能获得人体软组织的清晰图像而广泛用于临床诊断。

[实验目的]

(1)了解核磁共振的基本原理。

(2)利用核磁共振的方法测定样品核的旋磁比 γ、朗德因子 g_N。

(3) 用比较法测定氟核的旋磁比。

[实验原理]

下面以氢核为主要研究对象,介绍核磁共振的基本原理和观测方法。

1.单个核的磁共振

通常将原子核的总磁矩在其角动量 $\boldsymbol{P}$ 方向上的投影 $\boldsymbol{\mu}$ 称为核磁矩,它们之间的关系通常写成

$$\boldsymbol{\mu}=g_N\frac{e}{2m_p}\boldsymbol{P} \tag{3.12.1}$$

式中,e 为电子电荷;m_p 为质子质量;g_N 为朗德因子,是一个因原子核而异的常数。通常称 $\gamma=g_N\dfrac{e}{2m_p}$ 为旋磁比,则

$$\boldsymbol{\mu}=\gamma\cdot\boldsymbol{P} \tag{3.12.2}$$

按照量子力学,原子核角动量的大小由下式决定

$$P=\sqrt{I(I+1)}\,\hbar \tag{3.12.3}$$

式中,$\hbar=\dfrac{h}{2\pi}$,h 为普朗克常数;I 为核的自旋量子数,对氢核来说,$I=\dfrac{1}{2}$。

把氢核放入外磁场 $\boldsymbol{B}$ 中,取坐标轴 z 方向为 $\boldsymbol{B}$ 的方向。核的角动量在 $\boldsymbol{B}$ 方向上的投影值由下式决定:

$$P_Z=m\cdot\hbar \tag{3.12.4}$$

式中,m 称为磁量子数,可以取 $m=I,I-1,\cdots,0,\cdots,-I$。核磁矩在 $\boldsymbol{B}$ 方向上的投影值为

$$\mu_Z=g_N\frac{e}{2m_p}P_Z=g_N\left(\frac{e\hbar}{2m_p}\right)m \tag{3.12.5}$$

将它写为

$$\mu_Z = g_N \mu_N m \tag{3.12.6}$$

式中，$\mu_N = \dfrac{e\hbar}{2m_p}$ 称为核磁子，是核磁矩的单位。由于质子质量 m_p 比电子质量 m_e 大 1 836 倍，所以核磁子比玻尔磁子 $\mu_B = \dfrac{e\hbar}{2m_e}$ 小 1 836 倍。在 SI 单位制中，$\mu_N = 5.050\,824 \times 10^{-27}\,\mathrm{JT^{-1}}$。

磁矩为 $\boldsymbol{\mu}$ 的原子核在恒定磁场 $\boldsymbol{B}$ 中具有的势能为

$$E = -\boldsymbol{\mu} \cdot \boldsymbol{B} \tag{3.12.7}$$

则

$$E = -\mu_Z B = -g_N \mu_N m B$$

任何两个能级之间的能量差为

$$\Delta E = E_{m2} - E_{m1} = -g_N \mu_N B(m_2 - m_1) \tag{3.12.8}$$

对氢核而言，自旋量子数 $I = 1/2$，所以磁量子数 m 只能取两个值，即 $m = 1/2$ 和 $m = -1/2$。磁矩在外场方向上的投影也只能取两个值。

根据量子力学中的选择定则，只有 $\Delta m = \pm 1$ 的两个能级之间才能发生跃迁，这两个跃迁能级之间的能量差为

$$\Delta E = g_N \mu_N B \tag{3.12.9}$$

由式(3.12.9)可知，相邻两个能级之间的能量差 ΔE 与外磁场 $\boldsymbol{B}$ 的大小成正比，磁场越强，则两个能级分裂也越大。

当实验时稳恒磁场为 $\boldsymbol{B}_0$，在垂直于 $\boldsymbol{B}_0$ 的方向上加一个射频交变磁场(以下称为射频场)作用于氢核，如果射频场的频率 ν 满足

$$h\nu = h\nu_0 = g_N \mu_N B_0 \tag{3.12.10}$$

则氢核就会吸收射频场的能量，由低能级跃迁到高能级，这就是核磁共振吸收现象。

通常将式(3.12.10)写成

$$\nu_0 = \left(\frac{g_N \mu_N}{h}\right) B_0$$

即

$$\omega_0 = \gamma B_0 \tag{3.12.11}$$

式(3.12.11)就是核磁共振条件。其中，γ 为旋磁比。

2. *核磁共振信号的强度*

上面讨论的是单个核放在外磁场中的核磁共振理论。但实验中所用的样品是大量同类核的集合。如果处于高能级上的核数目与处于低能级上的核数目没有差别，则在射频场的激发下，上下能级上的核都要发生跃迁，并且跃迁概率是相等的，吸收能量等于辐射能量，就观察不到核磁共振信号。只有当低能级上的原子核数目大于高能级上的核数目时，吸收能量比辐射能量多，这样才能观察到核磁共振信号。在热平衡状态下，粒子数分布与能级的关系服从玻尔兹曼统计规律。两个能级上的核数目之比为

$$\frac{N_2}{N_1} = \exp\left(-\frac{E_2 - E_1}{kT}\right) = \exp\left(-\frac{g_N \mu_N B_0}{kT}\right) \tag{3.12.12}$$

式中，N_1 为低能级上的核数目；N_2 为高能级上的核数目；$\Delta E = E_2 - E_1$ 为上下能级间的能量差；k 为玻尔兹曼常数；T 为绝对温度。当 $g_N \mu_N B_0 \ll kT$ 时，式(3.12.12)可以近似写成

$$\frac{N_2}{N_1} = 1 - \frac{g_N \mu_N B_0}{kT} \tag{3.12.13}$$

式(3.12.13) 说明，低能级上的核数目比高能级上的核数目略微多一点。对氢核来说，如果实验温度 $T=300\ \text{K}$，外磁场 $B_0=1\ \text{T}$(特斯拉)，则

$$\frac{N_2}{N_1}=1-6.75\times10^{-6}\approx0.999\ 993$$

这说明，在室温下，每百万个低能级上的核比高能级上的核大约只多出 7 个。也就是说，每一百万个核中只有 7 个核的核磁共振吸收未被共振辐射所抵消，所以核磁共振信号非常微弱。

由式(3.12.13) 可以看出，温度越高，粒子差数越小，对观察核磁共振信号越不利。外磁场 $\boldsymbol{B}_0$ 越强，粒子差数越大，越有利于观察核磁共振信号。因此，核磁共振实验一般要求磁场比较强。除了对磁场强弱有要求外，还要求磁场在样品范围内高度均匀，否则会观察不到核磁共振信号。这是因为，核磁共振条件由式(3.12.11) 决定，如果磁场不均匀，则样品内各部分的共振频率不同。对某个频率的射频场而言，将只有少数核参与共振，结果信号被噪声淹没，难以观察到核磁共振信号。

此外，核磁共振吸收信号还与核自旋系统的弛豫过程有关。核系统共振激发后，高低能级上的核数目趋于相等，从而离开了平衡状态，经过一段时间后，原子核数目按能级的分布又会自动恢复到原来的平衡状态。这个过程就是弛豫过程，所经历的时间称为弛豫时间。弛豫过程中，受激离开平衡态的核系统通过能量交换恢复到平衡状态，这样就能出现连续不断的共振现象。

[实验仪器]

核磁共振实验仪主要包括磁铁及调场线圈、探头与样品、边限振荡器、磁场扫描电源、频率计及示波器。

实验装置图如图 3.12.1 所示。

1. 磁铁

磁铁的作用是产生稳恒磁场 $\boldsymbol{B}_0$，它是核磁共振实验装置的核心，要求磁铁能够产生尽量强的、非常稳定、非常均匀的磁场。首先，强磁场有利于更好的观察核磁共振信号；其次，磁场空间分布均匀性和稳定性越好，则核磁共振实验仪的分辨率越高。本实验采用的 FD—CNMR 型核磁共振实验仪中使用的是永磁铁。

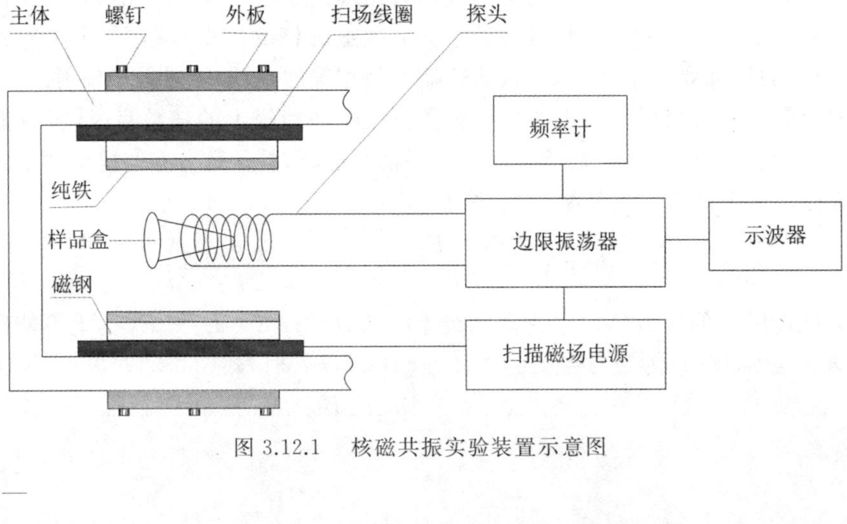

图 3.12.1 核磁共振实验装置示意图

2. 扫场单元

观察核磁共振信号常用的手段是使用示波器，而示波器观察的是交变信号，所以必须设法使核磁共振信号交替出现。有两种方法可以达到这一目的。一种是扫频法，即让磁场 $\boldsymbol{B}_0$ 固定，使射频场频率 ω 连续变化，当 $\omega=\omega_0=\gamma B_0$ 时出现共振峰。另一种方法是扫场法，即固定射频场的频率 ω，而让外磁场 $\boldsymbol{B}$ 连续变化，以便周期性地满足共振条件。

本实验采用扫场法，即在稳恒磁场 $\boldsymbol{B}_0$ 上叠加一个低频调制磁场 $B_m \sin\omega' t$（频率为 50 Hz），这个低频调制磁场就是由扫场单元（实际上是一对亥姆霍兹线圈）产生的。此时，样品所在区域的总的外磁场为 $B=B_0+B_m \sin\omega' t$。由于调制场的幅度 B_m 很小，总磁场的方向保持不变，只是磁场的幅值按调制频率发生周期性变化，其最大值为 B_0+B_m，最小值为 B_0-B_m，相应于外磁场的共振频率 ω'_0 也相应地发生了周期性的变化，即

$$\omega'_0=\gamma B=\gamma(B_0+B_m \sin\omega' t) \tag{3.12.14}$$

这时只要射频场的频率 ω 调在 ω'_0 的变化范围之内，则共振条件在调制场的一个周期内被满足两次，所以在示波器上观察到如图 3.12.2(a) 所示的共振吸收信号。此时若调节射频场的频率，则吸收曲线上的吸收峰将左右移动。当这些吸收峰间距相等时，如图 3.12.2(b) 所示，则说明在射频场的频率 ω 下发生共振的外磁场大小为 B_0。

要说明的是，如果扫场速度过快，图 3.12.2 中共振吸收信号的形状会发生很大的变化。在通过共振点之后，会出现衰减振荡。这个衰减的振荡称为尾波。磁场越均匀，尾波越大。

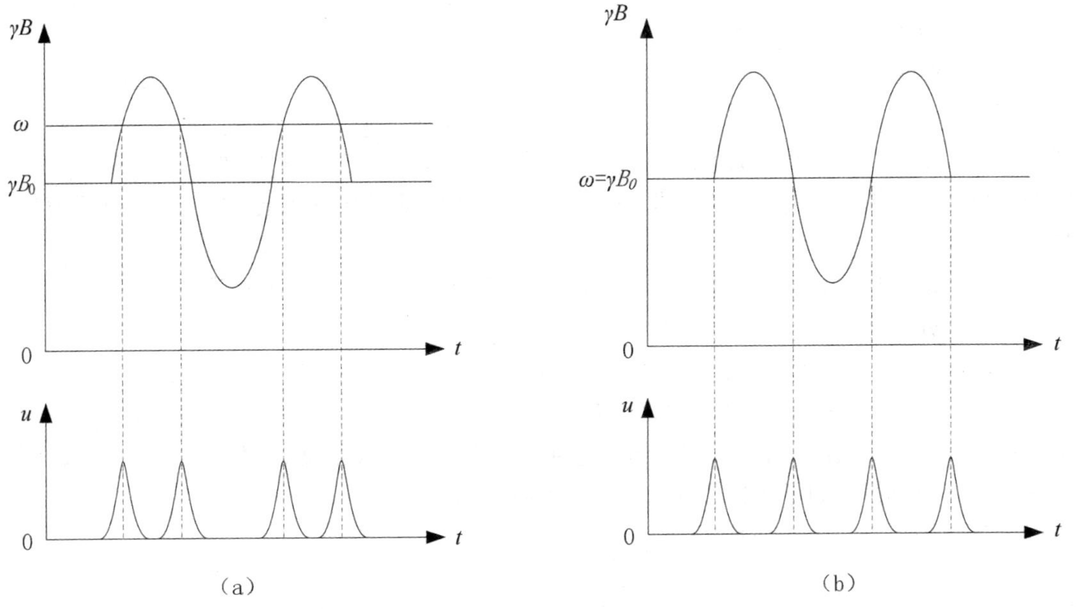

图 3.12.2　扫场法检测共振吸收信号

3. 边限振荡器

边限振荡器是由一个以 LC 为负载的调谐放大器再加上适当深度的正反馈构成的，电路中的 L 是插有样品并且放置在外磁场中的射频线圈，C 是一个变容二极管，改变加在它上面的反向偏压，即改变变容二极管的电容，从而改变边限振荡器的频率。由于边限振荡器工作在刚好起振的临界状态，样品吸收的能量不同（即线圈的 Q 值发生变化），振荡器的振幅将有较大

的变化。当发生共振时，样品吸收增强，振荡变弱，经过二极管检波，就可以把反映振荡器振幅大小变化的共振吸收信号检测出来，进而用示波器显示。

［实验操作］

1. 实验连线

(1) 首先将探头旋进边限振荡器后面板指定位置，选定测量样品(先选掺有 1% 硫酸铜的水样品)，并将其插入探头内。

(2) 将磁场扫描电源上“扫描输出”的两个输出端接磁铁面板中的一组接线柱(磁铁面板上共有四组，是等同的，实验中可任选一组)，并将磁场扫描电源机箱后面板上的接头与边限振荡器后面板上的接头用给定导线连接。

(3) 将边限振荡器的“共振信号输出”用专用连线接示波器“CH1”通道或者“CH2”通道，“频率输出”也用专用连线接至频率计的 A 通道(频率计的通道选择：A 通道，即 1 Hz ~ 100 MHz；FUNCTION 选择：FA；GATE TIME 选择：1 s)。

(4) 移动边限振荡器将探头连同样品放入磁场中，并调节边限振荡器机箱底部四个调节螺丝，使探头上线圈产生的射频磁场方向与稳恒磁场方向垂直。

(5) 打开磁场扫描电源、边线振荡器、频率计和示波器的电源。

2. 核磁共振信号的调节

(1) 将磁场扫描电源的“扫描输出”旋钮顺时针调节至接近最大(旋至最大后，再往回旋半圈)，这样可以加大捕捉信号的范围。

(2) 调节边限振荡器的频率“粗调”电位器，将频率调节至磁铁标志的 H 共振频率附近，然后旋动频率调节“细调”旋钮，在此附近捕捉信号。当满足共振条件 $\omega=\gamma B_0$ 时，可以观察到如图 3.12.3 所示的共振信号。调节旋钮时要尽量慢，因为共振范围非常小，很容易跳过。由于磁铁的磁感应强度随温度的变化而变化，所以应在标志频率附近 ±1 MHz 的范围内进行信号的捕捉。

(3) 大致调出共振信号后，降低扫描幅度，调节频率“微调”至信号等宽，同时调节样品在磁铁中的空间位置以得到尾波最多的共振信号。

(4) 记录稳恒磁场 B_0 及共振时射频场的频率 ω 的数值，计算 ${}_1^1H$ 核的旋磁比和朗德因子。

(5) 将氟碳样品放入探头中，将频率调节至磁铁上标志的氟的共振频率值，并仔细调节得到共振信号。由于氟的共振信号比较小，此时应适当降低扫描幅度(一般不大于 3 V)。依据所测得的 ${}_1^1H$ 核数据，利用比较法计算 ${}_9^{19}F$ 核的旋磁比，即

$$\gamma_F=\frac{\nu_F}{\nu_H}\gamma_H \tag{3.12.15}$$

［思考题］

(1)什么是扫频法和扫场法？

(2)观察核磁共振吸收信号时共用到几个磁场？各起什么作用？

(3)如何用核磁共振的方法去校准磁场？

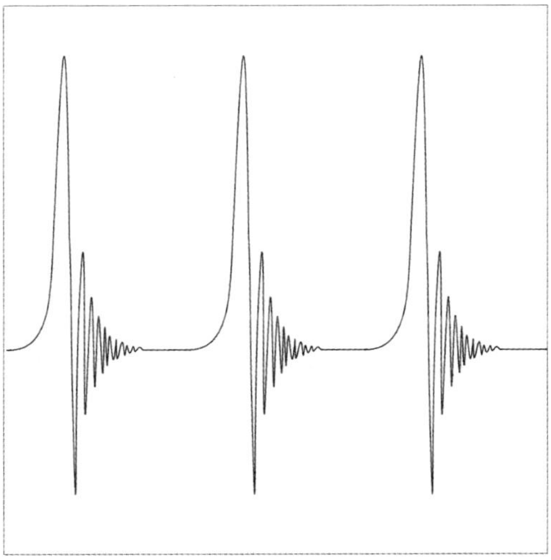

图 3.12.3　示波器观察核磁共振信号

3.13　传感器综合实验

传感器是指能感受(或响应)规定的被测量并按照一定的规律转换成可用信号输出的器件或装置,通常由直接响应于被测量的敏感元件和产生可用信号输出的转换元件以及相应的电子线路所组成。在科技高速发展的今天,传感器已成为获取与检测信息的窗口,科学研究与自动化生产过程中要获取的信息,都要通过传感器转换为容易传输与处理的电信号,因而传感器在信息化时代里有着重要作用。

通过 CSY2000 型系列传感器实验项目的学习,希望能够掌握一些常见传感器的特性及工作原理。

内容一　应变式传感器

应变式传感器是以电阻应变计为传感元件的传感器，是常用的传感器之一。这种传感器由弹性敏感元件与电阻应变计构成。弹性敏感元件在感受被测物理量(如力、力矩、压力、加速度和重量等)时将产生形变,而黏贴在弹性敏感元件表面的电阻应变计将随之产生应变,电阻值发生相应的变化。通过转换电路将其转变成电信号输出，电信号变化的大小就反映了被测物理量的大小。电阻应变式传感器广泛应用于对力、力矩、压力、加速度、重量等物理量的测量。金属箔式应变计是电阻应变计中常见的一类。

[实验目的]

(1)学习应变计在传感器中的使用方法。

(2)比较单臂、半桥和全桥输出的灵敏度。

(3)了解应变计直流全桥的应用及电路标定。

[实验原理]

电阻丝在外力作用下发生机械变形时，其电阻值发生变化，这就是电阻应变效应。描述电阻应变效应的关系式为

$$\frac{\Delta R}{R}=K\varepsilon \tag{3.13.1}$$

式中，$\frac{\Delta R}{R}$ 为电阻丝电阻的相对变化；K 为电阻丝的灵敏系数；$\varepsilon=\frac{\Delta L}{L}$，为电阻丝长度的相对变化。金属箔式应变计是通过光刻、腐蚀等工艺制成的应变传感元件，可以用它将被测部位受力状态变化转换成电阻的变化，再通过电桥原理完成电阻到电压的转换，电桥的输出电压就反映了相应的受力大小及状态。

现在对电桥原理进行分析，如图 3.13.1 所示。当直流电桥输出端连接放大器(其输入阻抗很高)时，可认为 B,D 间开路，则有

$$U_o=U_B-U_D=\frac{R_1}{R_1+R_2}U-\frac{R_3}{R_3+R_4}U=\frac{R_1R_4-R_2R_3}{(R_1+R_2)(R_3+R_4)}U \tag{3.13.2}$$

当 $U_o=0$ 时，电桥平衡，有

$$R_1R_4-R_2R_3=0 \quad 或 \quad \frac{R_1}{R_2}=\frac{R_3}{R_4} \tag{3.13.3}$$

式(3.13.3) 称为直流电桥的平衡条件。

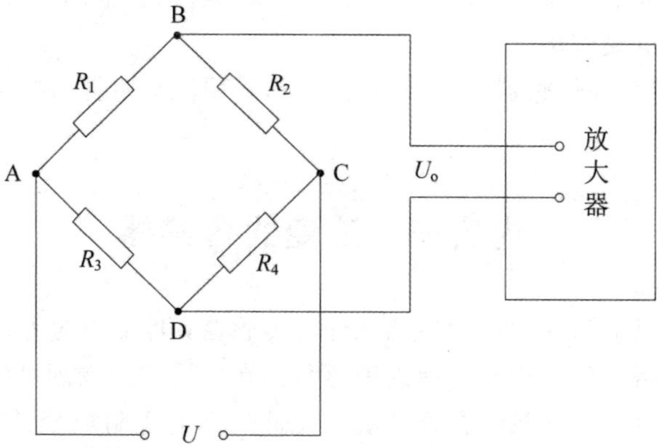

图 3.13.1　直流电桥

假设在电桥平衡状态下各桥臂电阻 R_1,R_2,R_3,R_4 都发生变化，其阻值的变化量分别为 $\Delta R_1,\Delta R_2,\Delta R_3,\Delta R_4$，此时电桥处于非平衡状态。考虑到 $|\Delta R_i|\ll R_i(i=1,2,3,4)$，输出近似为

$$U_o=\frac{R_1R_2}{(R_1+R_2)^2}\left(\frac{\Delta R_1}{R_1}-\frac{\Delta R_2}{R_2}-\frac{\Delta R_3}{R_3}+\frac{\Delta R_4}{R_4}\right)U \tag{3.13.4}$$

当 $R_1=R_2=R_3=R_4$ 时，为全等臂电桥，是应变式传感器中常采用的形式。在全等臂情况下，

对应变计工作于单臂、半桥和全桥时的情况作下述讨论。

1. 应变计工作于单臂电桥

如图 3.13.2 所示，R_1 为应变计，R_2，R_3，R_4 为固定电阻。图中，$R_1=R_2=R_3=R_4=R$。当传感器受力时，R_1 发生变化，设 $\Delta R=\Delta R_1$，由式(3.13.4) 可得

$$U_{o1}=\frac{U}{4}\frac{\Delta R}{R} \tag{3.13.5}$$

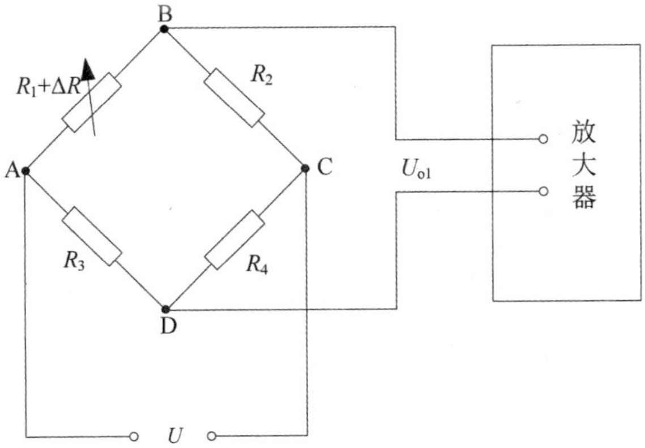

图 3.13.2　应变计工作于单臂电桥

2. 应变计工作于半桥

如图 3.13.3 所示，当相邻两臂工作时，一臂为 $R_1+\Delta R_1$，另一臂为 $R_2-|\Delta R_2|$。由于 $R_1=R_2=R_3=R_4=R$，而 $\Delta R_1=|\Delta R_2|=\Delta R>0$，由式(3.13.4) 可得

$$U_{o2}=\frac{U}{2}\frac{\Delta R}{R} \tag{3.13.6}$$

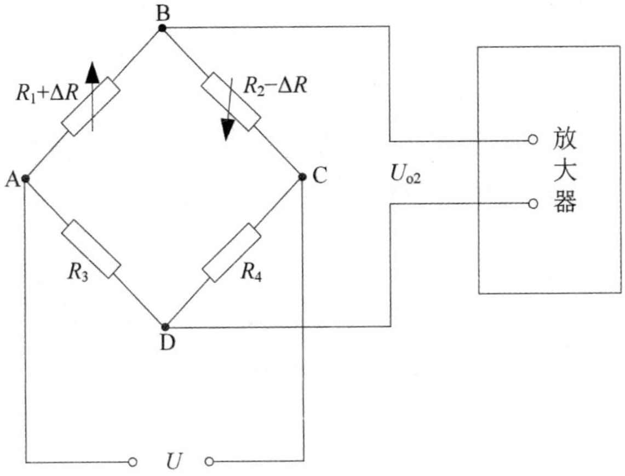

图 3.13.3　应变计工作于半桥

3. 应变计工作于全桥

如图 3.13.4 所示，当四个桥臂均工作时，可推导出

$$U_{o3}=U\frac{\Delta R}{R} \tag{3.13.7}$$

式(3.13.7)中的 ΔR 为电阻改变量的绝对值。

比较式(3.13.5)、式(3.13.6)和式(3.13.7)可见，应变计工作于全桥时的灵敏度最高，应变计工作于单臂电桥时的灵敏度最低。

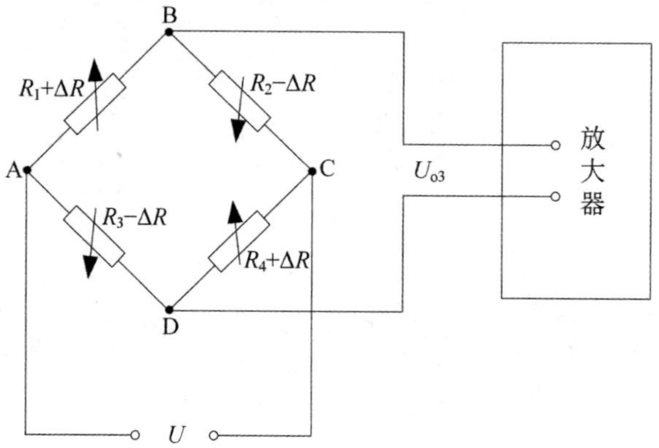

图 3.13.4　应变计工作于全桥

［实验仪器］

CSY2000 型系列传感器与检测技术实验台，应变式传感器实验模块，应变式传感器(安装在应变传感器模块上)，砝码 10 只，数显电压表，±15 V 电源，±4 V 电源，万用表。

(1) 主控台。本实验中将使用主控台提供的±15 V，±4 V 直流稳压电源，以及数显电压表。

(2) 应变式传感器。如图 3.13.5 所示，传感器中四个金属箔式应变计已相应地接入模块左上方的 R_{b1}，R_{b2}，R_{b3}，R_{b4}。在弹性体受负荷后，R_{b1}，R_{b3} 受正应力，阻值增大；R_{b2}，R_{b4} 受负应力，阻值减小。实验时，可根据实际需要将其正确接入电桥电路。

(3) 应变式传感器实验模块。模块的左侧为信号输入级，由电桥线路组成，包括待用的四个电阻应变计和三个固定电阻；右侧为放大电路。

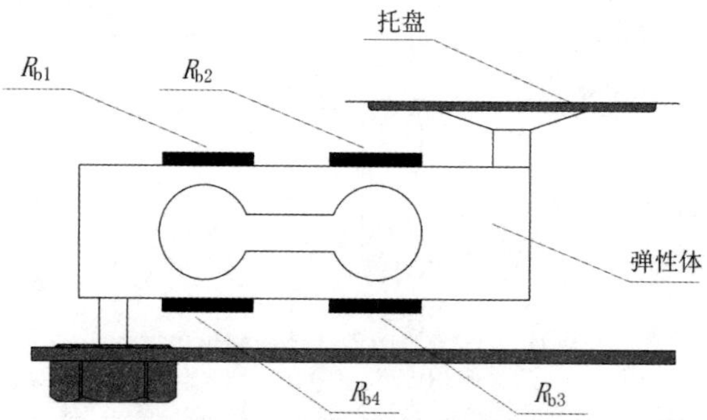

图 3.13.5　应变式传感器示意图

［实验操作］

1. 放大电路的增益设置与调零

具体操作方法如下。

(1) 将实验模块上的增益调节电位器 R_{W3} 顺时针调节到大致中间位置。

(2) 从主控台接入模块电源 ±15 V，将差动电路的正、负输入端与地短接，输出端与主控台面板上数显电压表输入端 V_i 相连。检查无误后，合上主控台电源开关。调节模块上的调零电位器 R_{W4}，使输出电压显示为零（数显表的切换开关打到 2 V 挡）。

(3) 完毕后关闭主控台电源，拆除"差放电路的正、负输入端与地短接"的连线。

注意：① 当增益电位器 R_{W3} 位置一旦确定，就不能改变，一直做到完全桥实验为止。② 合上主控电源开关后，蜂鸣器发出报警声音时，立即关闭主控台电源，排查接线问题。

2. 应变计单臂电桥实验

(1) 参阅图 3.13.6 接入传感器，将应变式传感器的其中一个应变计 R_{b1} 接入电桥作为一个桥臂，它与 R_5，R_6，R_7 接成直流电桥（R_5，R_6，R_7 在模块内已连接好）。接上桥路电源±4 V（从主控台引入），检查接线无误后，合上主控台电源开关。先粗调 R_{W1}，再细调 R_{W4}，使数显表显示为零。

(2) 在传感器托盘上放置一只砝码，读取数显表数值，依次增加砝码并读取相应的数显表数值，记录实验结果，填入表 3.13.1。

表 3.13.1　应变计单臂电桥实验数据表

质量 /g										
电压 /mV										

(3) 实验结果分析。

根据表 3.13.1 中的数值，计算系统灵敏度为

$$S_1 = \frac{\Delta V}{\Delta W}$$

式中，ΔV 为输出电压变化量；ΔW 为重量变化量。

计算非线性误差为

$$\delta_{f1} = \frac{\Delta m}{Y_{F\cdot S}} \times 100\%$$

式中，Δm 为输出电压值与拟合直线的最大电压偏差量；$Y_{F\cdot S}$ 为满量程（加 200 g 砝码）时电压输出。实验完毕，关闭电源。

3.应变计半桥实验

(1) 根据图 3.13.7 接线，R_{b1}，R_{b2} 与 R_6，R_7 组成电桥，注意 R_{b1} 应和 R_{b2} 受力状态相反，即桥路的邻边必须是传感器中两片受力方向相反（一片受拉、一片受压）的电阻应变计。接入桥路电源±4 V，先粗调 R_{W1}，再细调 R_{W4}，使数显表显示为零。注意保持放大器增益 R_{W3} 不变。

(2) 在传感器托盘上放置一只砝码，读取数显表数值，依次增加砝码并读取相应的数显表数值，记录实验结果，填入表 3.13.2。

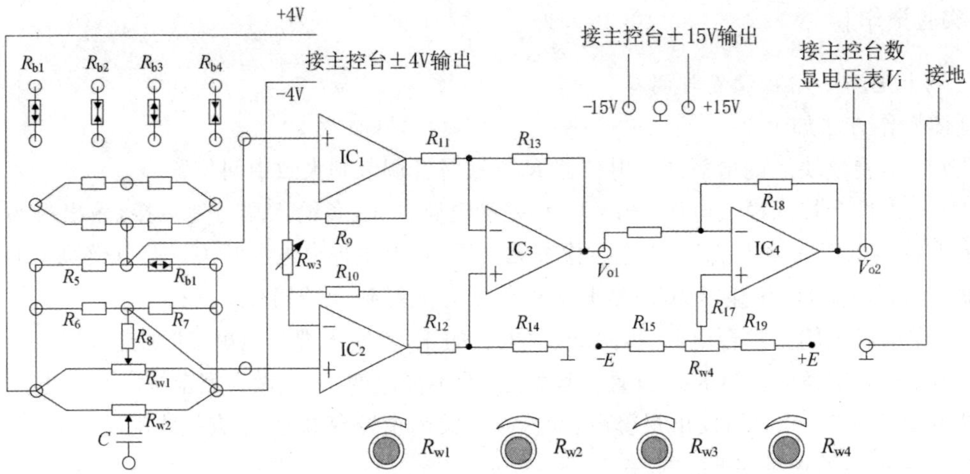

图 3.13.6　应变式传感器单臂电桥实验接线图

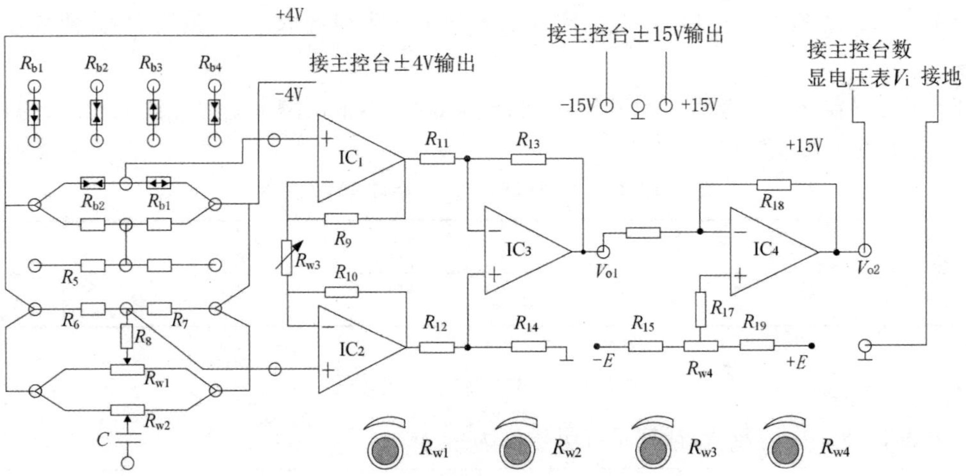

图 3.13.7　应变式传感器半桥实验接线图

表 3.13.2　应变计半桥实验数据表

质量 /g										
电压 /mV										

(3) 计算灵敏度 $S_2=\dfrac{\Delta V}{\Delta W}$，非线性误差 $\delta_{f2}=\dfrac{\Delta m}{Y_{F\cdot S}}\times 100\%$。实验完毕，关闭电源。

4. 应变计全桥实验

(1) 根据图 3.13.8 所示接线，将 R_{b1}，R_{b2}，R_{b3}，R_{b4} 应变计接成全桥，注意受力状态不要接错。先粗调 R_{W1}，再细调 R_{W4}，使数显表显示为零。注意保持放大器增益 R_{W3} 不变。

(2) 在传感器托盘上放置一只砝码，读取数显表数值，依次增加砝码并读取相应的数显表数值，将实验结果填入表 3.13.3。

表 3.13.3　应变计全桥实验数据表

质量 /g										
电压 /mV										

(3) 计算灵敏度 $S_3=\dfrac{\Delta V}{\Delta W}$，非线性误差 $\delta_{f3}=\dfrac{\Delta m}{Y_{F\cdot S}}\times 100\%$。实验完毕，关闭电源。

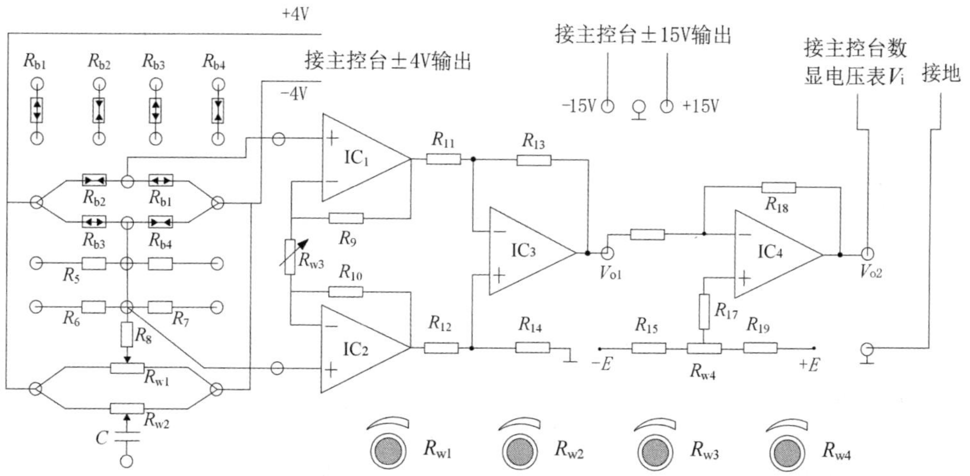

图 3.13.8　应变式传感器全桥实验接线图

5. 应变计全桥实验的应用 —— 电子秤

(1) 按照图 3.13.8 连线，合上主控台电源开关，调节电桥平衡电位器 R_{w1}，并细调 R_{w4}，使数显表显示 0.000 V。

(2) 将 10 只砝码(每只 20 g) 全部置于传感器的托盘上，调节增益电位器 R_{w3}(即满量程调整)，使数显表显示为 0.200 V(或 －0.200 V)。

(3) 拿去所有砝码，再次调节 R_{w1} 和 R_{w4}，使数显表显示 0.000 V。

(4) 重复步骤(2)，(3) 的标定过程，一直到满量程显示 0.200 V(或－0.200V)，空载时显示 0.000 V 为止，即做到电压表 0.001 V 对应 1 g，此时传感器与电压表就组成一台电子秤。

(5) 用上述“电子秤”分别称量三种不同组合的砝码质量。以砝码标称值作为标准值，给出相应的误差值。

[思考题]

(1) 在应变计工作于电桥单臂时，电阻应变计是否可以选用负(受压) 应变计？

(2) 半桥测量时，两片不同受力状态的电阻应变计应如何接入电桥？试分析非线性误差产生的原因。

(3) 比较单臂、半桥和全桥输出时的灵敏度和非线性误差。

内容二　霍尔位移传感器

磁传感器是一种对磁感应强度和磁通量敏感，并能把这些磁学量转换成电信号的传感器。根据霍尔效应原理制成的传感器，就是利用了霍尔器件对磁感应强度敏感的特性，实现对位移、转速、加速度、振动、压力、流量等物理量的测量。

许多工程应用中都要进行物体位移的测量，而对物体位移进行非接触测量是目前位移测量技术的重要发展方向之一。由于霍尔器件具有结构简单、工艺成熟、体积小和线性好等优点，因此霍尔传感器在非接触型位移测量中得到广泛应用。

[实验目的]

(1) 掌握霍尔位移传感器的原理并了解其应用。

(2) 学习直流激励时霍尔传感器测量位移的方法。

[实验原理]

根据霍尔效应原理，霍尔电压 U_H、外磁场的磁感应强度 B、工作电压 I 及霍尔器件的灵敏度 K_H 之间，有关系式

$$U_H = K_H IB \tag{3.13.8}$$

若保持霍尔器件的工作电流 I 恒定不变，使它在一个均匀梯度的磁场中移动，则其输出的霍尔电压变化量为

$$\Delta U_H = K_H I \frac{dB}{dz} \Delta z \tag{3.13.9}$$

式中，Δz 为位移量。此式说明，当 $\frac{dB}{dz}$ 为常数时，ΔU_H 与 Δz 成正比。根据这一原理，即可对位移量进行测量。

将霍尔器件置于一块磁铁前方，当霍尔器件与磁铁之间距离变化 Δz 时，U_H 将发生变化。对于给定的永磁铁，在一定范围内，其磁场的梯度可以认为是不变的。例如，本实验中当 $\Delta z <$ 5 mm 时，霍尔电压 U_H 与 Δz 之间有较好的线性关系。

[实验仪器]

CSY2000 型系列传感器与检测技术实验台，霍尔传感器实验模块，霍尔位移传感器，±15 V 电源，±4 V 电源，数显电压表，螺旋测微装置，圆形磁钢。

(1) 主控台。本次实验中将使用到主控台提供的±15 V，±4 V 直流稳压电源，以及数显电压表。

(2) 霍尔传感器实验模块。模块上方提供了组装霍尔位移传感器以及螺旋测微装置的支架，模块下方为霍尔器件接线图及集成运算放大电路。

(3) 霍尔位移传感器。根据图 3.13.9 在实验模块上组装霍尔位移传感器，在测微螺杆顶端装上圆形磁钢。

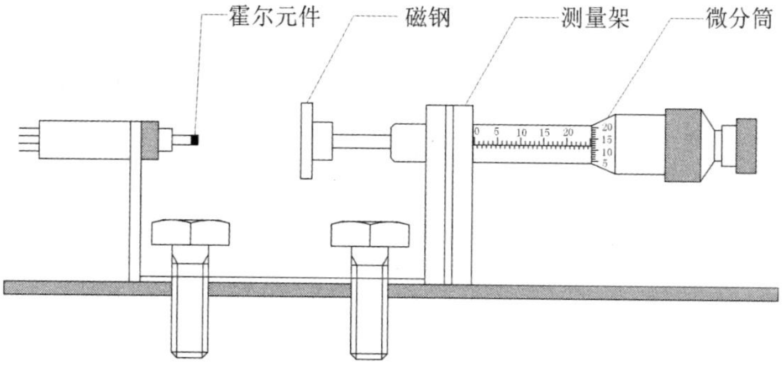

图 3.13.9　霍尔位移传感器组装图

［实验操作］

(1) 按照图 3.13.10 连接线路。霍尔传感器引出的四根线按照图中标示接模块。R_1 与节点 4 之间暂时不接通。从主控台接入 ±4 V 激励电压，将主控台提供的 ±15 V 电源接至放大电路，放大器的输出端 V_o 与主控台面板上数显电压表输入端 V_i 相连(数显表的切换开关打到 2 V 挡)。开启电源。

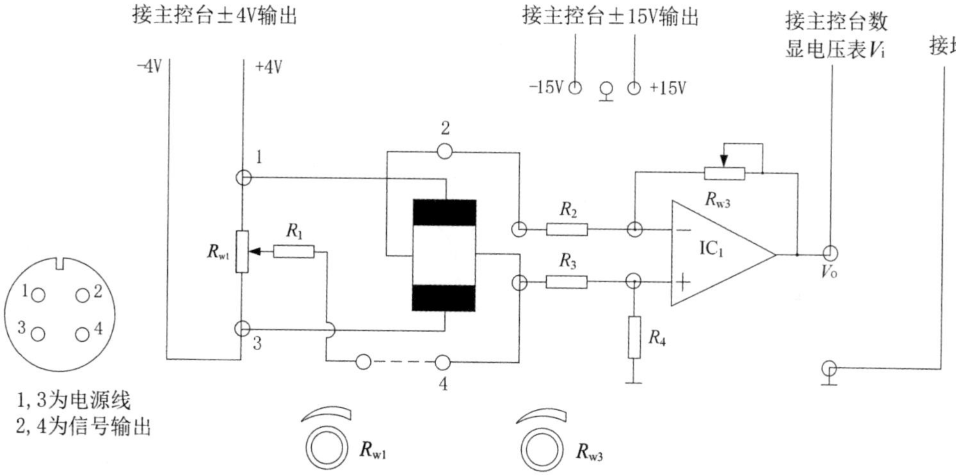

图 3.13.10　霍尔位移传感器连线图

(2) 旋动微分筒，使测微螺杆顶端的圆形磁钢与霍尔传感器相切，此时数显表电压指示最大，固定螺旋测微装置。旋转微分筒棘轮，使圆形磁钢逐渐离开霍尔传感器，每转动 0.5 mm 记下数显电压表的读数，填入表 3.13.4。在 10 ～ 15 mm 的位移范围内进行测量，并利用作图法确定 Δz 与 V 线性关系良好的位移区间。

表 3.13.4　霍尔位移传感器位移量与输出电压关系表

Δz/mm										…
V/mV										

(3) 在模块面板上接通 R_1 与节点 4 之间的连线，用螺旋测微装置仔细确定测距的起点和终点，将位移测量范围定为 5 mm，要求起点处磁钢与霍尔器件相切(起点处读数可以不为零)，固定好螺旋测微装置。在测距起点处利用 R_{W1} 调零，在测距终点处利用 R_{W3} 调满量程时的电压读数，使位移传感器的精度为 0.200 V/mm。传感器调试好后，在所确定的量程范围内，重新测量 $\Delta z-V$，并将数据记入表 3.13.5。

表 3.13.5　霍尔位移传感器位移量与输出电压关系表

Δz/mm										…
V/mV										

[思考题]

(1)霍尔传感器测位移对磁场变化有何要求?

(2)根据霍尔传感器的原理，试设计一种具体的应用。

参考文献

[1] 李科杰.新编传感器技术手册[M].北京:国防工业出版社,2002.

[2] 刘迎春,叶湘滨.传感器原理、设计与应用[M].3 版.长沙:国防科技大学出版社,1997.

[3] 邬鸿彦,朱明刚. 近代物理实验[M].北京:科学出版社,1997.

[4] 褚圣麟.原子物理学[M].北京:高等教育出版社,1986.

第4章 演示实验

4.1 视觉暂留与成像

当外界的景物进入我们视野时，视网膜中的感光细胞首先将光信息转换为神经信息，视神经把神经信息传输到大脑。这个过程中如果景物忽然消失，感光细胞转换信息的化学过程不会马上结束，而是延续 0.1～0.4 s 左右，这种生理现象被称为“视觉暂留”。

视觉暂留被广泛应用在影视、光影特效表演等领域。例如，电影一般以每秒 24 帧图像的速度进行播放，每帧图像的停留时间为 41.67 ms，视觉暂留时间最短约为 100 ms。第一帧图像还在人脑中停留时第二帧图像就出现了，于是经过大脑的联系、处理就形成了演员在连续表演的“错觉”。

本实验中通过两种设备演示，感受视觉暂留的效果。

1. 激光扫描成像

激光扫描成像是基于点扫描下的视觉暂留实验。

本实验中光点的产生由激光器完成，光点的移动由计算机控制振镜来完成。通过高速的点扫描，可以在幕布上形成多种图案和文字。

激光扫描成像仪的核心是激光器和扫描振镜系统（见图 4.1.1）。其中激光器采用半导体激光器，具有体积小、功耗低和高效的特点。通过红、蓝和紫三色组合，可以形成彩色图案。

图 4.1.1 激光扫描成像仪

扫描振镜系统由 $X-Y$ 光学扫描头、电子驱动放大器和光学反射镜片组成。

激光演示系统中，扫描速度决定图像的质量。目前高速扫描器的扫描速度可达50 000 个点 /s，可以保证复杂图形的演示。由于光子无法像带电粒子那样用电场或磁场控制，所以要采用机电手段实现光路偏转。系统中通过电机带动两块平面镜，一块控制 X 轴方向位移、另一块控制 Y 轴方向位移，从而使激光束发生偏转。两块振镜的高速移动实现激光光点的快速移动。成像的方法是，让单束激光（激光点）快速、逐次变换其照射位置，在人眼的暂留时间内完成一个周期的绘图。

由于激光具有高亮度、色域广、对比度高，因此可以实现更绚丽的表现效果和艺术氛围。

2. 梦幻点阵

梦幻点阵是基于点阵扫描下的视觉暂留实验。如图 4.1.2 所示，该装置中心是一个高速旋转的转轴,转轴的侧面安装了一个由 24 个彩色发光二极管构成的纵向阵列。每个发光二极管的发光时间和颜色,都按照事先设定的程序改变。由于转轴转速高达每秒数百转,完全可以保证完成一帧图像的扫描时间小于人眼的视觉暂留时间,当后续的扫描不断重复时就看到了程序设计好的图像。

如果要让图像移动,则需要在完成一帧图像的扫描后,将下一帧图像的起始位置(也就是发光二极管的发光时刻)前推或后移。

可以设想,如果没有视角暂留效应,在某个时刻激光扫描成像显示的只是一个点,梦幻点阵球显示的则是 24 个点,电影显示的是一张“幻灯片”。

图 4.1.2　梦幻点阵

4.2　形状记忆合金

一般的金属材料受到外力作用后,先发生弹性形变,达到屈服点后,就产生塑性形变,在应力消除后塑性形变也不会消除。但对于一些特殊的合金材料,在发生塑性形变后,经过合适的热过程(升温或降温),能够恢复到变形前的状态。这种材料称为形状记忆合金。形状记忆合金具有的能够记住其原始形状的现象称为形状记忆效应。若加热时恢复高温相形状,冷却时恢复低温相形状,即通过温度升降自发可逆地反复恢复高、低温相形状的现象叫双程记忆效应。记忆合金花和记忆水车的原理都是基于双程记忆效应的。

记忆效应的产生是由于记忆合金的晶体结构的变化,在特定的温度条件下,金属原子的排列方式会发生改变,且晶体结构的这种变化通常是可逆的。

1. 记忆合金花

记忆合金花是随温度的变化而自行开、闭的仿菊花花朵。合金花在室温时,花蕾闭合,当把花蕾加热到 65～85℃时,花蕾开放,再把合金花冷却到室温时,合金花又闭合。通过温度升降实现反复恢复高、低温相形状,如图 4.2.1 所示。

(a)　　　(b)　　　(c)

图 4.2.1　记忆合金花随温度的变化情况

(a)放入热水前;　(b)放入热水后;　(c)凉至室温后

2. 记忆合金水车

把水槽里的水加热到 60℃以上，具有双程记忆功能的叶片入水后，要恢复高温相时的形状。形状变化的过程中，叶片对水有作用力，水的反作用力给水轮一个动力矩使轮子旋转。叶片出水进入空气后，叶片的温度降低，恢复到低温相时的形状。只要保持水槽中热水具有足够的温度，叶片的状态就会循环变化，从而使水车轮子自动不停地旋转。记忆合金水车实物如图 4.2.2 所示。

图 4.2.2　记忆合金水车实物图

4.3 激　光　琴

激光琴也称为无弦琴，它是利用激光技术及光学控制原理制作而成的。激光琴由激光器、光控开关和发声系统构成。在激光琴钢管的上端分别放置有激光头，由它们向下发射出数个激光光点，直射在下端的接收头上。接收头内的光敏二极管接收到光的照射后，其内阻会发生变化，从而将光信号转换为相应的电信号，来控制接收电路的开通与闭合，以达到控制发音系统的工作状态。操纵不同音管的光电系统，可使琴发出不同的音调(见图 4. 3. 1)。

图 4.3.1　激光琴

当用手轻轻遮挡光束时，激光琴会发出相应音符的声音，遮挡不同光束则发出不同音符的声音；经过对激光束不停地控制，琴就可以“演奏”出不同的音阶和美妙的乐曲。选择琴台上的乐器按钮，可改变激光琴的音色。

4.4 鱼 洗

古人称脸盆为“洗”,因盆底刻有鱼纹而得名“鱼洗”。喷水铜洗约出现于唐代,它的底平、盆壁自然倾斜外翻,盆沿左右各有个把柄,称为双耳(见图4.4.1)。

该演示实验是一种固体中的驻波通过液体的喷射而显示的趣味物理现象。通过摩擦双耳将能量输入鱼洗,就能激发起洗体以其固有频率振动。鱼洗壁薄口径大,可以近似看成一个圆柱面,沿径向振动的小振幅波在圆柱面这样的二维空间传播,并在边界处反射,反射波与激振波相互叠加,最后形成稳定的驻波(双耳的位置控制了驻波的波节和波腹位置)。波腹处剧烈的振动使水具有的动能大于水的表面张力限定的势能,且能克服重力再向上运动时,水被撕裂成水珠从水面飞出,形成向上喷射的水花,而且水花在固定位置溅起。此外,盆壁在振动时,每点都可以看作是一个相干振源,由于它们在水面激起的表面波是相干波,所以会产生干涉现象。水面上的鱼鳞状波纹正是表面波相干叠加的结果。

图4.4.1 鱼洗

操作要领:向鱼洗内注入适量的水,水太少的话,水面没有没过振动最强的地方;水太多时溅起水花需要的能量就增大,一般盛入一半容量的水。摩擦时应避免鱼洗的晃动,把鱼洗放置于湿毛巾上即可。给手掌醮少许水,以增大摩擦力。两手放于鱼洗双耳上,缓慢而有节奏地来回摩擦。

4.5 脚踏发电机

发电机的种类很多,其基本原理都是应用法拉第电磁感应定律,通过一定的外力驱动发电机的转子转动,使导线以一定的速度切割磁力线,从而在导线的两端产生感应电动势。当切割磁力线的导线是闭合回路的一部分时,该回路中将会有电流流过。脚踏发电机以人力作用于脚踏板,驱动发电机旋转,进而将踏车者消耗的体能转换为机械能,机械能再转换为电能。由于感应电动势的大小与导线切割磁力线的速度成正比,速度越快,单位时间产生的电能越多,车前边的显示屏就越能持久发亮。由于在发电车前安装了摄像头和显示器,通过发电机发电,摄像头可实时地摄录参与者的影像并进行播放,增加了参与者的乐趣。脚踏发电机如图4.5.1所示。

图4.5.1 脚踏发电机

4.6　太阳能发电系统

随着人类科技的进步，我们对能源的需求和使用与日俱增，但大量化石燃料的使用，导致诸如环境污染、温室效应和能源储备枯竭等诸多问题。如何在现有体系中引入更多清洁能源、可再生能源就成为迫切需求，利用太阳能发电就是一种可行的方法。

当 P 型半导体和 N 型半导体结合在一起时，两种半导体中的多数载流子就会向对面扩散，从而形成 PN 结，PN 结处存在电势差。当光照射在 PN 结上时，将产生新的电子-空穴对，此时外部如果用导线将电极连接起来，形成回路，在 PN 结电场的作用下，空穴从 N 区流向 P 区，电子从 P 区流向 N 区，从而形成电流。通常，一个 PN 结的电动势很小，需要将数个 PN 结串联起来使用，这就是太阳能发电的原理(见图 4.6.1)。

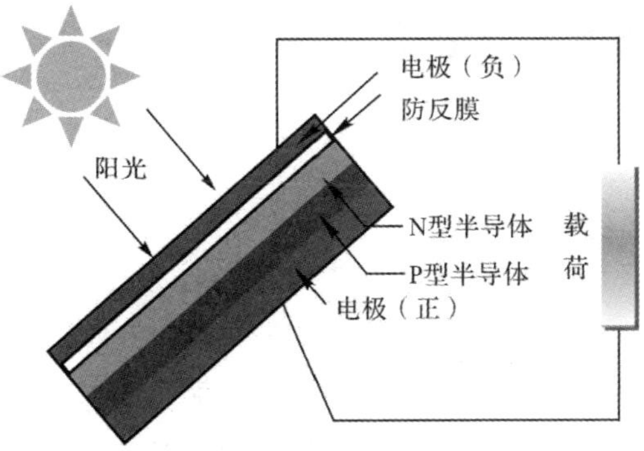

图 4.6.1　太阳能发电原理图

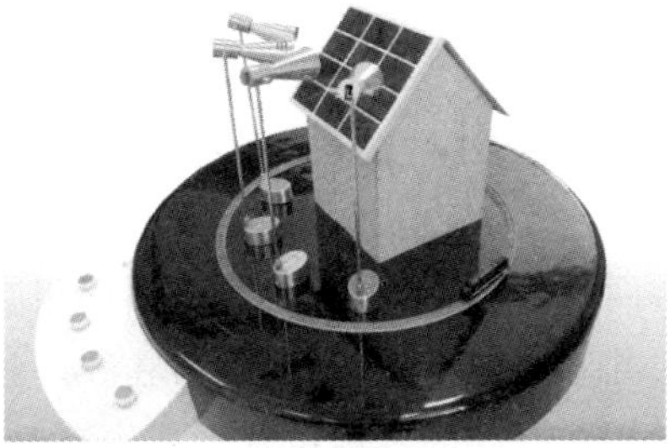

图 4.6.2　太阳能发电应用图

可以根据不同配比材料的光电性质，制成吸收不同频率电磁波的太阳能电池，如红外、紫外和可见光波段。入射光的波长越短、频率越高，所具有的能量就越高，例如紫外线具有的能量要远高于红外线。但要注意的是，要产生光电效应，照射光的频率必须达到或超过一定的阈值。

本实验中采用白光光源照射太阳能电池板，产生电流推动小火车沿轨道运动。通过火车的运动，可直观地观察太阳能发电现象。太阳能发电应用图如图 4.6.2 所示。

4.7　空间弯曲

广义相对论引力理论认为，万有引力的存在只是时空弯曲的体现。时空弯曲的程度是由物质的分布所决定的。在黑洞存在的区域，由于其时空严重弯曲，以致连光子都无法逃脱这个空间严重弯曲的区域而形成黑洞。

根据广义相对论，物质分布导致时空弯曲。在恒星际和星系际空间，由于物质平均密度非常小，空间的弯曲效应几乎可以不考虑，所以由恒星和星系发出的星光在恒星际和星系际空间传播的路径几乎就是直线，这是光学天文观测存在的基础。但在太阳附近的区域，由于太阳引起的空间弯曲较大，这样天文学家才有可能在日食时观测到由恒星发出的星光在经过太阳边缘时发生微小弯曲。

演示仪的构成如图 4.7.1 所示。内部可以看作一个黑洞，由于黑洞存在的区域物质密度非常大，其空间弯曲严重。当天体(小球)接近黑洞时会被黑洞的引力场拉进去，天体就在黑洞形成的弯曲空间内运动。

图 4.7.1　空间弯曲演示仪

4.8 昆　特　管

两列频率、振动方向及振幅都相同的简谐波，在同一直线上沿相反方向传播叠加后形成的波形并不向前推进，因此称为驻波。驻波中既没有相位的空间移动，也没有能量的定向传播，各点均在自己的平衡位置附近作简谐振动。振幅最大处为波腹，振幅为零处为波节。相邻两波腹(或两波节)间距离为 1/2 波长。

昆特管是由信号源、扬声器、有机玻璃管和少量液体(煤油或水)组成(见图 4.8.1)。由扬声器发出的入射声波在管内的另一端发生反射并与入射声波干涉形成驻波。驻波的振动激发煤油的振动，实验中可观察到环形飞溅的煤油浪花，此处液体振动最激烈，称为波腹；振幅最小的点称为波节，此处液体静止不动，振幅为零。波节到波腹的距离为 1/4 波长。

4.8.1　流体驻波演示仪

要形成稳定的驻波，必须使透明圆管的长度等于声纵波 1/4 波长的奇数倍。管长是不变的，可以通过改变声信号频率的方法改变波长。仪器上给出的可形成驻波的频率参考值在 71 Hz，180 Hz，280 Hz，360 Hz，420 Hz 和 533 Hz 附近。实验时给玻璃管中加入的液体达到玻璃管直径的1/4即可，并在上述频率附近仔细调节，才能看出明显的现象，频率改变后注意观察波腹个数的变化。

4.9　大型混沌摆

一个动力学系统，如果描述其运动状态的动力学方程是线性的，则只要初始条件给定，就可预见以后任意时刻该系统的运动状态。如果描述其运动状态的动力学方程是非线性的，即便给定初始条件，也不能确定以后某个时刻的运动状态。也就是说，系统未来的状态具有不确定性。一个由确定性理论描述的非线性动力学系统，其未来行为表现出随机性和不可预测性，这一现象就称为混沌。混沌现象具有对初始条件的敏感性和未来长期行为的不可预测性。

图4.9.1　大型混沌摆

本实验用的大型混沌摆是由一个T形主摆和三个副摆构成的(见图4.9.1)。主摆和各副摆之间的运动互相影响，互相制约，从而形成了一个非线性动力学系统。实验中主要观察混沌摆对初值的敏感性。实验时用手慢慢转动把柄，使摆处于某一初始状态，放手后观察系统的运动状态；再次用手转动把柄，使系统处于和上一步“相同”的初始状态，由于这种所谓的相同，必然存在微小的差别，放手后再次观察系统的运动状态，并和上次进行比较，可以看到由于混沌对初值的敏感性，之后的运动状态也有明显的差异。在观察混沌摆运动状态的基础上，将单摆与混沌摆进行比较，体会混沌摆运动状态的随机性。

4.10　飞机升力

根据伯努利方程，在同一水平流线上的流体流动时，其压强 p 与流速 v 存在如下关系：

$$\frac{1}{2}\rho v^2 + p = \text{常量}$$

它表明，流速大的地方压强小，流速小的地方压强大。飞机能在空中飞翔就是利用这一原理。

飞机机翼的形状是经过精心设计的，呈流线型，下面平直，上面圆拱，飞行时能使流过机翼上方空气的流速大于机翼下方的空气流速。从伯努利方程来看，在速度比较大的一侧压强要相对低一些，因此机翼下表面的压强要比上表面大，形成一个向上的升力。理论和实验指出，升力与飞机的飞行速度，空气密度，机翼的面积、形状、气流冲向翼面的角度有关。飞机升力演示如图4.10.1所示。

图4.10.1　飞机升力演示

4.11 傅 科 摆

为了证明地球在自转,法国物理学家傅科(1819—1868 年)于 1851 年做了一次成功的摆动实验。他在法兰西共和国的先贤祠大厅的穹顶上悬挂了一条 67 m 长的绳索,绳索的下面是一个重达 28 kg的摆锤(见图 4.11.1)。摆锤的下方是巨大的沙盘。每当摆锤经过沙盘上方的时候,摆锤上的指针就会在沙盘上面留下运动的轨迹。人们惊奇地发现,傅科设置的摆每经过一个周期的振荡,在沙盘上画出的轨迹都会偏离原来的轨迹,准确地说,在这个直径 6 m 的沙盘边缘,两个轨迹之间相差大约 3 mm。

图 4.11.1 傅科摆

傅科使用的摆的特点:首先,由于地球的自转比较缓慢,需要一个比较长的摆线才能显示出轨迹的差异。其次,由于空气阻力的影响,这个系统必须拥有足够的机械能(一旦摆开始运动,就不能给它增加能量),所以傅科选择了一个 28 kg 的铁球作为摆锤。再次,为了不使悬挂摆的“支架”带动摆参与地球的自转。傅科采用了一种简单而巧妙的“万向节”装置,从而使摆动平面超然于地球的自转。正是做到了这三点,傅科才成功地演示出地球的自转现象。

傅科摆为什么能够演示出地球自转呢? 简单地说,是因为惯性。以太空为参照系观察地球上的傅科摆,由于惯性作用,摆平面保持原振动方向。地球自转的结果使地面上的物体相对摆平面的位置发生偏转,而人们以地球为参照物时就会感觉到摆平面相对地球的位置发生了相反的偏传。此外,站在地球这个非惯性系中看单摆轨迹的偏转,可以看作是“科里奥利力”作用的结果。

要说明的是,傅科摆放置的位置不同,摆平面旋转的情况也不同。在北半球摆动平面顺时针转动;在南半球摆动平面逆时针转动。而且纬度越高,转动速度越快,在赤道上的摆平面不转动。

实验教学中使用了如图 4.11.2 所示的短线傅科摆演示仪。该仪器在摆动过程中能自动给摆球用电磁铁补充能量,以保证长时间摆动后摆幅不会减小。

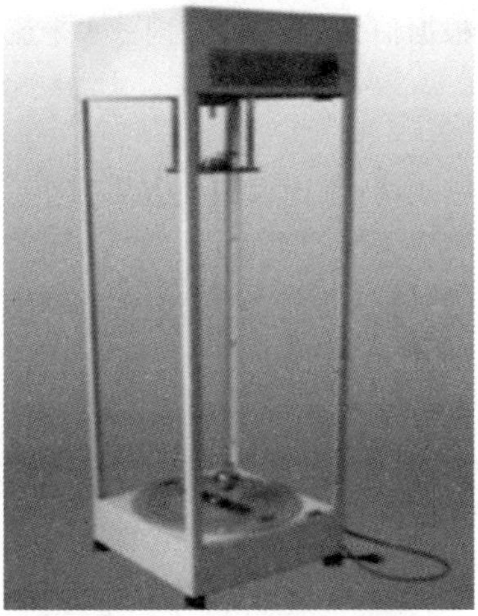
图 4.11.2 傅科摆演示仪

4.12　流速与压强

理想流体在水平流管中，或在高度差效应不显著的流体中，根据伯努利方程

$$\frac{1}{2}\rho v^2 + p = \text{常量}$$

可得，在流体中，流速大的地方压强小，流速小的地方压强大。

实验现象：接通电源后，电动机带动旋转体绕竖直轴高速旋转。旋转体叶片的旋转又带动了周围空气也绕竖直轴旋转，由于旋转气流的作用，环形纸片悬浮在旋转体的赤道面附近。

这是由于赤道面附近空气绕竖直轴转动的速度大于上下两极的空气转动的速度，由气体流速与压强的关系，则赤道的压强小于两极附近的压强，于是圆环形纸片悬浮在赤道面上。流速与压强演示如图 4.12.1 所示。

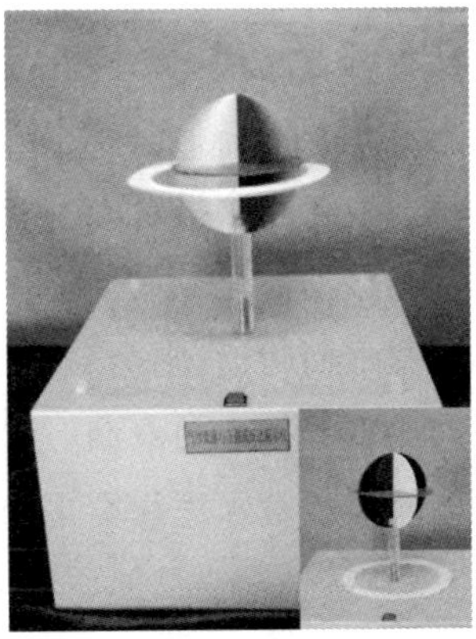

图 4.12.1　流速与压强演示

注意事项：

(1)隔离罩要放平，工作时请勿打开。

(2)环形纸片要轻薄，环形纸片应放在与转轴对称的位置。

4.13　共振系列实验

物体在周期性外力持续作用下发生的振动称为受迫振动，这种周期性的外力称为强迫力，当强迫力的频率等于振动系统的固有频率时，振幅达到极大值的现象叫共振。

共振现象在日常生活和工程技术中极为普遍，在许多领域有着广泛的应用，但有些情况下又具有极大的破坏性。共振演示如图 4.13.1 所示。

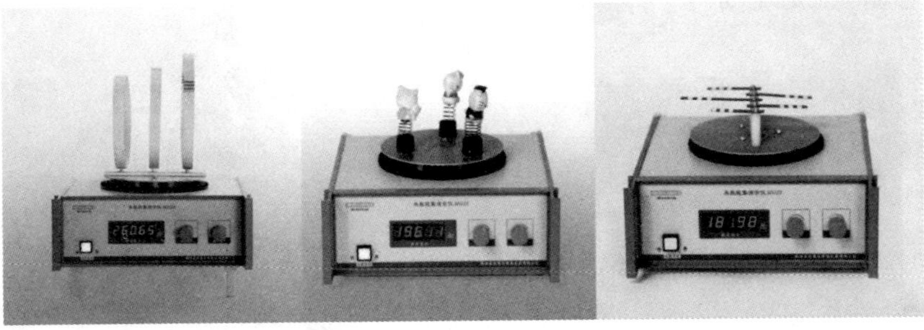

图 4.13.1　共振演示

打开电源，从小到大调节信号频率，强迫力的频率也由低变高，由于不同的振动系统(锯条、圆环和小人)中的各振子具有不同的固有频率，所以当电机的转速达到某一个值时，此时强迫力的频率逼近振动系统中某一个振子的固有频率，该振子就会出现共振现象。逐步调节电

机的转速，会观察到各系统中的不同振子会随着电机转速的增加依次产生共振。操作时调节速度要慢，这是因为受迫振动稳定需要一定的时间。

4.14 超声雾化器

通常将高于 20 kHz 的声波称为超声波，尽管人的耳朵听不见，但超声波的传播规律与可听声波并无区别。压电陶瓷片也称为雾化片(见图 4.14.1)。由一个驱动控制电路产生与雾化片谐振频率一致的驱动电压加在雾化片上，利用电子高频震荡引起陶瓷雾化片的高频谐振而产生超声波。超声波在水中沿着与雾化片表面垂直的方向传播。由于压电陶瓷片的振动面为一向上的凹球面，超声水波就是球面会聚波，使球心处在水面附近，则会聚的超声波会使水面集中隆起，并且能将水打碎成直径很小的液滴，散发在空气中形成雾的效果，这就是利用压电陶瓷片对水进行雾化的原理。

图 4.14.1　雾化片

4.15 声　聚　焦

声波是一种机械波，在物体的表面也会发生反射，而且遵从反射定律。声聚焦就是利用抛物面形的凹面对声波形成反射，使反射声聚焦于某个区域，造成声音在该区域特别响的现象。根据几何知识，平行于抛物面轴传播的声波，入射到抛物面后都将会聚于焦点。

如图 4.15.1 所示为声波在两个抛物面之间传播的路线图。将声源置于左抛物面的焦点 F_1 处，声波将被抛物面以平行于轴向右反射出去，此平行波射到右侧抛物面时，被抛物面反射后的声波聚焦于右边的焦点 F_2 处。根据这一原理，两个人分别站在两抛物面的焦点处，一人说悄悄话，另一个人可以清晰地听到对方的说话声，体验到抛物面对声音的反射和聚集作用。声聚焦实物如图 4.15.2 所示。

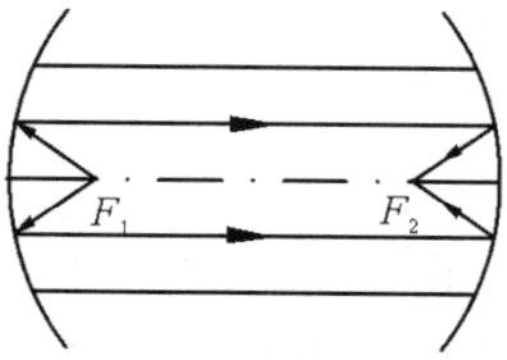

图 4.15.1　声聚焦现象的原理图

图 4.15.2　声聚焦实物图

4.16　天文观察系统

人类希望了解宇宙，但由于人眼的生理限制，想对星体进行清晰的观察，就必须借助仪器来进行。天文望远镜的发明和改进，不但扩展了人类的视野，更促成了现代天文学的出现和发展。1609 年，伽利略用凸透镜做物镜、凹透镜做目镜，制作了人类历史上第一台天文望远镜。1611 年，开普勒用双凸透镜做物镜和目镜，发明了开普勒式望远镜，使放大倍数有了很大提升。现代折射式天文望远镜依然采用这两种方式，开普勒式居主流地位。三种望远镜如图 4.16.1所示。

折射式望远镜的观察效率严重依赖透镜的口径和铸造质量。但大口径透镜的制作十分困难，制作好的透镜在重力作用下的形变又十分严重，导致系统失焦。因此折射式望远镜的大型化受到材料制约，只能在中小型望远镜中使用。

1668 年，牛顿发明了反射式望远镜。由于这种结构中光线不经过镜体材料本身，因此结构比折射式望远镜更轻便、价格更低廉，可以制作出口径更大的望远镜。而望远镜的集光能力与口径成正比，集光能力越强，就能够看到更暗更远的天体，可以帮助人类了解更早期的宇宙演化。因此现代大型天文望远镜多采用反射式原理。目前世界上大型光学望远镜的口径已超过 8 m。本实验中采用了折射式天文望远镜，口径为 80 mm，适合对太阳、月球和大行星进行综合观察。望远镜实物如图 4.16.2 所示。

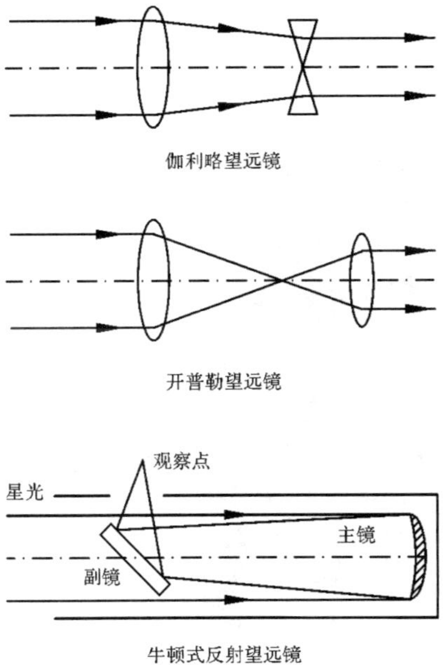

图 4.16.1　三种望远镜

图 4.16.2　望远镜实物图

4.17 白光全息

全息照相是一种记录被摄物体反射波的振幅和位相信息的摄影技术。全息照相具有立体感强、形象逼真的突出特点。全息照相的原理可简单地表述为"干涉记录，衍射再现"。

全息记录过程：把激光束分成两束；一束激光直接投射在感光底片上，称为参考光束；另一束激光投射在物体上，经物体反射或者透射，就携带有物体的有关信息，称为物光束。物光束与参考光束在感光底片上相干叠加，形成干涉条纹，这个记录了特殊干涉条纹的感光底片就是一张全息图。

全息再现方法：用一束激光照射全息图，这束激光的频率和传输方向与参考光束完全一样时，就可以再现物体的立体图像。人从不同角度看，可看到物体不同的侧面，就好像看到真实的物体一样，只是摸不到真实的物体。

一种用激光记录，白光再现的全息图的制作方法：把底片直接放在被摄物体之前，并将底板的药面朝向物体，再把一束扩束后的激光从底板无药面的一面直接入射到底片上，经曝光、显影处理后就得到了能用白光再现的三维全息图。该全息图之所以能用白光再现，是因为反射全息图是一种体光栅，具有选波长反射的特性，只有某种颜色的光波能被反射回来形成虚像。

实验中除了能观察到立体感很强的全息像以外，变换照射灯的方向还可以看到多个全息像。这是因为同一张全息底片(全息干板)上，在改变物光或参考光的方向后可以多次记录，而且再现时互不影响。

白光全息像如图 4.17.1 所示。

图 4.17.1　白光全息像

4.18　导 光 水 柱

光从光密介质射入光疏介质，当入射角增大到某一角度，使折射角达到 90°时，折射光完全消失，只剩下反射光，这种现象叫作全反射。

光导纤维传输光信息正是利用了光的全反射原理。

水柱导光依据的也是全反射原理。在透明的容器的一侧开一小孔，当透明容器盛满水时，水从小孔流出而成为连续水柱，使一束激光从另一侧射入水柱。光束将在流动的水柱中沿曲线传播。水柱导光已经被广泛用于景观场所。导光水柱景观如图 4.18.1 所示。

图 4.18.1　导光水柱景观图

4.19　超导磁悬浮列车

目前各发达国家都在研发磁悬浮列车，这种技术是通过电磁力实现列车与轨道之间的无接触悬浮，具有低阻、高速和节能等诸多优点，是未来高速交通工具的发展方向之一。

磁悬浮列车的原理：强磁体靠近处于超导态的超导体时，在磁体的磁场作用下，超导体表面产生感应电流。此时由于超导体的电阻为零，感应电流可以无损耗地维持；感应电流形成的磁场，与磁体的磁场方向相反，两者相互排斥将车厢推离地面。这种电磁力随着距离的增大而减小，当与车厢重力平衡时，车体脱离与轨道的接触而保持悬浮状态。

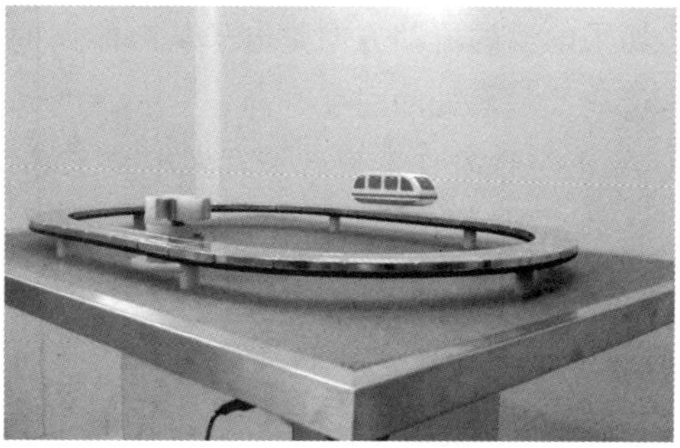

图 4.19.1　磁悬浮列车

本实验中的列车轨道是用三列强磁体靠在一起铺设而成的。中间一列的磁体较宽、磁场较强，用它来产生磁悬浮所需的斥力。边缘两列磁体极性与中间列的极性相反，而且在列车两侧对称设置，从两侧对车体形成束缚，保证车厢不会脱离轨道。加速装置设在导轨边，电机旋转上方的加速轮，加速轮上均匀镶有四片钕铁硼磁块，车厢靠近加速轮时，磁块上的磁场作用于超导体，超导体产生感应电流，二者作用的结果是给车体一个向前的斥力,该斥力用来抵消空气阻力的影响,使车厢以一定的速度持续运动。

磁悬浮列车实验如图 4.19.1 所示,实验中先把钇钡铜氧(YBaCuO)高温超导体放入模型火车车厢内,在车厢和轨道间插入一无磁性的垫片,使两者间距 5 mm 左右。然后把液氮倒入车厢容器内,使超导体冷却(约 3 min)而处于超导态。当电磁力与重力平衡时,抽走垫片,车体呈悬浮状态(悬浮高度 8 mm 以上)。给车体一个向前的速度,它将沿磁性轨道持续运动。

4.20 温差电现象

1. 温差电流的产生

将两根不同种类的金属导线首尾相接构成一个回路,并将两个接触端点置于不同温度,此时回路内出现电势差并形成电流。这一现象是德国物理学家赛贝克于 1821 年发现的,因此,也将该现象称为“赛贝克效应”。上述闭合回路称为温差热电偶。温差热电偶中的电动势称为温差电动势,由温差电动势产生的电流称为温差电流。

温差电动势出现的原因来自于两个方面:第一,当一个导体的两端处于不同温度时,其内部的自由电子将从高温端扩散到低温端,在导体的冷热端之间形成电势差,这种因热扩散形成的电势差被称为汤姆逊电动势。第二,当两种不同金属相接触时,由于不同金属内部具有不同的自由电子密度,接触面上的电子要从高浓度区向低浓度区扩散,形成接触电势差,该电势差也称为珀耳帖电动势。这样,热电偶中由于两种金属材料和不同端点温度的存在,回路中就具有两个不相等的汤姆逊电动势和两个不相等的珀耳帖电动势,从而使回路中总的电动势不为零,继而形成温差电流。

2. 电流产生温差

给两种金属组成的闭合回路中通以电流,就会在两种不同金属的某一个接触端出现吸热,而在另一个接触端出现放热的情况,如果改变回路中电流的方向,则吸、放热的接触端则发生对调。这一现象由法国物理学家珀耳帖于 1834 年发现,称为珀耳帖效应。

珀耳帖效应的微观解释:在两金属的接触面处存在着珀耳帖电动势,因此电子在接触面的两侧具有不同的势能,当电流流过接触面,而且其方向是电子从势能低的一侧向势能高的一侧运动,那么它就要从外界吸收热能,从而造成接触面处的环境温度降低,也就是制冷现象。反之,如果电流的流动方向是电子从势能高的一侧向势能低的一侧运动,就要在接触面处放出能量,造成接触面处的温度升高。

温差电现象在发现后一百多年并未得到实际应用,原因是金属制成的温差电偶效率很差。但 20 世纪 50 年代后,随着半导体材料的发展,用半导体材料制作的温差电偶具有非常显著的温差电效应。到 60 年代,温差电制冷达到实用阶段。半导体制冷的原理就是珀耳帖效应。

由一个 P 型半导体和一个 N 型半导体构成一个热电偶回路,其两个 PN 结就是两个热电偶的接触端,将若干个这样的热电偶以串联的方式组合在一起,这样的器件就是温差电堆,所有的 PN 结(两种材料的接触点)都分布在温差电堆片的上、下两个面内。接通电源后,位于图 4.20.1 所示右方的温差电堆的上、下面产生温差(上冷下热),这个过程是电流通过 PN 结时的制冷和制热过程，利用的是珀耳帖效应的原理，如果改变电流方向，则在温差电堆片上将会出现上热下冷的情况；将图 4.20.1 所示右侧温差电堆片热的一面放在左侧温差电堆上，此时左侧电堆上、下端出现温差，产生温差电流，进而带动风扇旋转，证明了温差电动势的存在。这一过程利用的是赛贝克效应原理，也就是温差发电。

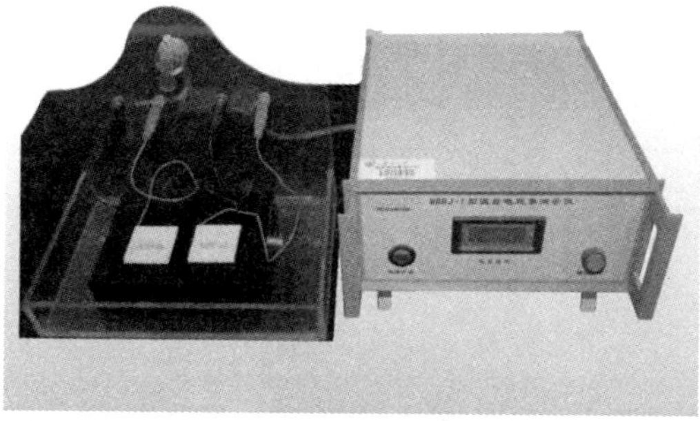

图 4.20.1　温差电现象演示

4.21　磁聚焦现象演示仪

一束发散角不大的带电粒子束，当它们在磁场 B 的方向上具有大致相同的速度分量时，经过(在 B 方向）一定距离后，它们将重新汇聚在另一点，这种发散粒子束汇聚到另一点的现象与透镜将光束聚焦的现象十分相似，因此叫磁聚焦。

磁聚焦原理：一个带电粒子进入匀强磁场时，其速度 V 的方向与磁感强度 B 的方向成任意角度 θ，则可将 V 分解成平行于 B 和垂直于 B 的两个分量 $V_{/\!/}$ 和 $V_{\perp}$。因磁场的作用，垂直于 B 的速度分量 $V_{\perp}$ 虽不改变速度大小，却不断改变速度方向，在垂直于 B 的平面内作匀速圆周运动。平行于 B 的速度分量 $V_{/\!/}$ 不变，其运动是沿 B 方向的匀速直线运动。这两种运动的合成为螺旋线运动。此带电粒子作螺旋运动时，螺旋线的半径(即电子在磁场中作圆运动的回旋半径）为 $R=mV_{\perp}/(qB)=mv\sin\theta/(qB)$，粒子每转一周前进的距离称为螺距，用符号 h 表示，$h=V_{/\!/}T=2\pi mV\cos\theta/(qB)$，$T$ 是粒子转过一周所需的时间，称为回转周期。

在匀强磁场中某点处的一束带电粒子，当带电粒子的速度 V 与 B 的夹角很小、各粒子速率 V 大致相同时，这些粒子具有相同的螺距。大量电子在垂直磁场方向的分速度方向各异且速率不同时，从一点发出的大量电子尽管各自沿着不同的螺旋线前进，但在经过一个螺距的水平距离后又汇聚于一点，众多电子的轨迹将呈现纺锤形状，这就是磁聚焦的基本原理。

磁聚焦在许多设备(如显像管、电子显微镜）中得到广泛应用。例如在电子显微镜中，利用磁聚焦形成的电子透镜，可以把透过样品的电子束放大几十万倍，将光学显微镜无法观察的微观结构呈现在人们眼前，帮助科学家们了解微观结构。

在实际使用中，磁聚焦主要利用短线圈产生的非均匀磁场对电子束的聚焦作用。短线圈的作用与光学中的汇聚透镜相似，也遵从凸透镜成像公式，只不过磁透镜的焦距可以改变。

磁聚焦演示仪如图 4.21.1 所示，本实验中先开机预热 3 min，等待示波管显示屏上出现电子束光斑。调节辉度和位移旋钮，使光斑位于屏幕中央，且辉度适中。打开聚焦磁场开关，给聚焦线圈通电流，并前后移动聚焦线圈，可以看到光斑的大小发生变化。这是因为随着线圈的移动，相当于成像时的物距发生了改变，像距也会随之改变。

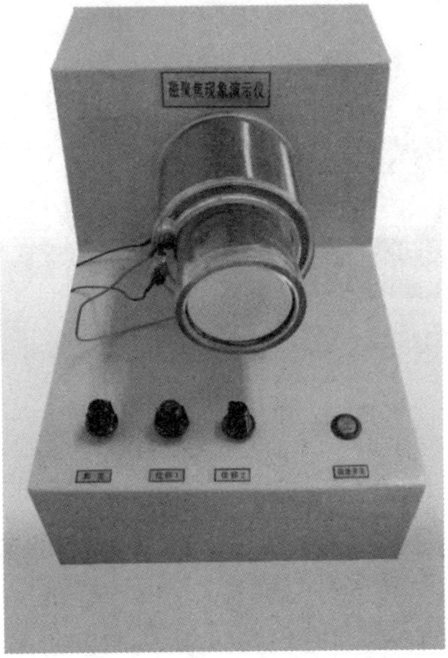

图 4.21.1　磁聚焦演示仪

4.22　雅格布天梯

通常情况下气体中的自由电荷极少，是良好的绝缘体，但是由于某些原因，气体中的分子发生电离时，气体就变为电的导体。这时如在气体中安置两个电极并加上电压，就有电流通过气体，这个现象称为气体导电或气体放电。气体导电分为被激导电和自激导电。常见的自激导电形式主要有辉光放电、弧光放电、火花放电和电晕放电。

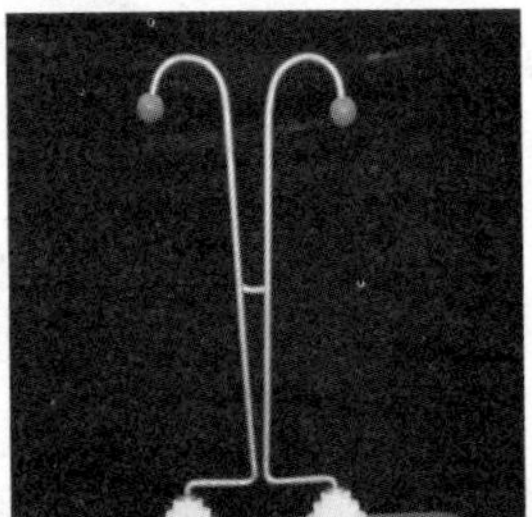

图 4.22.1　雅格布天梯

雅格布天梯实验中，使用两根呈羊角形的管状电极，一极接高压电，另一个接地。当电压升高到大约 5×10^4 V 时，管状电极底部产生电弧，电弧逐渐上升，犹如闪闪发光的梯子。由于圣经中的雅格布曾经梦到天使上下天堂的梯子是闪闪发光的，因而就形象地把这种放电现象称为"雅格布天梯"(见图 4. 22. 1)。

这种放电现象是怎么形成的呢？当电压升高到 5×10^4 V 左右时，在两电极距离最近的底部空气被击穿发生电离，形成导电通路并产生电弧，同时空气被加热，温度升高。由于热空气向上移动，于是电弧也随着向上运动，随着电极间距离的增大，电弧也随之拉长，当电弧爬升到顶部时，由于电极距离过大，电压不足以击穿空气，所以电弧自动熄灭。只要保持两电极间的电压，这种放电过程就会重复进行。

4.23　静电演示系列实验

1. 静电跳球

如图 4.23.1 所示开启电源使两极板分别带正、负电荷。此时金属球也带有与下板同号的电荷。同号电荷相斥，异号电荷相吸，小球受下极板的排斥和上极板的吸引，跃向上极板与之接触后，小球所带的电荷被中和反而带上与上极板相同的电荷，于是又被排向下极板。如此周而复始，可观察到球在容器内上下跳动。

2. 静电摆球

如图 4.23.1(b)所示，用绝缘绳将导体球悬挂在一对圆形极板的轴线位置，并使球与两极板的距离不相等。开启电源，使两极分别带正、负电荷。这时导体小球两边分别被感应出与邻近极板异号的电荷。球与极板相距较近的这一侧受力较大，而另一侧与极板距离较远，受力较小，这样球就摆向距球近的一极板。球与这极板相接触后，将产生水平方向的“静电跳球”，球就在两极板间往复摆动，并发出乒乓声。

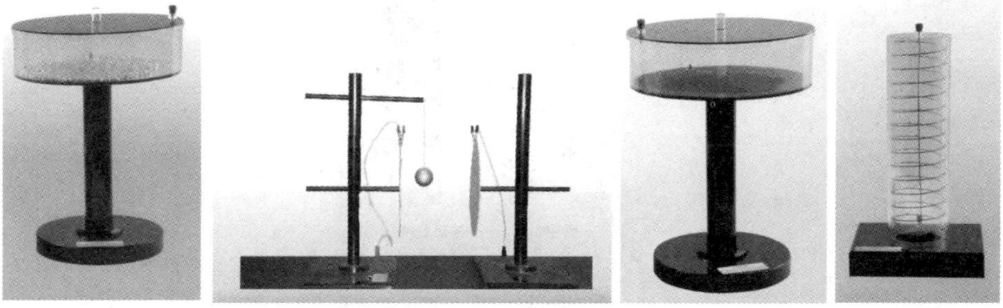

(a)　(b)　(c)　(d)

图 4.23.1　静电演示

(a)静电跳球；(b)静电摆球；(c)静电植绒；(d)静电除尘

3. 静电植绒

静电植绒是指在高压静电场中，带有电荷的短绒，在电场力的作用下由一个极板飞向另一个极板。

在工业上，被植绒的物体放在高压电场的一个极板上，并且被植物体上涂有胶黏剂。绒毛会垂直植入胶黏剂涂层的表面，而在其上形成一层竖立的绒毛。通常短绒的导电性比较差，但经过“电着处理”，也就是给短纤维表面附上一层电解质后，短绒就具有一定的导电性，从而实现短绒带电的目的。

实验演示：开启电源，当上、下两极金属板各带有正、负电荷时，此时绒丝也带有与下板同号的电荷。由于同种电荷相斥、异种电荷相吸的原理，绒丝受下极板的排斥和上极板的吸引，跃向上极板。

4. 静电除尘原理

空气分子在强电场中电离，形成正、负离子，这些离子与烟尘颗粒相遇并结合，使尘粒分别带上正、负电荷，它们在电场的作用下，分别沉积在正、负电极上，从而实现除尘的目的。

实验演示：将玻璃筒下方器皿内的起烟物点燃，使玻璃筒内充满浓烟，开启高压电源，玻璃筒内将很快从浑浊变得清澈透明。这是因为荷电烟尘在高压电场中移动并沉积在玻璃筒壁和中心铜线上。

4.24 电　磁　炮

电磁炮是利用电磁力代替火药爆炸力来加速弹丸的电磁发射系统，电磁炮中有加速线圈和弹丸线圈。如图 4.24.1 所示，加速线圈固定在炮管中，当它通入交变电流时，产生的交变磁场就会在弹丸线圈中产生感应电流。感应电流在加速线圈电流的磁场中受磁场力作用，这时两个线圈相当于两个电磁铁，它们极性相反，相互排斥，弹丸线圈受到这个排斥力使弹丸加速运动并发射出去。

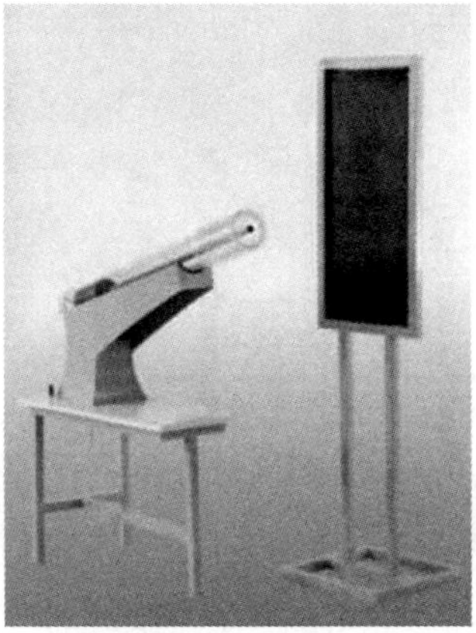

图 4.24.1　电磁炮

4.25 涡流热效应

从图 4.25.1 可以看出，线圈和一个特制的矩形铝环共同处在一个磁回路中，给线圈通以交变电流，线圈内就产生交变磁场。这个交变磁场也穿过铝环回路。根据法拉第电磁感应定律，将会在铝环回路中产生涡旋电场，从而出现涡旋电流。由于大块金属的电阻很小，因此铝环内会形成很大的涡旋电流，电流强度很大的涡流在金属内流动时，会释放出大量的焦耳热。这就是本实验中铝环急剧发热的原因。实验中给铝环的槽内注入少量水，涡流产生后，水很快会沸腾。

生活中所使用的电磁炉就是利用了涡流加热的原理。

操作注意事项:实验中铝槽的温度很高,应避免烫伤。不要长时间接通电源,以免烧毁线圈。

图 4.25.1　涡流热效应演示仪

4.26　燃料电池

燃料电池因结构或燃料的不同,可分为多种类型。下面对质子交换膜燃料电池的结构和工作原理作简单说明。

质子交换膜(Proton Exchange Membrane,PEM):目前广泛采用的全氟璜酸质子交换膜为固体聚合物薄膜,厚度为 0.05～0.1 mm,它提供氢离子(质子)从阳极到达阴极的通道,而电子或气体不能通过。如图 4.26.1 所示为质子交换膜燃料电池原理图。

催化层:将纳米量级的铂粒子用化学或物理的方法附着在质子交换膜表面,厚度约 0.03 mm,对阳极氢的氧化和阴极氧的还原起催化作用。

阴极与阳极:膜两边的阳极和阴极由石墨化的碳纸或碳布做成,厚度为 0.2～0.5 mm,导电性能良好,其上的微孔提供气体进入催化层的通道,又称为扩散层。

进入阳极的氢分子在阳极催化剂的作用下发生氧化反应,生成氢离子,即质子,并释放出电子。阳极反应为

$$H_2 = 2H^+ + 2e \tag{4.26.1}$$

质子通过交换膜到达阴极,质子的这种转移导致阳极带负电,而阴极带正电(阴极与阳极:在电化学中,失去电子的反应叫氧化,得到电子的反应叫还原。产生氧化反应的电极是阳极,产生还原反应的电极是阴极。对燃料电池而言,前述的阳极是电池的负极,前述的阴极是电池

的正极)。

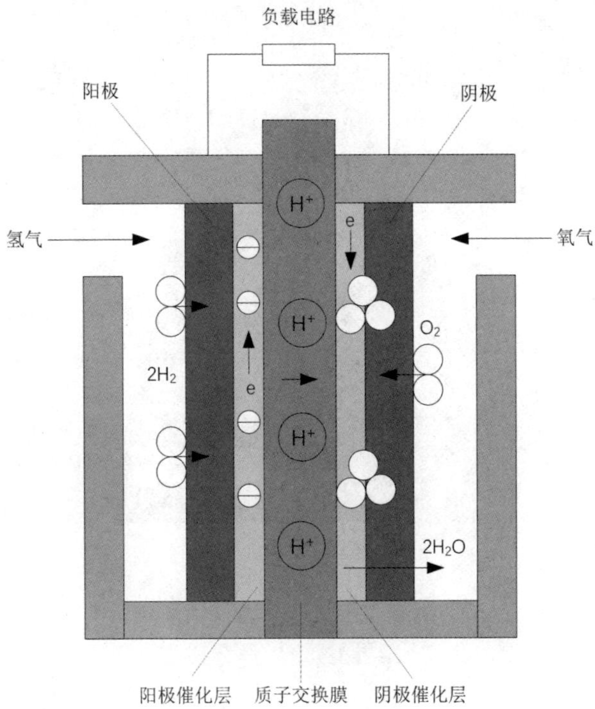

图 4.26.1　质子交换膜燃料电池原理图

在电池的另一端,氧气(来自空气)通过阴极扩散层到达阴极催化层,在阴极催化层的作用下,氧与氢离子和电子反应生成水,阴极反应为

$$O_2 + 4H^+ + 4e = 2H_2O \tag{4.26.2}$$

总的化学反应为

$$2H_2 + O_2 = 2H_2O \tag{4.26.3}$$

式(4.26.3)虽然与氢气和氧气的燃烧反应式相同,但燃烧时两种气体直接接触,释放的是热能,而在燃料电池中,氢气和氧气并无直接接触,它们的氧化和还原在各自的电极上进行,由于两个电极反应的电势不同,从而在两个电极间产生电势差。当外部形成通路时电子从电池的负极经负载流向电池的正极。

理论分析表明,如果燃料的所有能量都被转换成电能,则理想电动势为 1.48V。实际燃料电池的开路电压低于理想电动势。商品燃料电池为了提供足够的输出电压和功率,需将若干单体电池串连或并联在一起使用。

4.27　旋转磁场

在 3 个互成 120°角的线圈中通入三相交流电,在中心位置就会产生旋转磁场。旋转磁场的大小不变,旋转角速度与交流电的角频率相同。此外任意改变两个线圈的相序,磁场的旋转方向将发生改变(反转)。在旋转磁场的位置放置指南针,在一定大小的磁场力的作用下,指南针将随外磁场转动，一般情况下其转动速度要略小于磁场的旋转速度。

由 50 Hz 的三相交流电产生的旋转磁场频率较高且固定，旋转磁场变化过程难以看清。MRMM—1 旋转磁场演示仪采用单片机控制，按时序产生三路输出电压来驱动线圈，产生三相交流电。频率为 0.2～60.0 Hz，步进 0.1 Hz 可调、幅度输出 1.5～7 V 可调，低电压操作安全方便且实验现象直观明了。如图 4.27.1 所示为旋转磁场演示仪。

图 4.27.1　旋转磁场演示仪

1—线圈 A；2—线圈 B；3—指南针；4—线圈 C；5—旋转磁场转速显示 6—线圈电压幅度调节；7—转速调节

实验中可以改变驱动电流的大小和频率，并观察指南针的转动；还可改变任意两个线圈的相序并观察指南针的反向转动。

4.28　特斯拉放电

特斯拉(Tesla)放电装置是一种人工闪电装置，通过 LC 电路谐振产生超高电压，进而制造出耀眼的人工闪电。特斯拉放电装置的结构主要由变压器、打火器、两个感应线圈和两个电容组成，如图 4.28.1 所示。

交流电经变压器升压后，通过全波整流桥给主电容(C_1)充电。当主电容储能完毕，其电压足以击穿打火器(SG)两电极间隙中的空气，则形成通路，主电容与初级线圈(L_1)构成 LC 回路，即初级回路。放电顶端是一个有一定表面积且能导电的光滑物体，它与大地间可以等效为一个电容(对地等效电容 C_2)，对地等效电容与次级线圈(L_2)组成第二个 LC 回路(次级回路)。两振荡回路具有相同谐振频率，因此初级回路接通后发生谐振，通过耦合将能量传递到次级回路。次级回路接受能量后也发生谐振，放电顶端的电压逐渐增大，当电压达到击穿电压时，就会与周围最近的接地物体之间形成导电通路，继而出现闪电效果。

实验中电路放电时间远小于充电时间，但主电容只要 2～3 ms 即可充满而再次放电，因此间断的电弧在人眼中呈现的是连续的闪电现象。

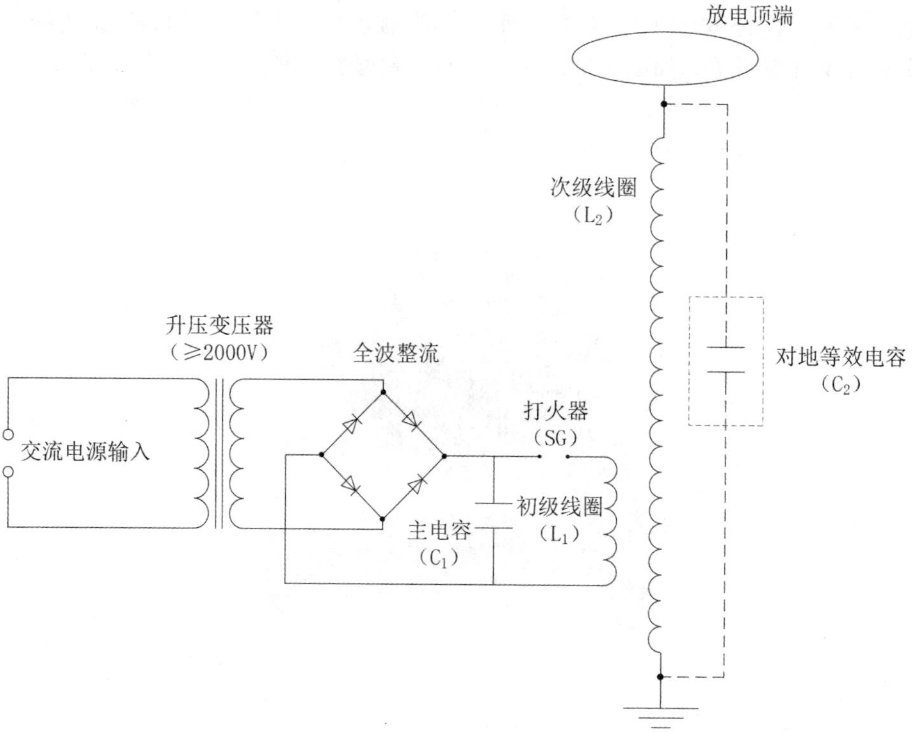

图 4.28.1 特斯拉放电装置

4.29 辉光放电

通常情况下气体中的自由电荷极少，是良好的绝缘体。但在某些因素作用下气体分子发生电离，它就可以导电，气体导电也称为气体放电。气体放电的形式包括辉光放电、火花放电、弧光放电和电晕放电等。

通常，辉光放电管中都充有低压气体，气体中少量中性分子被电离，以正、负离子的形式存在于气体中，当两极间加高压电时，低压气体中的少量正、负离子在电场中加速，撞击其他气体分子，产生新的电离，使离子数大增。在高压作用下，稀薄气体中的离子、电子和分子间相互撞击会引起原子中电子的能级跃迁，并出现美丽的发光现象，这种现象就是辉光放电。

1. 辉光球

如图 4.29.1(a)所示辉光球的外壳为玻璃球壳，内部充有低压惰性气体（氩气），球体中部有一球形电极。实验中通过施加高频高压在电极上，在球体内部形成高频高压电场。在电场作用下惰性气体分子因碰撞而产生电离，在球体内部形成导电通路，并伴随有发光现象。

正常情况下，辉光球电极周围会形成类似点电荷的均匀对称电场。当人手（人体相当于接地）与球壳接触时，电场不再均匀，会在接触位置形成更多通路，产生更明亮的辉光。

2. 辉光盘

如图 4.29.1(b)所示辉光盘的中心有一高频高压电极，盘表面由许多直径为 2～3 mm 的玻璃泡构成，玻璃泡中充有低压惰性气体。在辉光盘不同区域的玻璃泡中充有不同的低压气体，放电时可以发出不同颜色的光，形成彩色辉光。

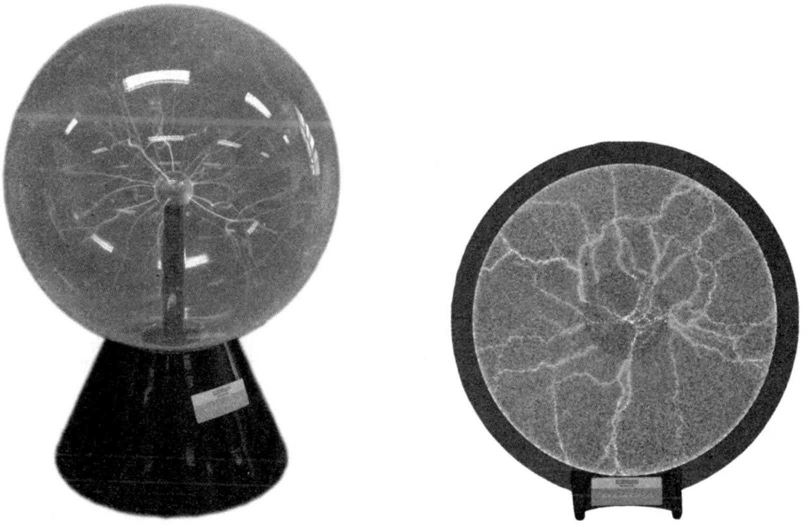

(a)　　　　　　(b)

图 4.29.1　辉光放电

(a)辉光球；(b)辉光盘

第 5 章　计算机仿真实验

传统的物理实验授课模式，受到实验的空间、时间、仪器设备配套、实验学时压缩、师生配比不足以及考核方式单一等诸多因素制约，已经不能适应高等教育的不断发展以及新工科背景下的实验教学改革的推进。随着网络信息技术的飞速发展与普及，虚拟仿真技术在实验教学中的应用日益受到教师和学生的关注。

虚拟仿真实验教学利用虚拟现实、计算机、人机交互、数据库以及网络通信等技术，通过模拟真实的实验操作环境和实验对象，使学生在开放、自主、交互的虚拟环境中开展实验。虚拟仿真实验具有内容丰富、安全性高、效率高和扩展性好等特点。

由武汉光驰教育科技公司研发的“虚拟仿真实验系统”，是一款新颖的、具有创新性的软件。该系统主要有以下特点：

(1)应用 3D 建模技术，对象仿真度高、视觉逼真。虚拟仿真将实验室设备进行实物 3D 建模并实现虚拟仿真操作。3D 模型包括实验室设备的整体 3D 模型、器件 3D 模型、成品或半成品 3D 模型，用户可选用相关的实验设备构建实验，并模拟调试实验过程和现象。

(2)应用 VR 仿真技术，实验者可获得沉浸式体验，交互性强。真实模拟实验现象、仪器，严格按照流程一步一步完成实验，且实验仪器(接线柱、旋钮、开关等)均以实物为参考，通过仿真操作一遍后可基本掌握本实验的过程及要点，能起到很好的预习作用，同时能避免不当操作而产生的设备损坏及人身伤害。

(3)虚拟仿真系统中设置实验背景、实验原理、仪器介绍等学习单元，以动画、语音讲解、文字描述三位一体进行讲解展示，通过视听效果加强理解记忆，提升学习效果。虚拟仿真采用娱、教相结合模式，按照由浅入深的思路，先按照详细的实验步骤和提示进行操作演练，然后再进入无提示模式加深印象，提高实验预习效果。

(4)仿真实验通过网络管理，数据库后台支撑，用户通过账号密码登录实现运行，在功能上可实现提交实验成绩，检查预习效果，学分管理等。

(5)每个实验为一个单元，无须在终端安装程序，支持计算机、手机和平板等常用电子设备操作。

虚拟仿真实验实例——迈克尔逊干涉仪实验

1. 主界面

进入迈克尔逊干涉仪实验程序，显示该实验的主界面(见图 5.1.1)。

2. 菜单介绍

(1)在开始实验之前，分别进入“实验背景”“实验目的”“实验原理”和“仪器介绍”学习(见图 5.1.2)。其中，“实验原理”以三维动画的形式表现干涉仪的工作原理(见图 5.1.3)。

图　5.1.1

图　5.1.2

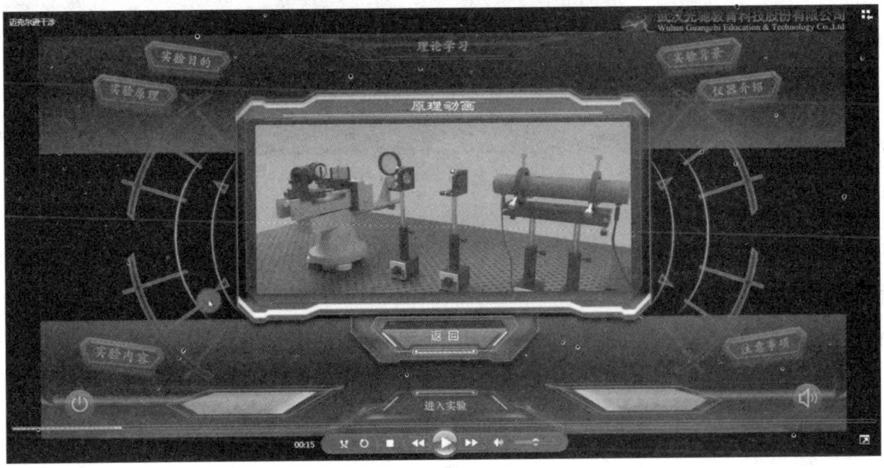

图　5.1.3

(2)点击“进入实验”,开始对本实验项目的虚拟操作。

第一步,选择正确的仪器(见图 5.1.4)。

图 5.1.4

第二步,调节氦氖激光器,在操作过程中有“智能向导”辅助进行实验,需要操作的位置都会高亮显示(见图 5.1.5)。

图 5.1.5

第三步,调节迈克尔逊干涉仪,通过对光阑、扩束镜和像屏等部件进行的一系列操作,使干涉仪产生等倾干涉(见图 5.1.6)。

下面开始观察实验现象,调节干涉仪上的粗调、微调手轮,记录实验数据(见图 5.1.7)。

经过“学习模式”后,可以切换进入“考试模式”,完成整个实验过程,系统自动评分(见图 5.1.8、图 5.1.9)。

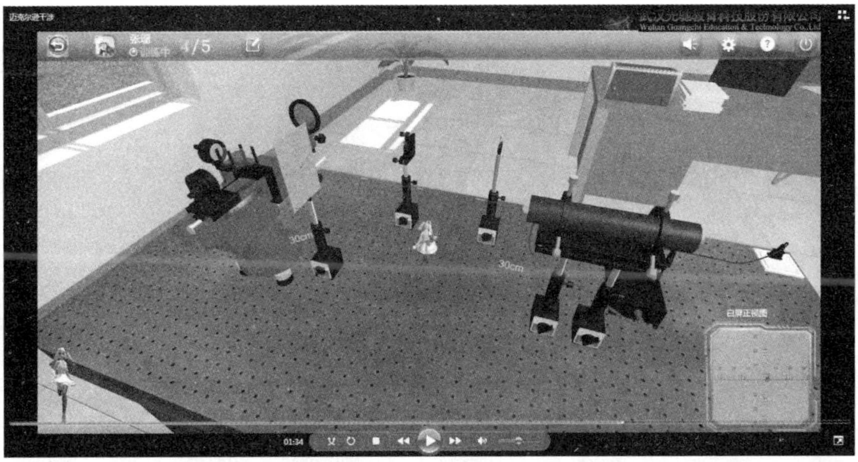

图　5.1.6

图　5.1.7

图　5.1.8

图 5.1.9

参考文献

[1] 崔媛,武艳君,孙萌萌,等.依托虚拟仿真实验教学中心,培养工程实践能力[J].实验科学与技术,2015,13(2):142-144.

附　　录

附录 A　常用物理量的测量及仪器

测量结果由数值和单位两部分组成。对某一个物理量进行测量，首先必须确定相应的计量单位标准。为了国际的科技交流和商贸交流，制定了国际统一的单位制——国际单位制，用符号 SI 表示。

SI 基本单位有 7 个：长度、质量、时间、电流、热力学温度、物质的量和发光强度。

SI 辅助单位有 2 个：平面角——单位名称为弧度(rad)；立体角——单位名称为球面度(sr)。按定义，它们是无量纲的。

SI 导出单位是通过数值系数为 1 的定义方程式，由基本单位和辅助单位表示。例如，力的单位为牛顿，1 牛顿＝1 千克·米/秒^2(1 N＝1 kg·m/s^2)。

本附录仅对物理实验中常用的长度、质量、时间、热力学温度、电流、电压和电阻等这七个物理量的测量原理及常用仪器予以讨论。

一、长度的测量

长度的基本单位为米(m)。1983 年 10 月 7 日在巴黎召开的第 17 届计量大会上给米的定义如下：米是光在真空中经 1/299 792 458 秒时间间隔所传播的距离。

在 SI 中，长度单位除米外，常用的还有千米(km)、厘米(cm)、毫米(mm)、微米(μm)和纳米(nm)等。

物理实验中常用的长度测量仪器有米尺、游标卡尺、螺旋测微计(也称千分尺)、读数显微镜等。

一般测量长度的仪器上都有刻度线，把两相邻刻线所代表的长度量称为分度值。把仪器的最大测量范围称为量程。选用仪器时应注意仪器的量程和分度值。

1.米尺

米尺的分度值为 1 mm，用米尺测量长度时，只能读到毫米的十分位。通常，将米尺的仪器误差限取成±0.5 mm。

2.游标卡尺

为了提高测量精度，在以毫米为分度的直尺旁装一个相对于直尺可以滑动的副尺，称该直尺为主尺，副尺为游标，如图 A.1.1 所示。

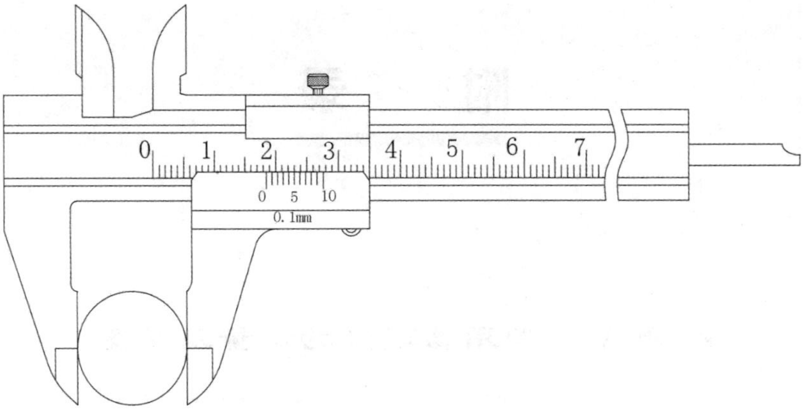

图 A.1.1　游标卡尺结构图

游标有 10 分度、20 分度和 50 分度等，各种分度的游标与主尺间的关系可用游标公式表示。

设游标尺分成 n 等分，每格的分度值为 b，主尺的最小分度值为 a（对游标尺 $a=1$ mm），则游标尺 n 格的总长度等于主尺的 $n-1$ 格的长度，即

$$a(n-1)=nb \tag{A.1.1}$$

由此可以求出主尺上一个分度与游标上一个分度的长度之差为

$$a-b=\frac{1}{n}a \tag{A.1.2}$$

这个差值称为该游标卡尺的分度值，即游标卡尺的精度。

例如，图 A.1.1 所示游标卡尺测量该直径值为 1.85 cm。

游标卡尺（量程小于 150 mm）的仪器误差限见表 A. 1. 1。

表 A.1.1　游标卡尺(量程小于 150 mm)的仪器误差限

分度值/mm	0.02	0.05	0.1
仪器误差限/mm	±0.02	±0.05	±0.1

使用游标卡尺时应注意：

(1)合拢两爪，检查游标零线与主尺的零线是否重合。若不重合，应记下零点读数，对测量结果进行修正。

(2)两爪夹紧物体后，不要移动物体，防止卡口磨损。

游标原理应用很普遍，很多精密仪器都有游标装置，如气压计、焦利秤和电位差计等。游标装置分为直游标和角游标两类，角游标用于测量角度。

3. 螺旋测微计

螺旋测微计是一种比游标卡尺更精密的长度测量仪器。如图 A.1.2 所示，微动螺旋杆 1 上主尺的最小分度是 0.5 mm（上侧刻度是整数，下侧刻度是半数），旋转 50 分度的微分筒 2 一周，测微螺旋杆就移动了 0.5 mm。显然，当它每转过一个分度，测微螺杆就移动了 0.5/50 mm=0. 01 mm，则螺旋测微计的分度值为 0.01 mm。

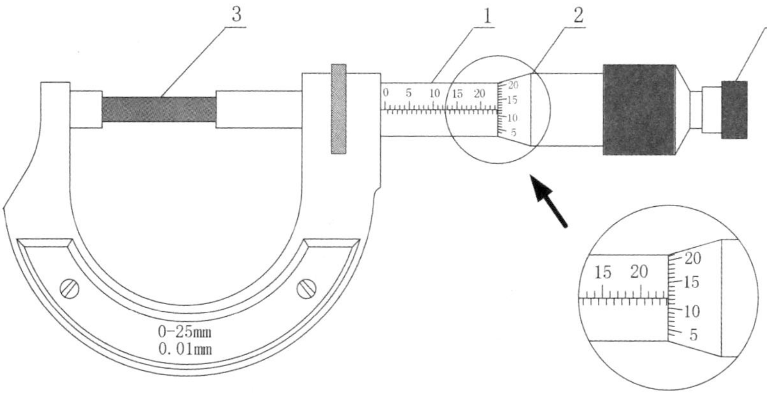

图 A.1.2　螺旋测微计

测量时，把待测物体 3 放在两测量面之间，轻轻转动螺杆后端的棘轮旋柄 4，推动螺杆前进，当听到“嘎”“嘎”声，表示测量面刚好与待测物体接触。读数时，先从微动螺杆的主尺上读出整数格(每格 0.5 mm)，再从微分筒上读 0.5 mm 以下部分(估读到 0.001 mm)，然后将两者相加。

例如，图 A.1.2 所示螺旋测微计测量该长度为 2.362 3 cm。

使用螺旋测微计时应注意：

(1)记录零点读数，使测微螺杆与测砧接触时，微分筒上的零线应正好和固定套筒上的横线对齐。当没有对齐时，要记下零点读数，即

测量结果＝读数值－零点读数

(2)用完后应使测砧之间有一个间隙，避免热胀时损坏测微螺杆上的精密螺纹。

4. 读数显微镜

读数显微镜是将测微螺杆和显微镜组合在一起，用来测量微小长度的一种仪器，如图 A.1.3所示。旋转测微鼓轮 1 时，显微镜筒 2 沿水平方向移动。当测微鼓轮旋转一周时，显微镜沿水平轴方向在直尺 3 上移动 1 mm。测微鼓轮边缘被等分为 100 格，每转一格显微镜移动 0.01 mm，所以读数显微镜的精度也是 0.01 mm。

显微镜由三部分组成：目镜、“十”字叉丝和物镜。测量时，先调整目镜看清“十”字叉丝，然后转动调焦手轮 7 由下向上移动显微镜筒，直到看清待测物体，再转动测微鼓轮移动显微镜，使竖直叉丝与待测物体的第一目标对准(或相切)后读数，从标尺读出毫米的整数部分，从微分鼓轮上读出毫米以下部分，再转动测微鼓轮移动显微镜，使竖直叉丝和待测物的第二个目标对准(或相切)并读数，两读数之差即为所测的距离。

5. 数显游标卡尺与数显螺旋测微计

随着科学技术的发展，现在工程上普遍应用了数显游标卡尺和数显螺旋测微计，它们最大的优点是使用简单方便。采用的电涡流传感技术及防水型的电子数显功能，使它们在一些恶劣工作条件下也可使用。

图 A.1.3　读数显微镜

二、质量的测量

质量的基本单位为千克(kg)。1889 年在巴黎召开的第一届国际计量大会规定千克为质量单位。质量单位的国际标准是一个直径和高度都为 39 mm 的铂铱合金圆柱体，称为国际千克原器。

在 SI 中，质量单位除千克(kg)外，常用的还有克(g)、毫克(mg)、微克(μg)等。

由于物体在某处的重力 $w=mg$(m 为物体的质量，g 为重力加速度)，当两个物体在一同地点的重力 w 相同时，则两个物体的质量也相同，即 $m_1=m_2$，且与测量地点无关。天平、杆秤、磅秤和盘秤等都是利用杠杆原理及比较法制成的测量质量的仪器。这里仅对大学物理实验中常用的物理天平及电子天平进行简要介绍。

1. 物理天平

一般来说，天平是一种等臂杠杆，其结构如图 A.2.1 所示。在天平横梁 1 的同一平面上对称排列了三个刀口，中间刀口 2 安置在支柱 3 顶端的玛瑙垫上，作为横梁的支点。在两端的刀口 4 和 5 上悬挂两个秤盘 6 和 7。横梁下方装有一指针 8，当横梁摆动时，指针尖端就在支架下方的标尺刻度盘 9 前左右摆动。刻度盘下方有一制动旋钮 10，可使横梁上升或下降。横梁下降时，制动架 11 和 12 就会把它拖住，以免磨损刀口。横梁装有游码 13，用于 1 g 以下的称量。当游码 13 在横梁上向右移动一个最小分度时，就相当于在右盘中加一个 0.05 g 的砝码。

(1)物理天平的两个重要的技术指标。

1)称量。称量是指允许称衡的最大质量。常用的物理天平最大称量是 500 g。

2)感量。感量是指天平指针偏转标尺上一格时在另一端所加砝码的质量。

(2)天平的误差。

1)砝码误差。砝码误差与砝码的级别有关，同一等级不同质量的砝码允许误差不同(见表

A.2.1)。砝码有5个精度等级,物理实验中常采用九级或十级的物理天平,配用四级或五级的砝码。

2)感量的误差。由于天平的调节灵敏度是有限的,由此引起的误差为感量的误差,也叫平衡调节误差。

3)不等臂误差。

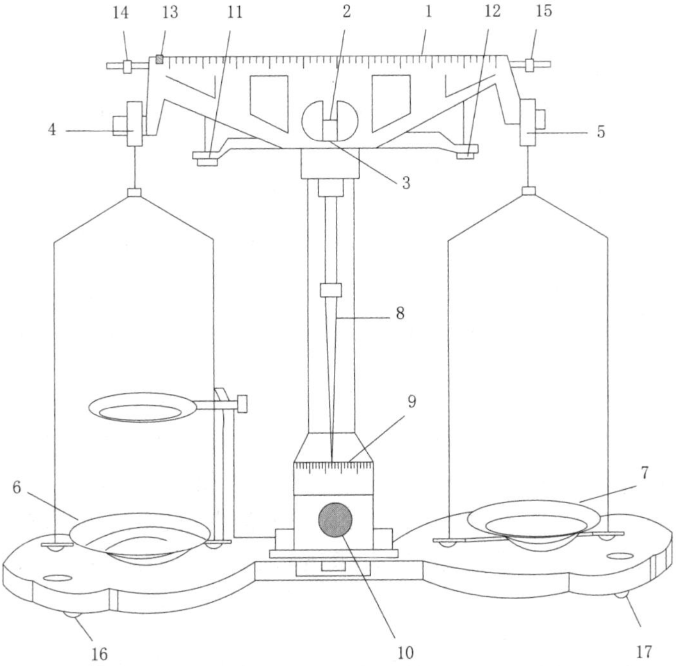

图 A.2.1　物理天平结构示意图

1—横梁;2—中间刀口;3—支柱;4,5—两端刀口;6,7—秤盘;8—指针;9—刻度;
10—制动旋钮;11,12—制动架调整螺丝;13—游码;14,15—平衡螺母;16,17—底脚螺丝

表 A.2.1　砝码误差

标称值/g	500	200	100	50	20	10	5	2	1
允许误差/mg	±25	±10	±5	±3	±2	±2	±2	±2	±2

(3)天平使用注意事项。

1)称量前,应检查天平各部件安装是否正确。调节天平底脚螺钉,使水准器气泡居中。

2)空载时调准零点。将游码移到横梁左端零度线上,支起横梁,观察指针是否停在零位或是否在零位两边对称摆动。如天平不平衡,可调节平衡螺母至天平平衡。

3)称物时,被称物放在左盘,砝码放在右盘。拿砝码时须用镊子,严禁用手。天平的起动和制动操作要绝对平稳,在初始阶段不必全起,只要能判断出哪边重,则立即制动。取放物体、砝码和移动游码、调节平衡螺母时,都应使横梁处于制动位置。

4)称量完毕,立即将横梁制动,并将砝码放回盒中,同时核实砝码数。

5)天平和砝码均要预防锈蚀,不得接触高温物体、液体及有腐蚀性的化学药品。

2. 电子天平

电子天平是采用电磁力平衡的原理，应用现代电子技术设计而成的。它是将称盘与通电线圈相连接，置于磁场中。当被称物置于称盘时，因重力向下，线圈上就会产生一个电磁力，与重力大小相等方向相反。这时传感器输出电信号，经整流放大，改变线圈上的电流，直至线圈回位，其电流强度与被称物体的重力成正比。而这个重力正是物质的质量所产生的，由此产生的电信号通过模拟系统后，将被称物品的质量显示出来。

由于电子天平是利用电磁力平衡的原理，没有机械天平的横梁，没有升降枢装置，全量程不用砝码，直接在显示屏上读数，所以具有操作简单、性能稳定、称量速度快和灵敏度高等特点。目前，一般电子天平还具有去皮(净重)称量、累加称量和计件称量等功能，并配有对外接口，可连接打印机、计算机和记录仪等，实现了称量、记录、计算自动化。

使用步骤及注意事项(以 EL 系列电子天平为例)：

(1)调平。将天平置于稳定、平整的工作台上，调整水平脚，使天平处于水平状态。应避免震动、阳光照射、气流及电磁波干扰。

(2)开机与调零。将天平上电源开关打向“ON”处，在秤盘没有物品的情况下，按“$\frac{\text{开/关}}{\text{去皮}}$”键 1 s 以上，天平开始进行自检，显示“0.0”或“0.00”的称量模式。

(3)校正天平。在天平显示“0.0”或“0.00”的模式下，按一次“校正”键，天平显示闪烁的校正砝码值，显示器上方显示“■CAL”符号，说明天平进入校正状态。校正砝码：将校正砝码置于称盘中央 3 s 后按一次打印键，闪烁停止，校正符号消失，取下砝码，自动校正完成。

(4)测量质量。置被称物于秤盘上，即显示该物的质量。等显示器出现单位符号“g”后，表示称量数据已稳定，即可读数。

(5)关闭天平。按一次“$\frac{\text{开/关}}{\text{去皮}}$”键，直到天平显示“OFF”，松开键即自动关机，将电源开关打向“OFF”处。

三、时间的测量

时间的基本单位为秒，符号为 s。1967 年 10 月在第 13 届国际大会上给秒如下定义：秒是铯(Cs133)原子基态的两个超精细能级之间跃迁辐射的 9 192 631 770 个周期的持续时间。

在 SI 中，时间单位除秒(s)外，常用的还有分(min)、毫秒(ms)和微秒(μs)等。

时间的测量，除测定某一物理事件发生的时刻外，大量的则是测定某一物理事件持续(从开始发生到终止)的时间间隔。测量时间(或频率)的仪器很多，下面主要对秒表和数字毫秒计作简要介绍。

1. 机械秒表

机械秒表主要由表盘、指针、控制手柄、发条摆轮和齿轮传动变速装置构成，其外形如图 A.3.1 所示。表盘上装有长针和短针，长针指示秒，短针指示分，最小分度值一般为0.1 s或0.2 s。机械秒表操作比较简单，利用秒表上端的手柄就可以旋紧发条、控制开始和停止计时及指针复位。使用时发条不要拧得太紧，按动手柄不要用力过猛，要防止摔碰，以免损坏机件。长期不用时应让停表继续走动，使发条放松为止。

2. 电子秒表

电子秒表由石英振荡器和电子元件构成，外形如图 A.3.2 所示。电子秒表利用石英振荡器的振动频率作为时间标准，时间数字由液晶显示，所需能量由电池提供。电子秒表精确度高、显示直观清晰、使用方便、功能齐全，其最小分度值为 0.01 s。电子秒表种类繁多，功能各异，使用时可查阅相关说明。

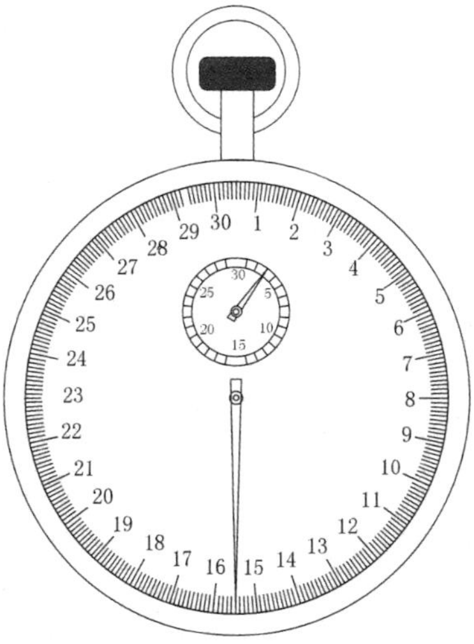

图 A.3.1　机械秒表

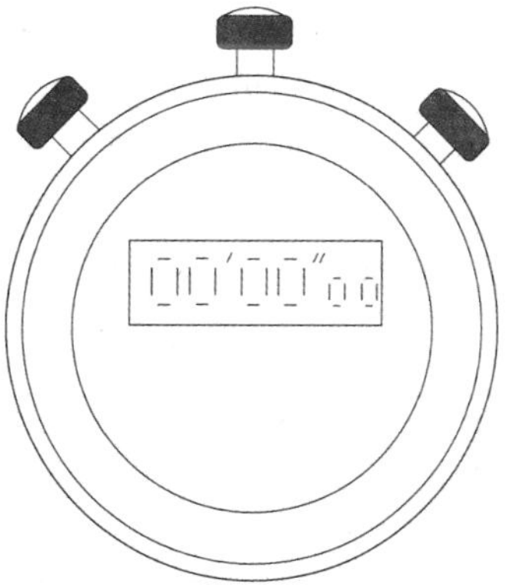

图 A.3.2　电子秒表

3. 数字毫秒计

数字毫秒计是利用石英晶体产生的稳定高频振荡频率作为时间基准来控制计时的数字式仪表。数字毫秒计种类很多，基本工作原理如图 A.3.3 所示。

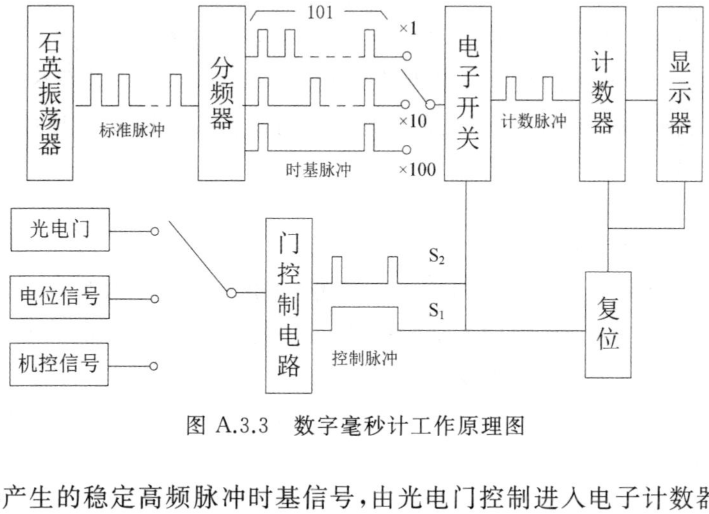

图 A.3.3　数字毫秒计工作原理图

石英振荡器产生的稳定高频脉冲时基信号，由光电门控制进入电子计数器，从开始计时到终止计时，计数器接收到的脉冲信号数目乘以脉冲周期，即为被测量的时间间隔，并由数码管直接显示出来。开始和终止计时的指令，一般是利用传感器将外来信号转变为光信号后由控制电路发出。如石英振荡器的振动频率为10^4 Hz，即每秒钟产生10^4 个脉冲信号，脉冲间隔就是 0.1 ms，电子计数器每记录一个脉冲，数码管就显示出 0.1 ms。若要改变计时量程，可通过控制电路使数码 1 ms 或 10 ms 显示一个数字，量程就扩大了。

石英晶体振荡器频率稳定度很高，一年内计时精度可达10^{-9} s，甚至更高。

四、温度的测量

温度是基本物理量之一。热力学温度单位为开尔文,符号为 K。1967 年第十三届国际计量大会决议规定:热力学温度单位是开尔文,等于水的三相点的热力学温度的 1/273.16。热力学温度是以水的三相点来定义的,规定水的三相点的温度为 273.16 K。水的三相点是水、水蒸气和冰共存的状态。在标准大气压下,水的冰点实际上是水、冰和空气的一种混合状态,水的冰点温度是 273.15 K,即冰点比水的三相点的温度低 0.01 K。

另一常用的温标为摄氏温标,它是以冰点为零度,其温度(t)的单位是摄氏度(符号为℃)。热力学温度与摄氏温度的关系是

$$t=T-273.15$$

规定热力学温度的单位开(K)与摄氏温度的单位摄氏度(℃)完全相同,即 1 K=1℃。

温度计的种类很多,不同的温度计测温原理也不尽相同,但它们都是依据测温物质的某种属性随温度值连续变化的物理性质来设计制作的。例如,液体(气体)温度计是利用液体(气体)体积随温度变化的性质而制成的;金属(半导体)温度计是利用金属(半导体)电阻随温度变化而制作的;热电偶温度计是利用温差电动势随冷热两端温度变化而制成的等。其他还有双金属温度计、压力式温度计、光学高温计、光电高温计和辐射温度计等。

1. 液体温度计

实验室常用的液体温度计有两种:水银温度计和酒精温度计。它们是利用水银(酒精)作为测温物质,在玻璃外壳中体积随温度的单值连续变化而制成的。液体温度计由于结构简单、使用方便、成本低廉,因此得到广泛应用。

水银温度计的测温范围在-35~300℃之间。水银温度计按用途分为三种:标准水银温度计、实验室用水银温度计和普通水银温度计。实验室用水银温度计主要用于温度的精密测量,其分度值一般为0.1℃。普通用温度计分度值一般为 1℃,当最小分度值不小于0.5℃时,示值误差限就等于分度值。酒精温度计也是在常温下使用较多的一种液体温度计,酒精温度计的测温范围在-80~80℃。

液体温度计使用注意事项:

(1)不允许超过温度计的测量范围。

(2)被测物质的容量应远大于(一般应大几百倍)温度计中测温物质的容量。

(3)测温时温度计应浸没到标明的深度;未标明的,应浸没到读数的分度线附近。

(4)应避免温度计承受剧烈温差变化。

(5)玻璃温度计质地脆弱,使用时应避免振动和摔碰。

2. 电阻温度计

电阻温度计包括金属电阻温度计和半导体温度计。它们的测温过程是,先用电学方法测出某一电阻在一定温度范围的电阻值,然后根据该电阻随温度变化的关系,即可求得待测温度。

现在用半导体材料制成的热敏电阻应用越来越广。由于热敏电阻的温度系数比金属材料大得多,所以可提高测温的灵敏度。同时,由于热敏电阻的体积小,探头可做得很小,与被测物交换热量非常少,因而使测量精度提高,测量时间缩短,但它们的稳定性较差。

电阻温度计的测温范围在-260~1 000℃。

3. 热电偶温度计

热电偶亦称温差电偶，如图 A.4.1 所示，是由 A，B 两种不同成分的金属丝的端点彼此紧密接触而组成的。当两个接点处于不同温度时，在回路中就有直流电动势产生，该电动势称为温差电动势或热电动势。它的大小与组成热电偶的两根金属丝的材料、热端温度 t 和冷端温度 t_0 这三个因素有关。t 和 t_0 相差越大，电动势也越大。一般地，可使冷端温度保持某一恒定值，例如将冷端放在冰点槽中。对于确定材料的热电偶，温差电动势大小仅由热端和冷端的温差 $(t-t_0)$ 决定。由电动势大小和冷端温度值 t_0，可以算出热端所处的温度。可以证明，在 A，B 两种金属之间插入第三种金属 C 时，将它与 A，B 的两连接点处于同一温度 t_0，则该闭合回路的温差电动势与上述只有 A，B 两种金属组成回路时的数值完全相同。因此我们把 A，B 两种不同化学成分的金属丝（如一为铂，另一为铂铑合金）的两端焊在一起，作为热电偶的热端（工作端）；将另两端各与铜引线（即第三种金属 C）焊接，构成两个同温度 (t_0) 的冷端（自由端），铜引线又与测量直流电动势的仪表相接，这样就组成一个热电偶温度计。将热端置于待测温度处，即可测得相应的温差电动势，再根据事先校正好的曲线或数据来求出温度 t。热电偶温度计的优点是热容量小、灵敏度高、反应迅速，且可配以精密的直流电位差计，测量准确度较高。

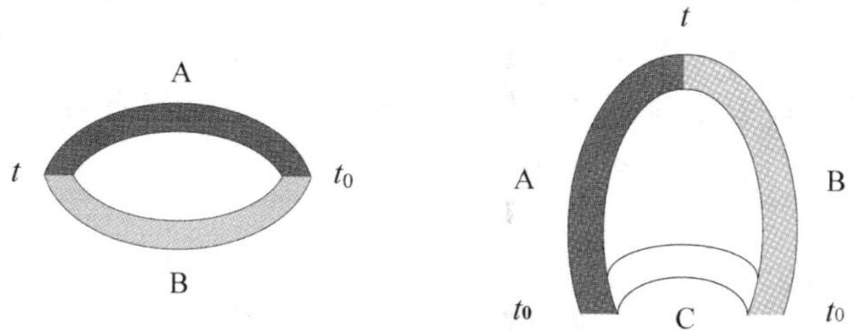

图 A.4.1　热电偶温度计

温差电动势 ε 与温差 $(t-t_0)$ 的关系相当复杂，第一级近似式是

$$\varepsilon = C(t-t_0) \tag{A.4.1}$$

式中，t 是热端温度；t_0 是冷端温度；C 称为温差系数（或称电偶常数），其值取决于组成热电偶的材料。热电偶测温的范围一般在 $-200 \sim 2\,000$℃。

4. 红外测温仪

红外测温仪由光学系统、信号放大器及信号处理、光电探测器、显示输出等部分组成。光学系统汇聚目标红外辐射能量，红外能量聚集在光电探测器上并转变为相应的电信号，该信号再经换算转变为被测目标的温度值。

红外线测温的原理：自然界一切温度高于绝对零度（-273.15℃）的物体，由于分子的热运动，都在不停地向周围空间辐射包括红外波段在内的电磁波，其辐射能量密度与物体本身的温度关系符合辐射定律：

$$E = \sigma\varepsilon(T^4 - T_0^4) \tag{A.4.2}$$

式中，E 为辐射能量密度，单位为 W/m^2；σ 为斯蒂芬-玻尔兹曼常数，$\sigma = 5.669\,6 \times 10^8 W \cdot m^{-2} \cdot K^{-4}$；$\varepsilon$ 为物体的发射系数；T 为物体的温度，单位为 K；T_0 为物体周围的环境温度，单位为 K。测量出所发射的辐射能量密度 E，就可得出温度。

这种测量不需要与被测对象接触，因此属于非接触式测量。红外温度仪表测温范围很宽，为 $-50\sim3\ 000$℃。

五、电流的测量

电流在SI中单位为安培(A)，它被定义为：真空中，相距1 m的两条无限长平行直导线，载有相等的稳恒电流时，若两导线每米长的相互作用力恰好等于 2×10^{-7}N，则各导线中的电流为1 A。

在SI中，电流单位除安培(A)外，常用的还有毫安(mA)、微安(μA)等。

电流测量仪表的种类很多，按其工作原理可分为磁电式、热电式、电动式、静电式和整流式等。由于磁电式电流表具有准确度高、稳定性好以及受外磁场和温度影响小等优点，所以应用比较广泛。本节只介绍物理实验中常用的磁电式仪表。

1. 磁电式电流计的基本结构

磁电式电流计的基本结构如图A.5.1所示。图中，1是永久磁铁；2是与磁铁连接在一起的半圆形极掌；3是圆柱形铁芯，它与极掌间形成一个很小的空气间隙，其作用是减小磁阻，并在气隙间产生一个很强的均匀辐射状磁场；4是用很细的漆包线绕在铝框(铝框的作用是产生阻尼力矩，防止线圈来回摆动)上的线圈；5是指针；6是游丝，它一端固定在支架上，另一端固定在转轴上，两个游丝旋转方向相反(抵消因温度变化引起游丝收缩或膨胀的影响)以产生反作用力矩，并兼作线圈电流引线；7是半轴，一端固定在铝框上，另一端由宝石轴承支撑；8是调零拨杆。

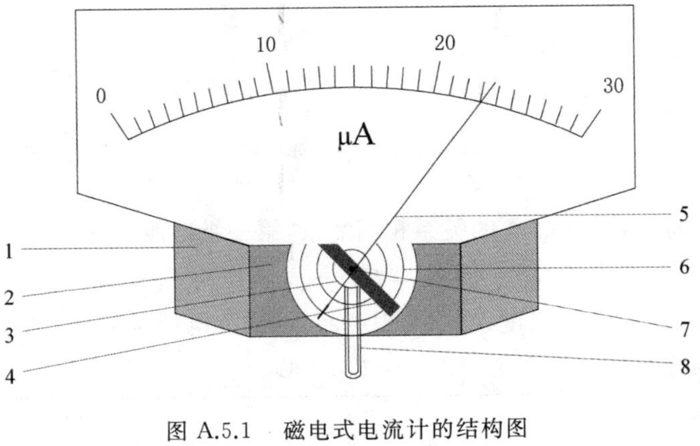

图A.5.1 磁电式电流计的结构图

1—永久磁铁；2—极掌；3—圆柱形铁芯；

4—线圈；5—指针；6—游丝；7—半轴；8—调零拨杆

2. 磁电式电流计的工作原理

磁电式电流计是利用通电线圈在磁场中受到磁力矩作用而产生转动的原理制作的。设线圈匝数为 N，面积为 S，由于线圈所处气隙中的磁场是辐射状均匀磁场，当线圈通以电流 I 时，线圈所受磁力矩的大小为

$$M_{\mathrm{m}}=NIBS \tag{A.5.1}$$

线圈在磁力矩作用下发生偏转，并使游丝扭转变形而产生一个恢复扭力矩，在弹性限度内，扭力矩 M_α 与线圈偏转角 α 成正比，即

$$M_\alpha = C\alpha \qquad (A.5.2)$$

式中,C 为游丝的弹性恢复系数,其值决定于游丝的材料和几何尺寸。

当磁力矩与恢复扭力矩达到平衡时,有

$$M_\alpha = M_m$$

由上两式可得

$$\alpha = \frac{NBS}{C} I \qquad (A.5.3)$$

令 $S_1 = NBS/C$,则有

$$\alpha = S_1 I \qquad (A.5.4)$$

式(A.5.4)表明,线圈的偏转角 α 与通过线圈的电流 I 成正比。如对标尺标度,线圈处于平衡态时,指针在标度尺上的示值就等于通过线圈的电流。因 α 与 I 成正比,故标度尺的刻度是均匀的。

电流计(表头)可以用来检验电路中有无电流通过。因为线圈的导线很细,所能允许通过的电流往往是很微小的,所以能直接测量的电流在几十微安到几十毫安之间。如果用它来测量较大的电流,必须加上分流器来扩大量程。如图 A.5.2 所示,使待测电流大部分从分流电阻 R_s 流过,而表头仍保持允许通过的最大电流值 I_g。设表头内阻为 R_g,改装后的量限为 I,根据欧姆定律得

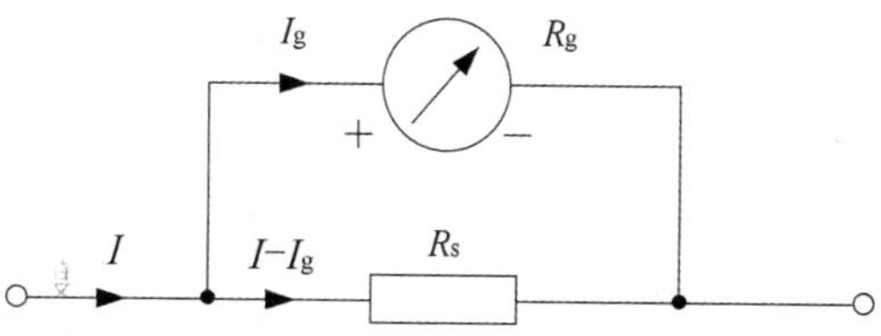

图 A.5.2　电流表结构图

$$(I - I_g)R_s = I_g R_g \qquad (A.5.5)$$

若 $I = nI_g$,则有

$$R = \frac{R}{n-1} \qquad (A.5.6)$$

可见,要将表头的量程扩大 n 倍,只须在表头上并联一个阻值为 $\frac{R_g}{n-1}$ 的分流电阻即可。

六、电压的测量

电压在 SI 中的单位是伏特(V)。定义为:当 1 安培(A)的电流通过一段导体时,若所消耗的功率为 1 瓦(W),则该导体两端电压为 1 V。

在 SI 中,电压单位除伏特(V)外,常用的还有千伏(kV)、毫伏(mV)、微伏(μV)等。

1. 电压表

给电流计串联一个适当大小的电阻 R_H,就构成了电压表,如图 A.6.1 所示。

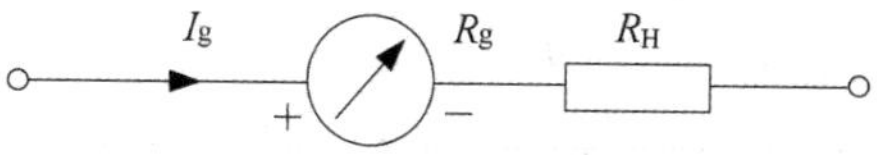

图 A.6.1　电压表结构图

磁电式电压表和电流表一样是由磁电式表头改装而成的。设表头内阻为 R_g，通过的最大电流为 I_g，则该表头测量的最大电压值为

$$V_m = I_g R_g \tag{A.6.1}$$

由于 I_g 很小，V_m 不可能很大，要想测量更高的电压，只须在磁电式表头上串联一个分压电阻 R_H 就行了。若须将测量电压的值扩大 n 倍，分压电阻的值可由下式决定：

$$R_H = (n-1)R_g \tag{A.6.2}$$

串联阻值不同的分压电阻，就构成了不同量程的电压表。

2. 使用电流表和电压表的注意事项

(1) 量程的选择。根据被测量的大小，选择合适的量程，使测量误差尽可能减小。对于多量程的电表，在不知道被测量的范围时，为了安全起见，可先用大量程测试一下，再选合适的量程。

(2) 接法要正确。电压表与被测电路的两端相并联；电流表与电路相串联。直流电表均有标明"+""−"的接线柱，分别表示电流的流入端和流出端，不能接反，否则电表指针将反向偏转。

(3) 读数要规范。读数时视线必须垂直于刻度盘；若电表指针下面附有镜子，则必须在指针与镜中的指针像重合时读数，这样可以减少由于视差引入的误差。

3. 电表的误差和级别

用任何电表测量都会有误差，即电表的指示值和实际值之间有一定差距。产生误差的原因有：

(1) 固有误差。固有误差是在规定的条件下进行测量时所具有的误差，是由于电表结构和制作上的缺陷所引起的，例如轴承摩擦、分度不准、刻度尺不精密和游丝的变质等原因引起的误差均属固有误差。

(2) 附加误差。电表的附加误差是由于偏离正常使用条件(仪表说明书上所要求的工作条件)或在某一影响因素作用下而产生的误差。这些数值变化是相对正常使用条件时的示值而言的，不是相对真值而言的。示值误差是一个因素引起的示值变化，而不是两个或三个以上因素引起变化的总和，因此常冠以产生附加误差因素的名称，如温度附加误差、磁场附加误差等。

当电表在正常条件下使用和读数时，可以只考虑固有误差。

电表的准确度等级 K 定义为：仪器误差限 Δ_m 与电表的量程 x_m 的百分比，即

$$\frac{|\Delta_m|}{x_m} \times 100\% = K\% \tag{A.6.3}$$

按照国家标准，电表的准确度等级分为 7 级：0.1，0.2，0.5，1.0，1.5，2.5，5.0。

若已知电表的准确度等级和电表的量程，电表的基本误差限可由下式计算：

$$\Delta_m = \pm x_m \times K\% \tag{A.6.4}$$

在量程选定后，测量值的误差限就是一个定值。所以，测量值越接近量程，其相对测量不确定度越小。一般情况下，使测量值处在满量程的 2/3 以上为宜。

4. 常用各种仪表面板上的标记

常用各种仪表面板上的标记见表 A.6.1。

表 A.6.1 各种仪表面板上的标记

名　称	符　号	名　称	符　号
磁电系仪表		静电系仪表	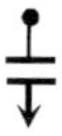
整流系仪表(带半导体整流器和磁电系测量机构)		热电系仪表(带接触式热变换器和磁电系测量机构)	
直流	—	交流(单相)	～
直流和交流	≂	公共端钮(多量限仪表和复用电表)	
正端钮	+	负端钮	−
接地用的端钮(螺钉或螺杆)		与外壳相连接的端钮	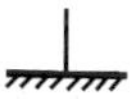
不进行绝缘强度试验		绝缘强度试验电压为 2kV	
以标度尺长度百分数表示的准确度等级,例如 1.5 级		以指示值的百分数表示的准确度等级,例如 1.5 级	
以标度尺量限百分数表示的准确度等级,例如 1.5 级	1.5	Ⅱ 级防外磁场及电场	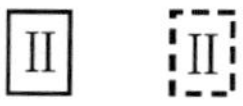
标度尺位置为垂直的	⊥	标度尺位置为水平的	

七、电阻的测量

在 SI 中电阻的单位是欧姆(Ω)。定义为:当导体中任意两点的电位差为 1 伏特(V),且导体内通过的电流恰为 1 安培(A) 时,则该导体两点间的电阻为 1 Ω。

物理实验中常用的测量电阻的方法有伏安法、电桥法、替代法和补偿法等。

1. 伏安法测电阻

伏安法测电阻是一种间接测量方法,它是用电压表测出电阻两端的电压 V,用电流表测量通过电阻的电流 I,然后用欧姆定律 $R=V/I$ 计算出待测电阻值。

伏安法测电阻简单易行,但因电表内阻的影响,故不论采用内接法或是外接法,都存在测量方法上的误差(系统误差)。

(1) 电流表内接。如图 A.7.1 所示,所测电流是流过 R 上的电流,但所测电压是 R 和电流表上电压之和。由欧姆定律得电阻测量值

$$R_{测}=\frac{V}{I}=\frac{V_R+V_A}{I}=R+R_A \qquad (A.7.1)$$

相对误差

$$E_R=\frac{\Delta R}{R}=\frac{R_{测}-R}{R}=\frac{R_A}{R} \qquad (A.7.2)$$

此误差是由于电流表有内阻 R_A 引起的，可见用电流表内接时，测量值 $R_{测}$ 比实际值 R 偏大。只有当 $R \gg R_A$ 时，才能保证测量有足够的准确度，因此测量较大电阻时宜采用电流表内接电路。

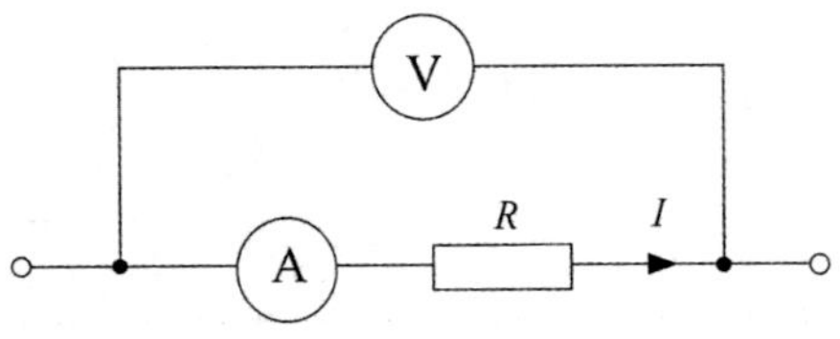

图 A.7.1　内接法

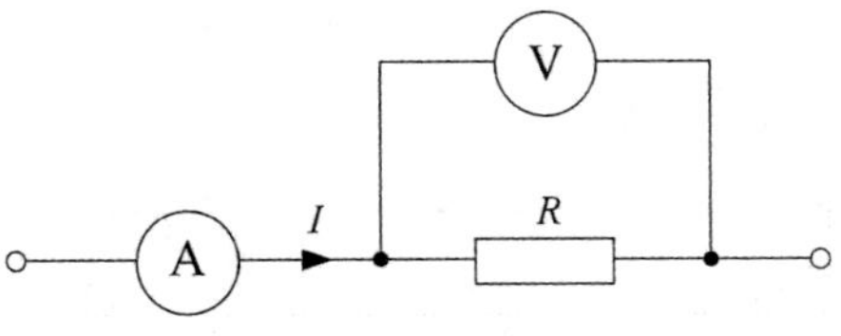

图 A.7.2　外接法

(2) 电流表外接。如图 A.7.2 所示，所测电压是 R 两端电压，但所测电流是电压表上电流和电阻上电流之和。电阻测量值为

$$R_{测}=\frac{V}{I}=\frac{V}{\dfrac{V}{R_V}+\dfrac{V}{R}}=\frac{R_V R}{R_V+R} \qquad (A.7.3)$$

相对误差为

$$E_R=\frac{\Delta R}{R}=\frac{R_{测}-R}{R}=\frac{-R}{R_V+R} \qquad (A.7.4)$$

此误差是由于电压表有内阻引起的，可见电流表外接时测得的电阻 $R_{测}$ 比实际值 R 偏小。只有当 $R_V \gg R$ 时，才能保证足够的准确度，故测量电阻值较小的电阻时宜采用电流表外接电路。

为了提高伏安法测量电阻的准确度，可采用替代测量法，即用准确度等级较高的标准电阻箱替代被测电阻。替代法测电阻的方法详见附录 B。

2. 电桥法测电阻

电桥法测电阻是将待测电阻与标准电阻进行比较，以确定待测电阻的一种方法，即比较测量法。由于标准电阻准确度很高，只要检流计有足够的灵敏度，用电桥法测量电阻的准确度就很高，加上电桥使用方便，因此这种测量方法被广泛采用。用电桥法测量电阻的原理和方法详见实验 2.8。

3. 常用的各种电阻介绍

(1) 滑线变阻器。滑线变阻器的结构如图 A.7.3 所示。把电阻丝(如铜镍丝)密绕在绝缘瓷管上，两端分别与接线柱 A,B 相连，滑块 D 和接线柱 C 连接，滑块移动时可以改变 A,C(或 B,C) 之间的电阻值。滑线变阻器的符号如图 A.7.4 所示。

滑线变阻器依据它在电路中所起的作用不同，可分为限流器和分压器。

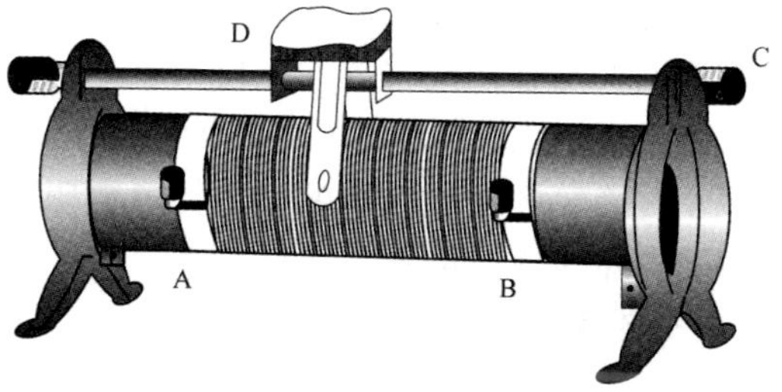

图 A.7.3　滑线变阻器示意图

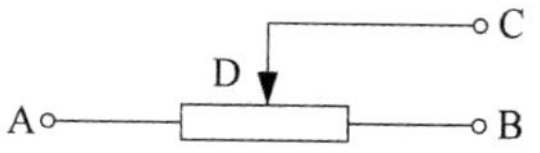

图 A.7.4　滑线变阻器符号

(2) 电阻箱。电阻箱是一种数值可调节的精密电阻组件。其内部是一套由锰铜线绕成的固定电阻,这些电阻按一定的组合方式焊接在转盘上,而整个电阻箱由若干个转盘串联而成。调节电阻箱可以得到想要的阻值,并且能从箱面上直接读出来。实验室常用的是 ZX21 型旋转式电阻箱。

ZX21 型旋转式电阻箱面板如图 A.7.5 所示,面板上有 4 个接线柱和 6 个旋钮。其内部电路如图 A.7.6 所示。每挡电阻由 9 个相同的电阻器串联而成。额定功率为 0.25 W(表示箱内各挡中单个电阻功率额定值),准确度等级为 0.1 级,表示电阻值的相对误差$\frac{\Delta R}{R} \leqslant 0.1\%$,每个转盘的接触电阻不大于 0.002 Ω。

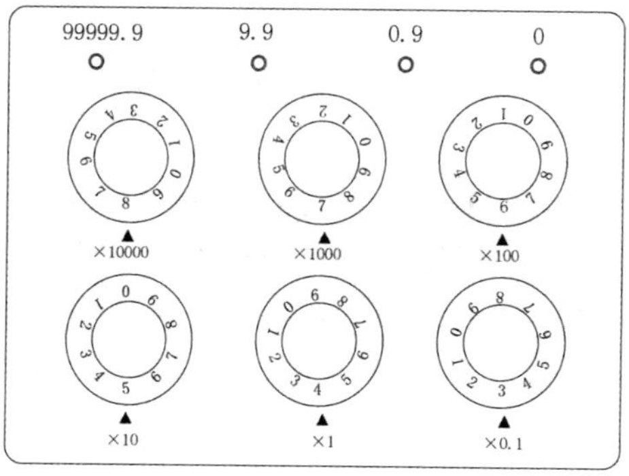

图 A.7.5　ZX21 型旋转式电阻箱面板图

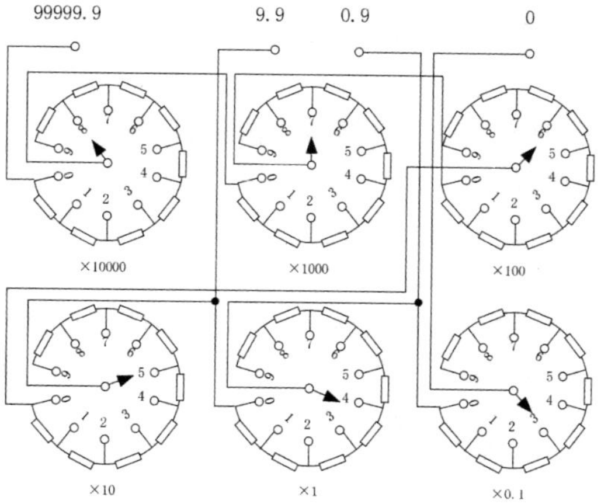

图 A.7.6　ZX21 型旋转式电阻箱内部电路图

ZX21 型旋转式电阻箱的 4 个接线柱上分别标有 0，0.9，9.9 和 99 999.9 等。表示 0 与 0.9 Ω 两接线柱的阻值调节范围为 0.1～9×0.1 Ω；0 与 9.9 Ω 两接线柱的阻值调节范围为 0.1～9×(0.1+1) Ω；其余类推。在使用时，若只需 0.9 Ω 以下的电阻，则将导线接到 0 与 0.9 Ω 两接线柱上即可，这种接法可以避免电阻箱其余部分的接触电阻和导线电阻对低值电阻带来不可忽略的误差。电阻箱各挡电阻允许通过的电流是不同的，见表 A.7.1。

表 A.7.1　ZX21 型旋转式电阻箱各挡额定电流

旋转倍率	10 000	1 000	100	10	1	0.1
额定电流/A	0.005	0.0158	0.05	0.158	0.5	1.58

使用电阻箱时要注意：先旋转一下各组旋钮，使其接触稳定可靠；不能超过各挡步进电阻所规定的额定电流。

(3)固定电阻。固定电阻按材料分，一般有碳膜电阻、金属膜电阻、水泥电阻和线绕电阻等。一般的家庭电器使用碳膜电阻较多，因为它成本低廉。金属膜电阻精度要高些，使用在要求较高的设备上。水泥电阻和线绕电阻能够承受比较大的功率，线绕电阻的精度也比较高，常用在要求很高的测量仪器上。

小功率碳膜和金属膜电阻，一般都用色环表示阻值的大小。色环电阻分为普通的四色环电阻和精密的五色环电阻。

附录 B　物理实验的基本测量方法

在物理实验中，要对各种各样的物理量进行测量，就必须采用不同的测量方法。实验测量的方法很多，其作用一是为了提高实验现象的可观察度，二是为了提高测量结果的准确度。实验方法正确，可能事半功倍；而实验方法不当，可能会产生较大的误差甚至错误。系统地学习测量方法，也可以使所学知识系统化，同时也能对所做实验有更深刻的认识。

物理实验方法是以一定的物理现象、物理规律和物理学原理为依据，确立合适的物理模型，研究各物理量之间关系的科学实验方法。现代的物理实验离不开定量的测量和计算，因此实验方法包含测量方法和数据处理方法两个方面，它们既有区别又有联系。测量方法和分类也很多，如以内容来分，可分为电量测量和非电量测量两大类；按测量性质来分，可分为直接测量和间接测量两大类；根据测量过程中被测量内容是否随时间变化来分，可分为静态测量和动态测量两大类。

本附录主要介绍大学物理实验中一些基本的测量方法，如比较测量法、放大测量法、补偿测量法、模拟测量法和转换测量法等。

一、比较测量法

被测量和标准量进行比较而得到测量结果的方法称为比较测量法。

通常将被测量与标准量通过测量装置进行比较，当它们产生的效应相同时，两者相等。测量装置称为比较系统，比较法分为直接比较法和间接比较法。

1.直接比较法

直接比较法是将被测量与同类物理量的标准量进行比较，通过被测量是标准量的多少倍可直接得到被测量。其特点是：

(1)同量纲。标准量和被测量的量纲相同，如米尺测量长度。

(2)直接可比。标准量与被测量直接比较，不需要繁杂的运算即可得到结果。如天平称质量，只要天平平衡，砝码质量就是被测物的质量。

(3)同时性。标准量与待测量在比较的同时，结果即可得出，没有时间的延迟和滞后。

直接比较须事先制成很多供比较的标准量具，如砝码、直尺等。测量中根据不同的被测对象及误差要求，选用不同的标准量(仪器)，所以测量准确度受仪器的限制。

2.间接比较法

有些物理量难以制成标准量具，而是利用物理量之间的函数关系制成与标准量相关的仪器，再用这些仪器与待测量进行比较。如电流表、电压表等均采用当电磁力矩与游丝力矩平衡时，电流大小与电流表指针的偏转之间具有一一对应关系而制成；温度计采用物体体积膨胀与温度的关系制成。因此，虽然它们能直接读出结果，但根据其测量原理应属间接比较。

一般而言，进行间接比较须要选取一个中间量。为了减小误差，要求待测量与中间量的关系最简单，同时必须稳定。如任何液体的体积均随温度发生变化，但通常温度计却使用水银。这是由于在温度变化不大时，水银的体积膨胀与温度成线性关系且比较稳定；同时水银与玻璃毛细管之间无浸润，流动性好。

有时，只有标准量具还不够，还要配置比较系统，使被测量和标准量能够实现比较。如物体的质量与标准量砝码是通过天平这一比较系统来实现比较；又如只有标准电池还不能测量电压，还需要由比较电阻等组成电位差计来测电动势，这些装置构成了比较系统。

3.替代测量法

替代测量法是将选定的且已知其值的同种量替代被测量，使之在指示装置上得到同样的效果，以确定被测量值的方法。我们所熟知的曹冲称象即用了替代法。如图 B.1.1 所示测量未知电阻 R_x，只要电源电压稳定不变，当 S_2 接到 R_x 时，电流表有一读数；然后 S_2 接到标准电阻箱 R_0，调节 R_0 使电流表的读数与只接 R_x 时的相同，则 $R_x=R_0$。这里标准量是 R_0，物理过程指 R_x，R_0 对电路电流的影响，而等效的判定依据是电流表的示数不变，同时要求比较系统的电压稳定不变。

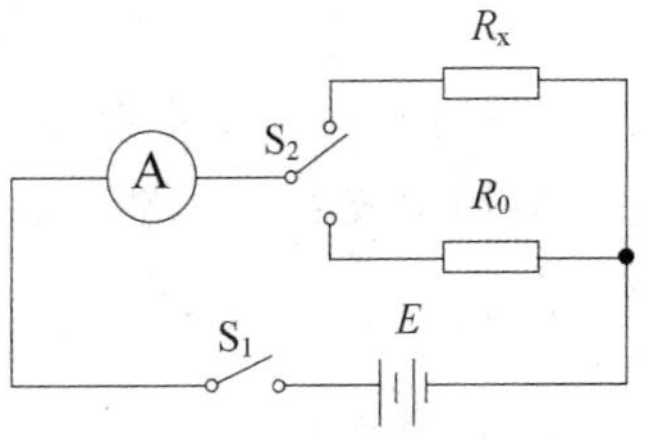

图 B.1.1 替代测量法

替代法的测量精度取决于所选用的替代物或器件的准确度和作为指示装置(或仪表)的灵敏度。

二、放大测量法

实验中往往会遇到一些值很小的物理量或物理量的变化很微弱，即便能够找到可与之进行比较的标准量，也会因为这些量值过小，用肉眼无法分析和判断，此时须要把这些量进行放大，使得测量成为可能。

1.机械放大测量法

机械放大是通过机械原理和装置来实现的。螺旋测微计和读数显微镜的读数系统就是机械放大的典型例子。螺旋测微装置由主尺和鼓轮组成，一般主尺上 0.5 mm 对应鼓轮的 50 格或主尺上 1.0 mm 对应鼓轮的 100 格。因此，其放大倍数为 100，测量精度由 1 mm 变为

0.01 mm，提高了 100 倍。游标卡尺也是利用放大原理，将主尺上的 1.0 mm 放大为游标上的 n 格，n 一般为 10，20 和 50，将测量精度分别提高为 0.1 mm，0.05 mm，0.02 mm。

一根很细的金属丝，要直接用毫米尺测出它的直径是很困难的。这时，可以把它密绕在一个光滑且直径均匀的圆柱体上。用毫米尺测量 n 匝金属丝的长度 L，则 L/n 就是细丝的直径，n 就是放大倍数。再如测量单摆周期时，测一个周期时的按表误差很大，这时可以测 n 次摆动的总时间 t，则周期 $T=t/n$，把按表误差平均分配在了 n 个周期中。以上两种方法都有先决条件，即细丝的直径必须均匀，每次摆动的周期必须相同。这种方法又称为累积放大法。

2.光学放大测量法

当被测物体线度很小，或被测物体长度、位移和角度变化很微小时，由于受人视觉和计量器具的限制，往往不易测得准确。这时可利用光学原理将被测物理量放大后再进行测量。光学放大法分为视角放大和微小变化量放大两种。显微镜和望远镜属于视角放大仪器，它们只能放大物体的几何线度，帮助观察者分辨物体的细节或便于使测量基准对齐；而真正要测出被测物的尺寸，必须配以相应的读数装置。测微目镜、读数显微镜即为光学视角放大与机械放大的组合型仪器，其观察采用显微镜放大，便于测量基准对齐，而读数利用螺旋测微系统。光杠杆则是微小变化量值的直接放大(详见实验 2.7)。

3.电学放大测量法

对一些微弱的电信号，可以通过电子放大电路把信号放大后再进行测量，通常采用三极管、MOS 场效应管和集成运算放大器等。

对于一些非电量信号，还可以通过转换器变为电信号，放大后再进行测量。例如，在利用光电效应测量普朗克常数的实验中，先用光电管将光信号转换为电信号(光电流)，再利用微电流放大器将微弱光电流放大后进行测量。又如，在示波器的使用、电子束的电偏转和磁偏转实验中，利用示波器和显像管的放大作用，将电信号放大后直观地在屏幕上显示出来，然后再进行测量。

三、补偿测量法

在测量过程中，由于各种原因，当计量器具引入时，使原有测量状态受到影响，从而影响了测量的准确性。补偿法是以待测量与已知量相互补偿作为基础来实现测量的一种方法，从而提高测量的准确度。补偿法的测量过程比较复杂，但因其测量精确度高，在精密测量中仍被采用。

用电位差计测量电源电动势，就是采用补偿测量的典型例子。当用电压表直接测量干电池的电动势时，如图 B.3.1 所示。

由于干电池内阻的存在，不可避免地要产生电压降，电压表测出的不是干电池的电动势而是端电压。用一个电势可调的电源 E_0 与待测电源 E_x 反向串联，并在电路中接入检流计 G，如图 B.3.2 所示。调节 E_0 使检流计指针指零，这时两个电源电动势大小相等，方向相反。即用已知的标准电动势去抵消(或补偿)了待测电动势，使测量电路处于“补偿”状态，补偿状态下标准电动势的值就等于待测电动势的值。

另外，如电流补偿、温度补偿、光程补偿等，在精密测量和自动控制中也被广泛采用。

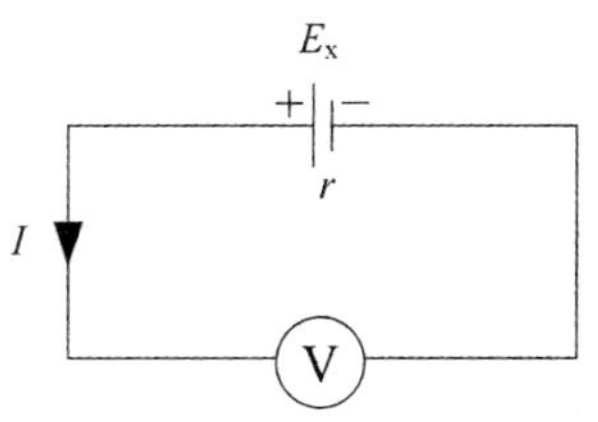

图 B.3.1　用电压表测量干电池的电动势

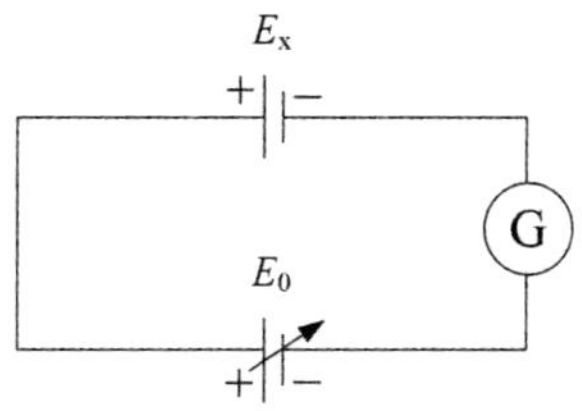

图 B.3.2　补偿法测电动势原理图

四、模拟测量法

在科学研究、工程设计的测量中，往往会由于各种原因，难以对实际研究对象或物理过程进行直接的研究和测量，比如研究对象过分庞大或者危险，或者变化缓慢等限制，以致难于对研究对象进行直接测量，这时可采用模拟的方法来进行研究或测量。模拟法是依据物理学中的相似性原理，在实验室中，模拟一个与实际研究对象或物理过程相似的模型来进行研究和测量的一种方法。这种方法，实质上是用一种易于实现、便于测量的物理状态或过程进行研究的，替代不易实现、不便测量的物理状态或过程。由于模拟法简单易行，在科学研究和工程设计中被广泛采用。常用的模拟方法有物理模拟、数学模拟和计算机模拟等。

1.物理模拟法

物理模拟法就是用模型模拟与实际研究对象具有相同的物理本质，即具有相同的物理状态或物理过程的一种方法。例如，先放大或缩小某些已知量，测出与待测量成一定数学关系的未知量，最后算出待测量。在水电站大坝建设中，为了获取有关数据，就采用缩小的模型进行模拟。长江三峡电站大江截流工程，也是先在实验室进行了截流的模拟试验。又如，在新型飞机的研制中，把按比例缩小的飞机模型放在“风洞”(高速气流装置)中模拟飞机在高空飞行，而取得相关数据。另外，某些产品出厂前进行防震、防潮和耐高低温等性能试验，也往往采用模拟的方法。

2.数学模拟法

数学模拟是把两个物理本质完全不同，但其物理规律遵从相似的数学表达式和边界条件的物理现象或物理过程进行模拟。例如，静电场的描绘就是利用稳恒电流场模拟静电场。

在科学研究和生产实践中，有时需要了解带电体周围的电场分布，而这些带电体往往又是不规则的，其电场分布很难用数字方法计算，也很难进行测量(如示波管、显像管、电子显微镜及加速器内部的聚焦电场等)，况且一般的磁电式仪表也不能直接用于静电场的测量。稳恒电流场与静电场本质是不同的，但它们在一定条件下，具有相似的空间分布和数学表达。因此，通常采用易于测量的稳恒电流场来模拟静电场。

3.计算机模拟法

计算机模拟就是用一个电路系统来模拟实际的物理状态或物理过程。用于模拟的电路系统的数学方程和边界条件与实际的物理过程或物理状态相似，它实质上是将物理模拟和数学模拟结合起来了。由于计算机计算速度快，计算精度高，灵活直观，而且还具有存储和逻辑功能，所以在对实际过程进行模拟试验(如核试验等)，或仪器设备的模拟控制，或新产品设计等方面日益显示出它巨大的优越性。

随着科技的进步，物理实验思想和方法也在不断发展。计算机模拟实验(仿真实验)打破了教与学、理论与实验、课内与课外的界限，在培养学生创新能力方面，正发挥着重要的作用。

五、转换测量法

许多物理量，由于属性关系无法用仪器直接测量，或者即使能够进行测量，但测量起来也很不方便，且准确性差，为此常将这些物理量转换成其他能方便、准确测量的物理量来进行测量，之后再反求待测量，这种测量方法称为转换测量法。有些物理量之间存在多种关系和效应，因此将会有多种不同的转换测量法，这恰恰反映了物理实验中最有启发性和开创性的一面。随着科学技术的不断发展，这种方法已经渗透到各个学科领域。科学实验不断向高精度、宽量程、快速测量、遥感测量和自动化测量发展，这一切都与转换测量密切相关。最常见的玻璃温度计，就利用在一定范围内材料的热膨胀与温度的关系，将温度测量转换为长度测量。

转换测量法一般可分为参量转换和能量转换两大类。

1.参量转换法

利用各种参量变换及其变化的相互关系来测量某一物理量的方法称为参量转换法。例如，在拉伸法测金属丝的弹性模量实验中，依据胡克定律在弹性限度内，应力 F/S 与应变 $\Delta L/L$ 成正比，即

$$\frac{F}{S}=E\,\frac{\Delta L}{L} \tag{B.5.1}$$

其比例系数即为金属丝的弹性模量。利用此关系式，将关于弹性模量 E 的测量转换为应力 F/S 和应变 $\Delta L/L$ 的测量了。利用单摆测重力加速度，是将重力加速度的测量转换为对单摆长度和单摆周期的测量。从以上可以看出，参量转换测量属于间接测量。

2.能量转换法

能量转换法是利用换能器(如传感器)将一种形式的能量转换为另一种形式的能量来进行测量的方法，一般来说是将非电学物理量转换成电学量。这是由于电学量测量方便、迅速、容易实现，且能与计算机连接进行数据自动采集和处理。

(1)热电转换。热电转换即将热学量转换成电学量进行测量。例如，利用热电偶将温度的变化转化为电压的变化，利用热敏电阻将温度的变化转换为电阻的变化。

(2)压电转换。该方法是将压力转换成电学量进行测量，常用于厚度、速度或声速测量。大家所熟知的话筒就是把声压转换成电信号。

(3)光电转换。光电转换是将光能转换为电信号再测量，其基本原理是光电效应。在光照下物体吸收光能，电子动能增加，从而逸出材料表面，该现象称为光电效应。基于这种效应的光电器件有光电管、光电倍增管等。

(4)磁电转换。磁电转换即利用磁电效应将磁学量转换成电学量的变化。例如，利用霍尔元件实现磁电转换等。

由于传感器的广泛使用，利用各种物理效应将非电量转换成电学量进行测量和应用，已经

成为一个非常重要的研究领域。

附录C　物理实验常用数据

1. 基本物理常量

量	符　号	数　值	单　位
真空磁导率	μ_0	12.566 370 614…	10^{-7} H/m
玻尔磁子	μ_B	9.274 015 4 (31)*	10^{-24} A·m^2
真空介电常数	ε_0	8.854 187 817…	10^{-12} F/m
元电荷	e	1. 602 177 33 (49)	10^{-19} C
电子[静]质量	m_e	0.910 938 97 (54)	10^{-30} kg
电子荷质比	$-e/m_e$	－1.758 819 62 (53)	10^{11} C/kg
[经典]电子半径	r_e	2.817 940 92 (38)	10^{-15} m
质子[静]质量	m_p	1.672 623 1 (10)	10^{-27} kg
中子[静]质量	m_n	1.674 928 6 (10)	10^{-27} kg
牛顿引力常数	G	6.672 59(85)	10^{-11} N·m^2/kg^2
里德伯常量	R_∞	10 973 731.534 (13)	m^{-1}
普朗克常量	h	6.626 075 5 (40)	10^{-34} J·s
玻耳兹曼常数	k	1.380 658 (12)	10^{-23} J/K
阿伏伽德罗常量	$\mathrm{N_A}, L$	6.022 136 7 (36)	10^{23} mol^{-1}
原子质量常数	m_μ	1.660 540 2 (10)	10^{-27} kg
摩尔气体常数	R	8.314 510 (70)	J/(mol·K)
真空中光速	c	299 792 458	m/s
标准大气压	p_0	101 325	Pa

*(　)为不确定度。

2. 国际单位制(SI)的基本单位

量的名称	单位名称	单位符号
时间	秒	s
长度	米	m
电流	安[培]	A
质量	千克(公斤)	kg
发光强度	坎(德拉)	cd
物质的量	摩[尔]	mol
热力学温度	开[尔文]	K

3. SI 导出单位

量的名称	SI 导出单位		
	名称	符号	用 SI 基本单位和 SI 导出单位表示
力	牛[顿]	N	$1\ N=1\ kg\cdot m/s^2$
压强,应力	帕[斯卡]	Pa	$1\ Pa=1\ N/m^2$
频率	赫[兹]	Hz	$1\ Hz=1\ s^{-1}$
能[量],功,热量	焦[耳]	J	$1\ J=1\ N\cdot m$
功率,辐射[能]通量	瓦[特]	W	$1\ W=1\ J/s$
[平面]角	弧度	rad	$1\ rad=1\ m/m=1$
立体角	球面度	sr	$1\ sr=1\ m^2/m^2=1$
电荷[量]	库[仑]	C	$1\ C=1\ A\cdot s$
电阻	欧[姆]	Ω	$1\ \Omega=1\ V/A$
电容	法[拉]	F	$1\ F=1\ C/V$
电导	西[门子]	S	$1\ S=1\ \Omega^{-1}$
电感	亨[利]	H	$1\ H=1\ Wb/A$
电压,电动势,电位(电势)	伏[特]	V	$1\ V=1\ W/A$
磁通[量]	韦[伯]	Wb	$1\ Wb=1\ V\cdot s$
磁通[量]密度,磁感应强度	特[斯拉]	T	$1\ T=1\ Wb/m^2$
摄氏温度	摄氏度	℃	1℃=1 K
[光]照度	勒[克斯]	lx	$1\ lx=1\ lm/m^2$
光通量	流[明]	lm	$1\ lm=1\ cd\cdot sr$

4.海平面上不同纬度处的重力加速度

纬度 /(°)	$g/(m\cdot s^{-2})$	纬度 /(°)	$g/(m\cdot s^{-2})$
0	9.780 49	45	9.806 29
5	9.780 88	50	9.810 79
10	9.782 04	55	9.815 15
15	9.783 94	60	9.819 24
20	9.786 52	65	9.822 94
25	9.789 69	70	9.826 14
30	9.793 38	75	9.828 73
34.2(西安)	9.796 78	80	9.830 65
35	9.797 46	85	9.83182
40	9.801 80	90	9.832 21

5.常用光源的谱线波长

谱　线	λ/nm	谱　线	λ/nm	谱　线	λ/nm
H(氢)红	656.28	蓝	447.15	Na（钠）黄	589.592
绿蓝	486.13	蓝紫	402.62	黄	588.995
蓝	434.05	蓝紫	388.87	Hg（汞）橙	623.44
蓝紫	410.17	Ne（氖）红	650.65	黄	579.07
蓝紫	397.01	橙	640.23	黄	576.96
He（氦）红	706.52	橙	638.30	绿	546.07
红	667.82	橙	626.65	绿蓝	491.60
黄(D_3)	587.56	橙	621.73	蓝	435.83
绿	501.57	橙	614.31	蓝紫	407.78
绿蓝	492.19	黄	588.19	蓝紫	404.66
蓝	471.31	黄	585.25	He-Ne激光	632.8

6.几种纯金属的“红限”波长及逸出功

金　属	λ_0/nm	W/eV	金　属	λ_0/nm	W/eV
银(Ag)	261.0	4.0	铯(Cs)	460.0	1.8
铁(Fe)	262.0	4.5	锂(Li)	500.0	2.3
金(Au)	265.0	4.8	钠(Na)	540.0	2.3
汞(Hg)	273.5	4.5	钾(K)	550.0	2.2

7.20℃ 时常用金属的杨氏模量

金 属	$Y/\times10^{10}$ Pa	金 属	$Y/\times10^{10}$ Pa
灰铸铁	6 ~ 17	康铜	16.0 ~ 16.6
银	6.9 ~ 8.2	铸钢	17.2
铝	7.0 ~ 7.1	铁	18.6 ~ 20.6
硬铝合金	7.1	碳钢	19.6 ~ 20.6
金	7.7 ~ 8.1	镍	20.3 ~ 21.4
锌	7.8 ~ 8.0	合金钢	20.6 ~ 22.0
铜	10.3 ~ 12.7	铬	23.5 ~ 24.5
球墨铸铁	15 ~ 18	钨	40.7 ~ 41.5
可锻铸铁	15 ~ 18		

8. 金属和合金的电阻率及其温度系数

金属(或合金)	电阻率 $\rho/(10^{-6}\ \Omega \cdot cm)$	温度系数 $\alpha/10^{-5}\ ℃^{-1}$
银	1.47 (0℃)	430
铜	1.55 (0℃)	433
金	2.01 (0℃)	402
铝	2.44 (0℃)	460
钨	4.89 (0℃)	510
锌	5.65 (0℃)	417
黄铜	8.00 (18 ~ 20℃)	100
铁	8.70 (0℃)	651
钢(ω_c 为 0.001 0 ~ 0.001 5)	10 ~ 14 (20℃)	600
铂	10.5 (20℃)	390
锡	12.0 (20℃)	440
铅	19.2 (0℃)	428
铜锰镍合金	34 ~ 100 (20℃)	−3.0 ~+2.0
康铜	47 ~ 51 (18 ~ 20℃)	−4.0 ~+1.0
武德合金	52 (20℃)	370
水银	95.8 (20℃)	100
镍铬合金	98 ~ 110 (20℃)	3 ~ 40

9.液体的黏度

液体	t/℃	$\eta/(\mu Pa \cdot s)$	液体	t/℃	$\eta/(\mu Pa \cdot s)$
汽油	0	1 788	葵花子油	20	5.00×10^4
	18	530	蓖麻油	10	241.8×10^4
乙醇	−20	2 780	甘油	−20	134×10^6
	0	1 780		0	121×10^5
	20	1 190		20	149.9×10^4
变压器油	20	19 800		100	129.45×10^2

10. 与空气接触的液体的表面张力系数(未注明者的温度为 20℃)

液 体	$\alpha/(N\cdot m^{-1})$	液 体	$\alpha/(N\cdot m^{-1})$
航空汽油(10℃)	21×10^{-3}	甘油	63×10^{-3}
石油	30×10^{-3}	水银	513×10^{-3}
煤油	24×10^{-3}	甲醇	22.6×10^{-3}
松节油	28.8×10^{-3}	(0℃)	24.5×10^{-3}
水	72.75×10^{-3}	乙醇	22.0×10^{-3}
肥皂溶液	40×10^{-3}	(60℃)	18.4×10^{-3}
蓖麻油	36.4×10^{-3}	(0℃)	24.1×10^{-3}

11. 在不同温度下与空气接触的水的表面张力系数

t/℃	$\alpha/(N\cdot m^{-1})$	t/℃	$\alpha/(N\cdot m^{-1})$	t/℃	$\alpha/(N\cdot m^{-1})$
0	75.62×10^{-3}	16	73.34×10^{-3}	30	71.15×10^{-3}
5	74.90×10^{-3}	17	73.20×10^{-3}	40	69.55×10^{-3}
6	74.76×10^{-3}	18	73.05×10^{-3}	50	67.90×10^{-3}
8	74.48×10^{-3}	19	72.89×10^{-3}	60	66.17×10^{-3}
10	74.20×10^{-3}	20	72.75×10^{-3}	70	64.41×10^{-3}
11	74.07×10^{-3}	21	72.60×10^{-3}	80	62.60×10^{-3}
12	73.92×10^{-3}	22	72.44×10^{-3}	90	60.74×10^{-3}
13	73.78×10^{-3}	23	72.28×10^{-3}	100	58.84×10^{-3}
14	73.64×10^{-3}	24	72.12×10^{-3}		
15	73.48×10^{-3}	25	71.96×10^{-3}		

12. 物质中的声速

物 质	声速$/(m\cdot s^{-1})$	物 质	声速$/(m\cdot s^{-1})$
二氧化碳 0℃	258.0	水 20℃	1 482.9
氧气 0℃(标准状态)	317.2	NaCl 14.8%水溶液 20℃	1 542
氩气 0℃	319	甘油 20℃	1 923
干燥空气 0℃	331.45	金	2 030
干燥空气 10℃	337.46	银	2 680
干燥空气 20℃	343.37	锡	2 730
干燥空气 30℃	349.18	铂	2 800
干燥空气 40℃	354.89	重硅钾铅玻璃	3 720
氮气 0℃	337	铜	3 750
一氧化碳 0℃	337.1	锌	3 850
四氯化碳 20℃	935	钨	4 320
乙醚 20℃	1 006	轻氯铜冕玻璃	4 540

续 表

物 质	声速/(m·s^{-1})	物 质	声速/(m·s^{-1})
乙醇 20℃	1 168	镍	4 900
丙酮 20℃	1 190	铝	5 000
铅	1 210	不锈钢	5 000
氢气 0℃	1 269.5	硼硅酸玻璃	5 170
汞 20℃	1 451.0	熔融石英	5 760

13.全息片漂白液

药 品	数 量
硫酸铜溶液 (20%)	42.5 mL
溴化钾溶液 (20%)	42.5 mL
饱和重铬酸钾溶液	15 mL
浓盐酸 (48%)	10 滴

注:加水至 300 mL。

14. 显影液配方

显影液型号	药 品	数 量
D-7 显影液(底片、相纸通用)	温水 30～45℃	750 mL
	米吐尔	3 g
	无水亚硫酸钠	45 g
	对苯二酚(几奴尼)	12 g
	无水碳酸钠	67.5 g
	溴化钾	2 g
D-76 型粒显影液(底片用)	温水 52℃	750 mL
	米吐尔	2 g
	无水亚硫酸钠	100 g
	对苯二酚(几奴尼)	5 g
	硼砂	2 g
D-19 型高反差强力显影液(全息用)	温水 50℃	800 mL
	米吐尔	2 g
	无水亚硫酸钠	90 g
	对苯二酚(几奴尼)	8 g
	无水碳酸钠	48 g
	溴化钾	5 g

注:将药剂依次溶于温水后,加水至 1 000 mL。

15. F—5 定影液

药　　品	数　　量
热水　　60～70℃	600 mL
结晶硫代硫酸钠	240 g
无水亚硫酸钠	15 g
醋酸　　(30%)	45 mL
硼酸	7.5 g
硫酸铝钾矾	15 g

注:加水至1 000 mL。